Mathe sicher können

Handreichungen
für ein Diagnose- und Förderkonzept
zur Sicherung mathematischer Basiskompetenzen

Natürliche Zahlen

Herausgegeben von
Christoph Selter
Susanne Prediger
Marcus Nührenbörger
Stephan Hußmann

Entwickelt und Erprobt von
Kathrin Akinwunmi
Theresa Deutscher
Corinna Mosandl
Marcus Nührenbörger
Christoph Selter

Erarbeitet an der Technischen Universität Dortmund
im Rahmen von `Mathe sicher können´, einer Initiative der Deutsche Telekom Stiftung.

technische universität
dortmund

Deutsche
Telekom
Stiftung

Herausgeber: Christoph Selter, Susanne Prediger, Marcus Nührenbörger, Stephan Hußmann

Autorinnen und Autoren: Kathrin Akinwunmi, Theresa Deutscher, Corinna Mosandl, Marcus Nührenbörger, Christoph Selter

Redaktion: Corinna Mosandl, Birte Pöhler, Lara Sprenger
Illustration der Figuren: Andrea Schink
Alle sonstigen Bildrechte für Illustrationen und technische Figuren liegen bei den Herausgebern.

Umschlaggestaltung: Corinna Babylon

Unter der folgenden Adresse befinden sich multimediale Zusatzangebote:
www.mathe-sicher-koennen.de/Material

1. Auflage, 6. Druck 2020

Druck: DBM Druckhaus Berlin-Mitte GmbH

ISBN 978-3-06-004901-1

Geleitwort der Deutsche Telekom Stiftung

Mathe sicher können!

Liebe Lehrerinnen und Lehrer,

Addieren, Subtrahieren oder Multiplizieren – für Zehntausende Schüler pro Jahrgang sind das nur Fremdwörter. Nach der Pflichtschulzeit fehlt ihnen das grundsätzliche Verständnis dafür, was sie mit den Grundrechenarten eigentlich anfangen können. Viele andere müssen bei etwas Schwierigerem wie Prozent- oder Bruchrechnen passen. Damit sich an dieser Situation etwas ändert und kommende Generationen mit besseren Startchancen die Schule verlassen können, haben die Deutsche Telekom Stiftung und ihre Partner 2010 das Projekt „Mathe sicher können" gestartet. Das Ziel: Schülerinnen und Schüler so zu fördern, dass sich ihre Zukunftsaussichten verbessern. Seitdem wurden an der Technischen Universität Dortmund, der Freien Universität Berlin, der Pädagogischen Hochschule Freiburg und der Universität Münster Materialien zur Diagnose und Förderung leistungsschwacher Kinder und Jugendlicher im Fach Mathematik über drei Jahre hinweg entwickelt und erprobt.

Das nun vorliegende Material aus dem Teilprojekt Dortmund baut systematisch aufeinander auf. Die Materialien zur Diagnose helfen Ihnen, genau zu erkennen, wo Ihre Schülerinnen und Schüler stehen und wo es noch hapert. Die Fördermaterialien schließen gezielt an die diagnostizierten Schwierigkeiten an, ermöglichen den Kindern und Jugendlichen individuell erfolgreiches Lernen und fördern das mathematische Grundverständnis. Dadurch haben lernschwache Schülerinnen und Schüler die Möglichkeit, ihre elementaren mathematischen Lücken aufzuarbeiten.

Bei „Mathe sicher können" steht neben der Materialentwicklung auch die Schulentwicklung im Fokus. Das Modell der Universität Münster zeigt, dass guter Unterricht vor allem dann gelingt, wenn Schulleitungen ihre Kollegien beim fachlichen Austausch und professioneller Kooperation unterstützen und beteiligen.

Mit der hoffentlich weiten Verbreitung der im Projekt „Mathe sicher können" entwickelten Materialien verknüpfen wir die Hoffnung, dass die Kinder und Jugendlichen gern und erfolgreich am Mathematikunterricht teilnehmen und Selbstvertrauen in ihre Fähigkeiten gewinnen.

Bonn, im März 2014

Dr. Ekkehard Winter
Geschäftsführer Deutsche Telekom Stiftung

Inhaltsverzeichnis der Handreichung Natürliche Zahlen

Zahlenrechnen – Hinweise zu den Diagnose- und Förderbausteinen

Ziffernrechnen – Hinweise zu den Diagnose- und Förderbausteinen

Vorwort der Projektleitung

Das Diagnose- und Förderkonzept für Lernende der Klassen 3 - 7 mit Schwierigkeiten im Fach Mathematik, das in dieser Handreichung beschrieben wird, wurde im Rahmen des Projekts ‚Mathe sicher können' (www.mathe-sicher-koennen.de) entwickelt, sorgfältig erprobt, beforscht und weiterentwickelt. Das Projekt ‚Mathe sicher können' wurde von der Deutsche Telekom Stiftung initiiert und großzügig finanziell unterstützt. Es widmete sich von 2010 bis 2013 in vier Teilprojekten der Entwicklung von Unterrichtsstrukturen, Unterrichtskonzepten und Unterrichtsmaterialien für leistungsschwächere Lernende der Klassen 3 - 7 sowie für deren Lehrkräfte.

Im *Dortmunder Teilprojekt* wurden das vorliegende Diagnose- und Förderkonzept für die Sicherung mathematischer Basiskompetenzen entwickelt, die *Berliner und Freiburger Teilprojekte* 2a und 2b widmeten sich der Einbettung dieser und weiterer Konzepte in eine lernförderliche Unterrichtskultur. Das *Münsteraner Teilprojekt* entwickelte Konzepte für die Einbettung in Prozesse der fachbezogenen Unterrichtsentwicklung. Diese Handreichungen fokussieren somit auf die Arbeit des Dortmunder Teilprojekts. Die ersten beiden Kapitel dieser Handreichung geben gleichwohl Einblicke in die Arbeit der Teilprojekte 2 und 3, mehr Material hierzu ist unter www.mathe-sicher-koennen.de verfügbar.

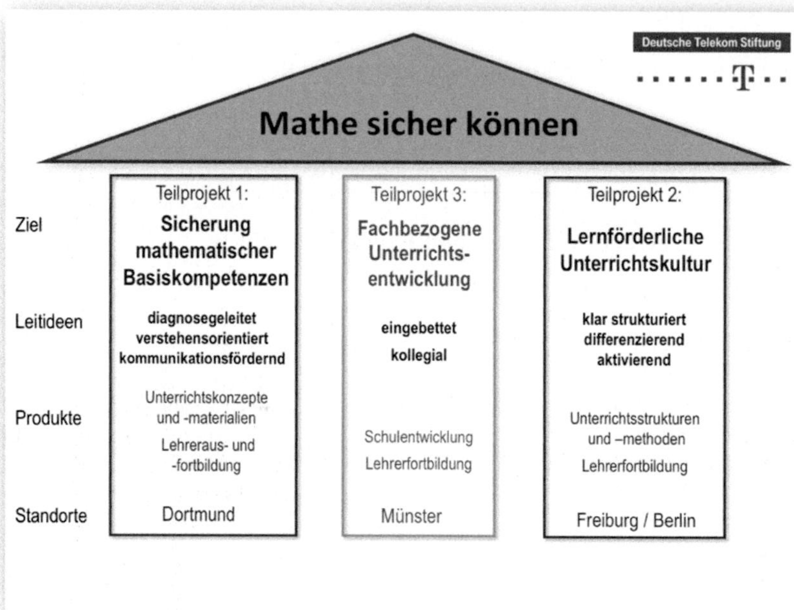

Der Kreis der Personen, die dazu beigetragen haben, dass in kurzer Zeit umfangreiche Materialien für den Unterricht und die Fortbildung entstehen konnten, ist vielfältig und groß. Ihnen allen ist herzlich zu danken, im Einzelnen

- der Deutsche Telekom Stiftung für die Initiierung und finanzielle Unterstützung des Projekts, in besonderer Weise dem Programmleiter Dr. Gerd Hanekamp und dem Projektleiter Johannes Schlarb,
- den beteiligten Hochschullehrerinnen bzw. Hochschullehrern und Mitarbeiterinnen und Mitarbeitern an den vier Standorten für die Entwicklung und Erprobung der Konzepte und Materialien,
- den studentischen Hilfskräften, die diese Prozesse unterstützten, am Standort Dortmund waren dieses Kevin Böttger (auch Redaktion), Christian Büscher (Redaktion), Alexander Goldschmidt, Daniela Köchling, Taha Kuzu (auch Redaktion), Sarah Levermann, Nadine Sonnenburg, Maren Steinbach und Carina Zindel (Redaktion) sowie Tobias Wollenweber, der zunächst als studentische, später als wissenschaftliche Hilfskraft in die Entwicklung und Erprobung in besonderer Weise involviert war,
- Prof. Dr. Elisabeth Moser Opitz, Okka Freesemann und Ina Matull für ihre konzeptionellen Vorarbeiten im Projekt Simba, die der Orientierung dienten,
- den Mitgliedern des Beraterkreises, die die Weiterentwicklung des Projekts anlässlich mehrerer Tagungen durch ihre Rückmeldungen und konstruktiven Hinweise maßgeblich unterstützt haben: Prof. Dr. Ludwig Bauer, Ines Fröhlich, Dr. Michael Gaidoschik, Beate Kurzeia-Tegel, Prof. Dr. Elisabeth Moser Opitz, Dorothee Radtke und Dr. Sieglinde Waasmeier sowie last, but not least
- den Schülerinnen und Schülern, den Lehrpersonen und den Schulleitungen der Erprobungsschulen, die zu zahlreich sind, um namentlich aufgeführt werden zu können.

Dortmund, im September 2013

Christoph Selter   Susanne Prediger

Hintergrund des Diagnose- und Förderkonzepts

Ausgangspunkte und Leitideen

Ausgangspunkte

Fast 40% der Fünfzehnjährigen in Deutschland erreichen am Ende der Pflichtschulzeit lediglich das mathematische Kompetenzniveau der 6. Klasse, knapp ein Fünftel rechnet laut der PISA-Studie 2009 nur auf Grundschulniveau und kann Anforderungen, die über elementare Standardaufgaben hinausgehen, nicht bewältigen (Frey et al. 2010). Diese jährlich ca. 150.000 Schülerinnen und Schüler in Deutschland müssen im Hinblick auf ihre weiteren Bildungs- und Berufschancen als ‚Risikogruppe' angesehen werden, deren gesellschaftliche Teilhabe massiv erschwert ist.

Eine zentrale Ursache für Schwierigkeiten in der Sekundarstufe I ist bereits in der Grundschule zu suchen. Wie die Grundschulstudie TIMSS 2011 gezeigt hat, verfügen nahezu 20 % der Schülerinnen und Schüler am Ende der Grundschulzeit allenfalls über elementare mathematische Fähigkeiten und Fertigkeiten. Dieser Gruppe wird das mathematische Lernen in der Sekundarstufe I erhebliche Probleme bereiten (Selter et al. 2012). Denn Längsschnittstudien legen die Vermutung nahe, dass es dieselben Schülerinnen und Schüler sind, die am Ende der Grundschul- und am Ende der Pflichtschulzeit massive Schwierigkeiten haben. Zumindest zeigen sich fehlende Kenntnisse im mathematischen Basisstoff am Ende der Grundschulzeit als zentrale Vorhersagefaktoren für Schwierigkeiten mit Mathematik in der Sekundarstufe I (Moser Opitz 2007).

Didaktische Leitideen

Um Wirksamkeit entfalten zu können, muss eine Förderung der in Mathematik schwachen Schülerinnen und Schüler an den Verstehensgrundlagen ansetzen und substantielle Aufarbeitungsmöglichkeiten bieten (Prediger, Freesemann, Moser Opitz & Hußmann 2013). Gerade für leistungsschwächere Lernende sind dabei folgende drei Leitideen zentral (Hußmann, Nührenbörger, Prediger, Selter 2014):

- *Diagnosegeleitetheit*: Die Kenntnisse und Vorstellungen der Lernenden werden erhoben, um auf dieser Grundlage gezielt zu fördern (Sundermann & Selter 2006).
- *Verstehensorientierung*: Nachhaltiges Lernen muss sich gerade für die schwächeren Lernenden konsequent am Aufbau von Verständnis orientieren; dazu müssen inhaltliche Vorstellungen und lernförderliche Materialien systematisch entwickelt werden (Prediger 2009), notfalls auch rückwirkend, wenn Verstehensgrundlagen fehlen (Prediger et al. 2013).
- *Kommunikationsförderung*: Der Aufbau von Verständnis bedarf gerade bei schwächeren Lernenden der Kommunikation der Schülerinnen und Schüler untereinander und mit der Lehrperson, insbesondere sie benötigen gezielte Lernanregungen, die in Einzelarbeit häufig nicht zu erhalten sind (Nührenbörger & Schwarzkopf 2010).

Strukturierung der Diagnose- und Förderbausteine

Inhaltliche Strukturierung der Bausteine

Vor diesem Hintergrund wurden Diagnose- und Fördermaterialien entwickelt, die in den Themenbereichen *Natürliche Zahlen* und *Brüche, Prozente, Dezimalzahlen* in 15 bzw. 16 Bausteinen strukturiert wurden, deren Auflistung dem Inhaltsverzeichnis dieser Handreichung zu entnehmen ist.

Die Bausteine sind aufgeteilt in zentrale Basiskompetenzen, über die alle Schülerinnen und Schüler verfügen sollten. Diese sind in den Überschriften und Kopfzeilen auch für die Lernenden jederzeit sichtbar.

Die Inhalte werden in Kompetenzformulierungen (Ich kann ....) auch für die Lernenden transparent angegeben, von Baustein N1 A ‚Stellenwerte verstehen – Ich kann Zahlen am Material lesen und darstellen' bis zu N8 A ‚Ich kann schriftlich multiplizieren und das Rechenverfahren erklären'.

Im Themenbereich Natürliche Zahlen widmet sich ‚Mathe sicher können' der Sicherung mathematischer Basiskompetenzen im Grundschulstoff vorrangig der Klassen 3 und 4. Sofern weitere Lücken bei Inhalten der Klassen 1 und 2 bestehen (zum Beispiel Unsicherheit im Abruf der Zahlensätze des Einmaleins), verweisen wir etwa auf Fritz et al. (2009), Gaidoschik (2007), Häsel-Weide et al. (2013) oder Wittmann und Müller (2006).

Aufbau der Bausteine

Zusammenhang von Diagnose und Fördereinheiten

Die Arbeit an jedem Baustein beginnt mit einer kurzen *Standortbestimmung*, d.h. einer Zusammenstellung von aussagekräftigen Diagnoseaufgaben. Alle Standortbestimmungen sind als Kopiervorlagen im Anhang dieser Handreichungen abgedruckt und in Ausschnitten unter www.mathe-sicher-koennen.de zu finden.

Die jeweils vier- bis siebenseitigen Fördermaterialien zu jedem Baustein sind in *Fördereinheiten* unterteilt, die jeweils auf die Diagnoseaufgaben der Standortbestimmung abgestimmt sind. Damit kann eine inhaltlich gezielte, diagnosegeleitete Förderung erfolgen, die sich in Kleingruppenarbeit bewährt hat, die aber auch im Klassenunterricht oder in der Einzelförderung nutzbar ist. Alle Bausteine eines Themenbereichs sind in einem Arbeitsheft zusammengefasst.

Für den Baustein N4 B ‚Ich kann Mal-Aufgaben zu Situationen finden und umgekehrt' sieht die Strukturierung der Diagnose- und Förderbausteine beispielsweise so aus:

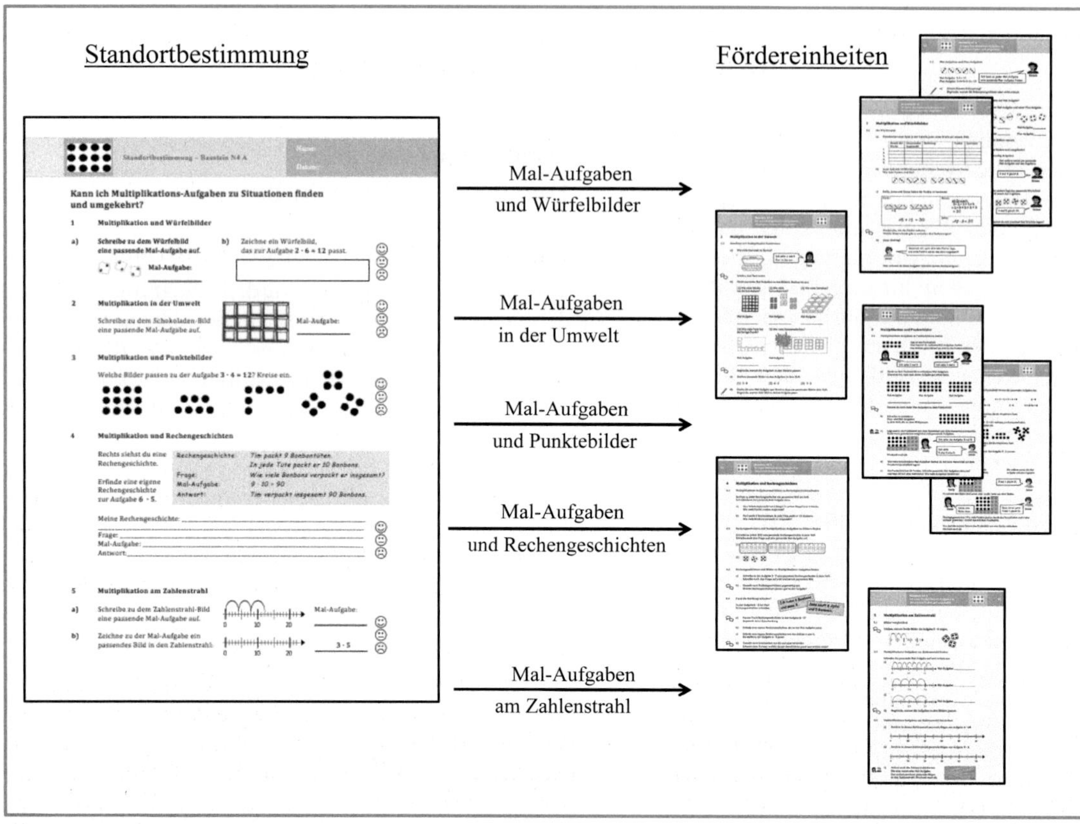

Durchführung der Diagnose

Für die Durchführung der Standortbestimmungen hat sich in der wiederholten Erprobung gerade für die unteren Jahrgänge als hilfreich erwiesen, diese kurz aufgabenweise durchzusprechen, so das Aufgabenverständnis zu sichern und ggf. auf Schwierigkeiten einzugehen. Dabei soll nur die Aufgabenstellung erläutert, nicht aber bereits Lösungsideen suggeriert werden. Nur wenn die Lernenden ihre individuellen Ideen und Ansätze aufschreiben, kann die Diagnose aussagekräftige Hinweise für eine anschließende Förderung liefern. Daher sollen im weiteren auch nur Motivationsimpulse gegeben werden, die die Ideen der Lernenden nicht einengen.

Für einige Lernende ist es ungewohnt, ihre Ideen zu verschriftlichen. Sie gewöhnen sich aber mit der Zeit daran, wenn sie immer wieder ermuntert werden. Dazu hilft die Bitte, aufzuschreiben warum sie eine Aufgabe nicht gelöst haben. Dieses kann auch diagnostische Informationen liefern, wie man im Beispiel sehen kann.

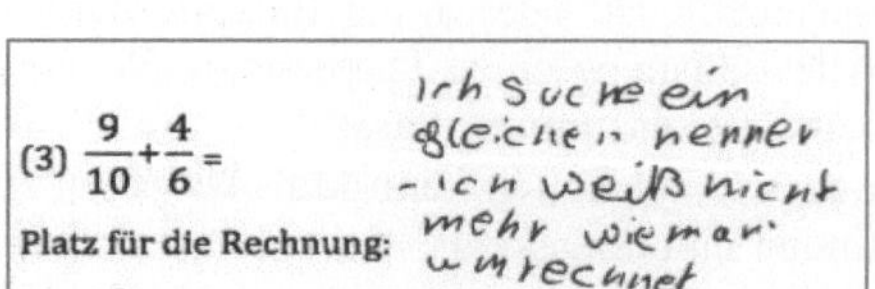

Schülerlösung zur Addition von Brüchen

Auswertung der Diagnose

Mittels der Auswertungshilfen (www.mathe-sicher-koennen.de) lassen sich die Standortbestimmungen schnell auswerten und die individuellen Förderbedarfe der Schülerinnen und Schüler bestimmen. Die Förderaufgaben schließen systematisch an die diagnostizierten Schwierigkeiten in den Basiskompetenzen an.

Nach einer erfolgten schriftlichen Diagnose bleiben manchmal Fragen offen, etwa, wenn Lernende schwer deutbare oder sogar gar keine Antworten gegeben haben – z.B. aufgrund sprachlicher Schwierigkeiten. In diesen Fällen kann die Förderung mit *kurzen Diagnosegesprächen* beginnen (vgl. Selter & Spiegel 1997; vgl. www.kira.tu-dortmund.de/129), die einzelne Aufgaben der Standortbestimmung als Einstieg nutzen und ggf. durch ähnliche Fragen ergänzen.

Neben einer Musterlösung verweisen die Auswertungshilfen auf typische Fehler von Schülerinnen und Schülern und verbinden diese mit Hinweisen zu möglichen Ursachen und einer entsprechenden Förderung. Bei ‚Mal-Aufgaben und Rechengeschichten' beispielsweise sehen Fehlertypen zur Aufgabe ‚Erfinde eine Rechengeschichte zur Aufgabe 6·5' sowie eine sich daran anschließende Förderaufgabe folgendermaßen aus:

Diagnoseaufgabe 4: Multiplikation und Rechengeschichten		
Typische Fehler	**Mögliche Ursache**	**Förderung**
Ich habe 6 Bombony und esse 5 6·5=30	Geschichte passt zu einer anderen Operation (vorwiegend Subtraktion).	Wechselseitige Übersetzungen von multiplikativen Handlungen und Termen erarbeiten (4.1-4.4).
Anna hat heute Geburtstag. Sie wird 6 Jahre alt. Sie hat 5 Freundinnen eingeladen. 6·5=30	Geschichte lässt keine mathematische Operation zu.	

Auswertungshinweise

anschließende Förder-Aufgabe

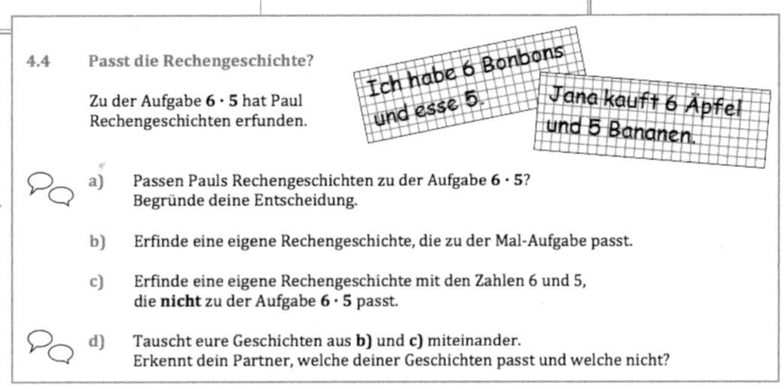
4.4 Passt die Rechengeschichte?

Zu der Aufgabe **6 · 5** hat Paul Rechengeschichten erfunden.

a) Passen Pauls Rechengeschichten zu der Aufgabe **6 · 5**? Begründe deine Entscheidung.

b) Erfinde eine eigene Rechengeschichte, die zu der Mal-Aufgabe passt.

c) Erfinde eine eigene Rechengeschichte mit den Zahlen 6 und 5, die **nicht** zu der Aufgabe **6 · 5** passt.

d) Tauscht eure Geschichten aus **b)** und **c)** miteinander. Erkennt dein Partner, welche deiner Geschichten passt und welche nicht?

Diagnosegeleitete Förderung

Die Förderung selbst sollte auf Grundlage der Standortbestimmung geplant werden. Wichtig ist dabei, dass den Lernenden Transparenz über den Sinn der einzelnen Förderaufgaben gegeben wird, denn nur so können sie Mit-Verantwortung für ihr eigenes Lernen übernehmen. Es erweist sich dabei als hilfreich, die behandelten Aufgaben in einen Zusammenhang zu stellen oder sie an die bearbeitete Diagnose anzuknüpfen.

Um die Übernahme von Eigenverantwortung zu initiieren, haben die Lernenden während der Diagnose zudem die Möglichkeit, die Aufgaben in ihrem Schwierigkeitsgrad zu beurteilen: Mittels der auf den Standortbestimmungen abgedruckten Smileys können sie für jede Diagnoseaufgabe rückmelden, ob ihnen eine Aufgabe leicht oder schwer fiel. Über einen Unterschied zwischen Selbst- und Fremdeinschätzung lohnt es sich zuweilen zu sprechen.

Am Ende der Förderung kann eine Abschlussstandortbestimmung durchgeführt werden, für die erneut die Aufgaben der Eingangsdiagnose genutzt werden sollten. Dies bietet nicht allein den Lehrkräften einen Einblick in den Fortschritt der Lernprozesse, sondern ermöglicht auch den Lernenden, die Fortschritte des eigenen Lernens erlebbar zu machen.

Die Orientierung der Förderung an der Diagnose bedeutet auch, dass nicht alle Lernenden sämtliche Aufgaben bearbeiten müssen. Vielmehr kann es auch innerhalb der Kleingruppe gewinnbringend sein, weiter zu differenzieren und ggf. einzelne Aufgaben zu überspringen, frühere Aufgaben wieder aufzugreifen oder länger bei einzelnen Aufgaben zu verweilen.

Kommunikationsförderung

In vielen Phasen der Förderung ist eine Kommunikation der Lernenden über eigene Denkwege, Vorstellungen und mathematische Einsichten möglich, an den entscheidenden Gelenkstellen der Förderung ist der Kommunikationsbedarf im Material explizit ausgewiesen:

Das Sprechblasensymbol weist auf Aufgaben hin, in denen ein Austausch unter den Lernenden über Ideen bzw. Vorgehensweisen stattfinden soll. Dabei ist eine moderierende Lehrkraft meist notwendig, um die erforderliche Verstehenstiefe zu erlangen.

Das Stiftsymbol steht bei Aufgaben, bei denen Lernende schriftlich argumentieren und begründen sollen.

Das Kindersymbol zeigt Aufgabengeneratoren an. Das sind Aufträge, mit denen sich schnell und einfach z. B. in Partnerarbeit viele Aufgaben zum Üben entwickeln lassen, die häufig auf zuvor bearbeitete Aufgaben als Muster zurückgreifen und dabei die wiederholende Kommunikation beim Durcharbeiten anregen. Dazu wird die Lehrkraft in der Regel nicht benötigt.

Durchführung der Förderung

Erfahrungen haben gezeigt, dass rechenschwachen Schülerinnen und Schülern der Aufbau von Verstehensgrundlagen nur durch die Begleitung durch die Lehrperson ermöglicht oder zumindest erleichtert werden kann. So sind insbesondere Anschauungsmaterialien, die zum Verständnisaufbau herangezogen werden, nicht selbsterklärend und müssen in ihren Strukturen und Anwendungsmöglichkeiten besprochen werden.

Die Förderung sollte zudem einen Schwerpunkt auf den Austausch über Denk- und Vorgehensweisen legen, sodass die Lerngruppe gemeinsam Einsichten und Vorstellungen entwickeln kann. Dabei sollten immer die Lösungs*prozesse* fokussiert werden, während die Ergebnisse eher in den Hintergrund treten. Das Offenlegen der eigenen Gedanken – insbesondere wenn diese fehlerbehaftet sind – fällt vielen Lernenden anfangs schwer, sodass die Lehrperson hierzu immer wieder ermutigen sollte. Fehler dürfen und sollten in der Förderung offen thematisiert werden, wobei die vorhandenen Fähigkeiten der Kinder im Vordergrund stehen, da diese die primären Anknüpfungspunkte beim Lernen darstellen.

Die in den Handreichungen vorgeschlagenen Sozialformen betonen zu Beginn einer Themenerarbeitung daher meist gemeinsame Gespräche. Die anschließenden Übungsaufgaben sind hingegen so konzipiert und in die Förderung eingebettet, dass die Lernenden keine unmittelbare Unterstützung benötigen und die Lehrperson so Zeit findet, sich einzelnen Schülerinnen und Schülern zuzuwenden.

Materialbox

Passend zu den Diagnose- und Förderbausteinen von ‚Mathe sicher können' bieten zwei Materialboxen von Cornelsen Experimenta einen einfachen und schnellen Zugriff auf die notwendigen Materialien sämtlicher Bausteine, also auf Anschauungsmittel wie Würfelmaterial, Punktefelder, Bruchstreifen oder Zahlenstrahlen und vieles mehr. Die erste Box enthält die Materialien für die Bausteine der *Natürlichen Zahlen*, die zweite Box die Materialien für *Brüche, Prozente, Dezimalzahlen*. Eine genaue Inhaltsliste ist auf S. 12 zu finden.

Auf diese Weise bedarf der Einsatz der Diagnose- und Förderbausteine keiner eigenen Materialbeschaffung oder –herstellung durch die Lehrkraft. Durch die explizite Zuordnung der Materialien zu den einzelnen Förderaufgaben wird die Vorbereitung der Förderung erleichtert.

Die Anzahl der Materialien in einer Box ist auf ein bis zwei Fördergruppen, d.h. auf maximal fünf Schüler, ausgerichtet. Zu Beginn eines jeden Bausteins werden in den vorliegenden Handreichungen die benötigten Materialien kurz beschrieben (gekennzeichnet mit MB für Materialbox bzw. KV für Kopiervorlage im Online-Material auf www.mathe-sicher-koennen.de) und Hinweise zur Einführung sowie zum Umgang gegeben.

Einige Materialien (wie die Hunderterkette) sind in einer großen Fassung vorhanden, um mit einer Kleingruppe gleichzeitig daran arbeiten zu können. Gerade diese großen Materialien haben hohen Aufforderungscharakter selbst für Jugendliche.

Strukturierung der Handreichung

Der Großteil der vorliegenden Handreichungen besteht aus den jeweils themenspezifischen Hinweisen zu den einzelnen Diagnose- und Förderbausteinen. Sie gliedern sich für jeden Baustein in folgende Abschnitte:

- Didaktischer Hintergrund
- Hinweise zur Durchführung und Auswertung der Standortbestimmung
- Hinweise zu den einzelnen Förderaufgaben

Didaktischer Hintergrund

Der Didaktische Hintergrund gibt als Einstieg die wichtigsten Informationen zu dem zu erwerbenden Basiskönnen. Dazu gehört zunächst der *Lerninhalt,* der den mathematikdidaktischen Hintergrund wie etwa benötigte und aufzubauende Grundvorstellungen oder behandelte Rechenverfahren beschreibt. Im Abschnitt *Veranschaulichung und Material* wird das in der Einheit eingesetzte Material erläutert, das sich zum größten Teil (bis auf Alltagsgegenstände und Kopiervorlagen) in der Materialbox befindet, und in seinem Gebrauch erklärt. Darüber hinaus finden sich hier auch ggf. Hinweise zur Notations- und Sprechweise.

Die Ausführungen zum *Aufbau der Förderung* geben einen Überblick über die Fördereinheiten des jeweiligen Bausteins. Hier wird die inhaltliche und systematische Struktur des Bausteins erläutert, indem jede Fördereinheit kurz in ihren wesentlichen Inhalten und Strukturen beschrieben wird. Den Abschluss bilden Angaben zur *weiterführenden Literatur.*

Hinweise zur Durchführung und Auswertung der Standortbestimmung

Die Hinweise zur Diagnose gliedern sich in zwei Bereiche:

Im oberen Teil der jeweiligen Seite ist die verkleinerte Standortbestimmung mit möglichen Lösungen abgedruckt und mit konkreten Hinweisen versehen, die bei der Durchführung der Diagnose hilfreich sein können. Die Standortbestimmung ohne Lösung ist im Anhang dieser Handreichung als Kopiervorlage verfügbar. Hinsichtlich der Dauer der Durchführung werden Angaben zur Orientierung aus den Erfahrungen vielfacher Durchführungen gegeben.

Im unteren Teil werden Auswertungshinweise zu möglichen Fehlertypen gegeben. Dazu wird eine tabellarische Übersicht bereitgestellt, die einige wichtige Fehlertypen erklärt. Die Fehler werden dahingehend differenziert, ob es sich um übergeordnete Fehler handelt, die durchgängig in einem Baustein auftauchen können und nicht an spezielle Aufgaben gebunden sind (sog. Fehlermuster), oder ob es sich um aufgabenspezifische Fehler handelt.

Zu beachten ist, dass es sich bei den aufgelisteten und erklärten Fehlern nur um eine Aufzählung der häufigsten bzw. relevantesten Phänomene handelt.

Die Auswahl der Fehler dient dazu, die Auswertung zu erleichtern und insbesondere noch nicht tragfähige inhaltliche Vorstellungen und Vorgehensweisen zu identifizieren. Die relevanten Fehlertypen können auch auf die Auswertungstabellen übernommen werden, die für die Dokumentation der Ergebnisse unter www.mathe-sicher-koennen.de zur Verfügung stehen.

Die Verweise auf geeignete Förderaufgaben ermöglichen einen gezielten diagnosegeleiteten Einstieg in die Förderung, denn bei den einzelnen Fehlern finden sich Hinweise zu möglichen Ursachen sowie Verweise auf Förderaufgaben, in denen diese bearbeitet werden können.

Hinweise zu den einzelnen Förderaufgaben

Im Material werden alle Förderaufgaben des jeweiligen Förderbausteins abgedruckt und durch Hinweise erläutert. Dabei wird zwischen Aufgaben zum *Erarbeiten* und Aufgaben zum *Üben* unterschieden: Aufgaben zum Erarbeiten bedürfen grundsätzlich einer Moderation durch die Lehrkraft, Aufgaben zum Üben können häufig auch von den Lernenden selbständig in Einzel-, Partner- oder Gruppenarbeit bearbeitet werden.

Zu jeder Aufgabe wird eine Orientierung gegeben über

- die ungefähr benötigte Zeit,
- die *Ziel*formulierung,
- Angaben zum benötigten *Material* (**KV** bedeutet Kopiervorlage in den Online-Materialien unter www.mathe-sicher-koennen.de), **MB** bedeutet Materialbox)
- die Sozialform (**EA**–Einzelarbeit, **PA**–Partnerarbeit, **UG**–Unterrichtsgespräch, d.h. durch Lehrkraft moderiertes Kleingruppengespräch, **GA**–Gruppenarbeit, d.h. Kleingruppenarbeit ohne Moderation); und
- die Art der Aktivität (z.B. Aufgabengenerator, Spiel).

Entlang der Aufgaben selbst gibt es lokale inhaltliche Hinweise, zum Beispiel zu folgenden Punkten:

- geeignete *Hilfestellung* für die Lernenden
- *Voraussetzungen* (für die Bearbeitung)
- Typische Schwierigkeit
- *Hintergrund* (mathematische bzw. didaktische Informationen für die Lehrkraft)
- *Zu beachten* (zusätzliche Hinweise, die wichtig sind)
- *Reflexion* (Hinweise zu Organisation oder Inhalt der Reflexion)
- *Impuls* mit Lösungserwartung (vertiefende bzw. weiterführende Fragen)
- *Weitere Aufgabe* (ergänzende Arbeitsaufträge)
- *Methode* (konkretere Umsetzungshinweise)
- *Lösung* (Mögliche Schülerlösungen stehen in Anführungszeichen)

Weitere Informationen, ergänzende Hilfen für den Unterricht sowie Fortbildungsmaterial zu ‚Mathe sicher können' sind zu finden auf der Webseite www.mathesicherkoennen.de.

Literatur

Frey, A. / Heinze, A. / Mildner, D. / Hochweber, J. / Asseburg, R. (2010): Mathematische Kompetenz von PISA 2003 bis PISA 2009. In: Klieme, E. / Artelt, C. / Hartig, J. / Jude, N. / Köller, O. / Prenzel, M. / Schneider, W. / Stanat, P. (Hrsg.): PISA 2009. Bilanz nach einem Jahrzehnt. Münster : Waxmann, 153 - 176.

Fritz, A. / Ricken, G. / Schmidt, S. (2009): Handbuch Rechenschwäche. Lernwege, Schwierigkeiten und Hilfen bei Dyskalkulie. Weinheim: Beltz.

Gaidoschik, M. (2007): Rechenschwäche vorbeugen. Wien: G&G.

Häsel-Weide, U. / Nührenbörger, M. / Moser Opitz, E. / Wittich, C. (2013): Ablösung vom zählenden Rechnen. Fördereinheiten für heterogene Lerngruppen. Seelze: Kallmeyer.

Hußmann, S. / Nührenbörger, M. / Prediger, S. / Selter, C. (2014): Schwierigkeiten in Mathematik begegnen. In: Praxis der Mathematik in der Schule 56(56).

Moser Opitz, E. (2007): Rechenschwäche / Dyskalkulie. Theoretische Klärungen und empirische Studien an betroffenen Schülerinnen und Schülern. Bern: Haupt.

Nührenbörger, M. / Schwarzkopf, R. (2010): Die Entwicklung mathematischen Wissens in sozial-interaktiven Kontexten. In: Böttinger, C. / Bräuning, K. / Nührenbörger, M. / Schwarzkopf, R. / Söbbeke, E. (Hrsg): Mathematik im Denken der Kinder. Anregungen zur mathematikdidaktischen Reflexion. Seelze: Klett-Kallmeyer, 73 - 81.

Prediger, S. (2009): Inhaltliches Denken vor Kalkül – Ein didaktisches Prinzip zur Vorbeugung und Förderung bei Rechenschwierigkeiten. In: Fritz, A. / Schmidt, S. (Hrsg.): Fördernder Mathematikunterricht in der Sekundarstufe I. Rechenschwierigkeiten erkennen und überwinden. Weinheim: Beltz, 213 - 234.

Prediger, S. / Freesemann, O. / Moser Opitz, E. / Hußmann, S. (2013): Unverzichtbare Verstehensgrundlagen statt kurzfristige Reparatur - Förderung bei mathematischen Lernschwierigkeiten in Klasse 5. In: Praxis der Mathematik in der Schule 55(51), 12 - 17.

Selter, C. / Spiegel, H. (1997): Wie Kinder rechnen. Leipzig: Klett.

Selter, C. / Walther, G. / Wessel, J. / Wendt, H. (2012): Mathematische Kompetenzen im internationalen Vergleich: Testkonzeption und Ergebnisse. In Bos, W. / Wendt, H. / Köller, O. / Selter, C. (Hrsg.): TIMSS 2011. Mathematische und naturwissenschaftliche Kompetenzen von Grundschulkindern in Deutschland im internationalen Vergleich. Münster: Waxmann, 69 - 122.

Sundermann, B. / Selter, Ch. (2006): Beurteilen und Fördern im Mathematikunterricht. Berlin: Cornelsen.

Wittmann, E. Ch. / Müller, G. N. (2006): Blitzrechnen. Leipzig: Klett.

Inhalt der Materialbox Natürliche Zahlen

<table>
<tr>
<td colspan="2">Hunderterplatten, Tausenderwürfel,
Einerwürfel, Zehnerstangen
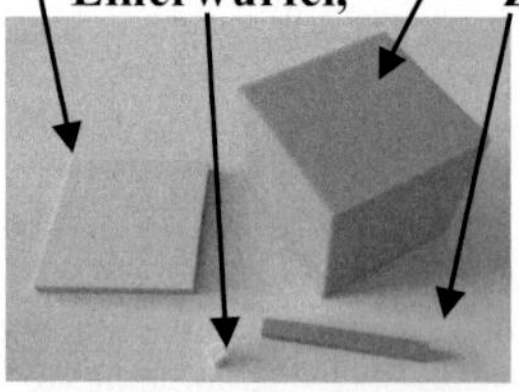
N1 A
N1 B
N3 A
N5 A
N7 A
N7 B</td>
<td>Spiel „Paare finden“

N1 B</td>
</tr>
<tr>
<td colspan="2">Stellenwertequartett
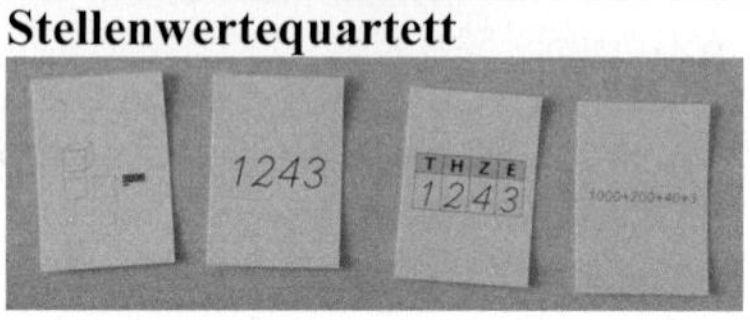

N1 A</td>
<td>Große Stellentafel, Ziffernkarten
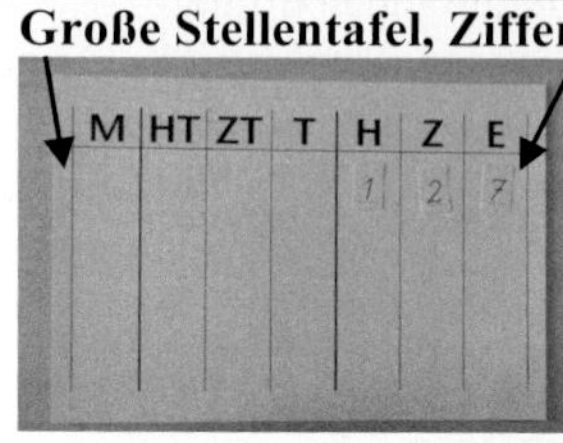

Stellentafel: N2 B

Ziffernkarten:
N2 B, N7 A,
N7 B, N8 A</td>
</tr>
<tr>
<td colspan="2">Hunderterkette
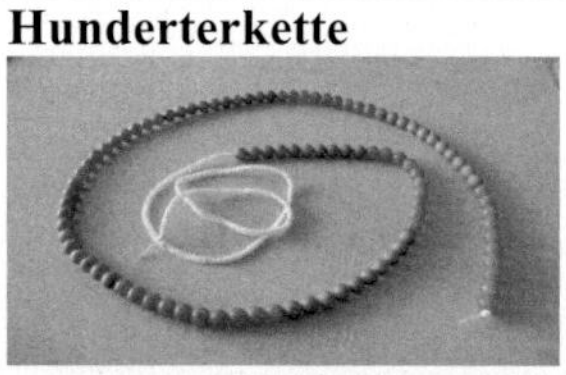
N2 A
N2 C</td>
<td>Leerer Zahlenstrahl, Zahlenkarten, Klammern
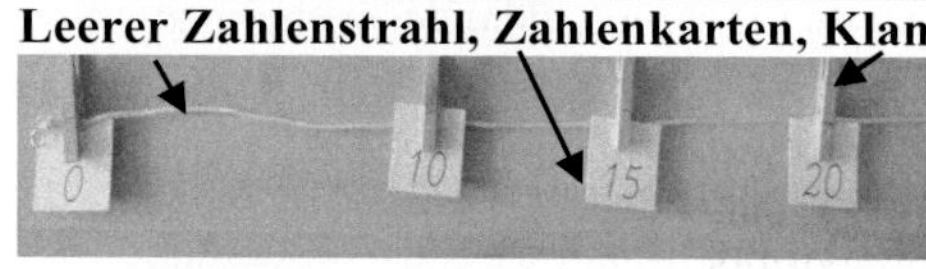

N2 A, N2 C</td>
</tr>
<tr>
<td colspan="2">Großer skalierter Zahlenstrahl
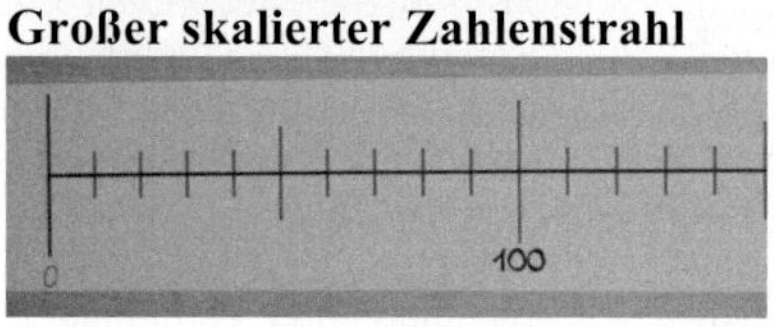

N2 A</td>
<td>Einer-Folie
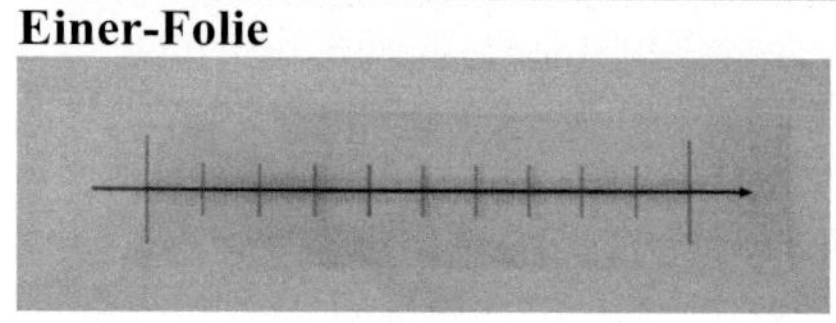
N2 A</td>
</tr>
<tr>
<td colspan="2">Hunderter-Punktefeld, 400er-Punktefeld
200er-Punktefeld, 1000er-Punktefeld
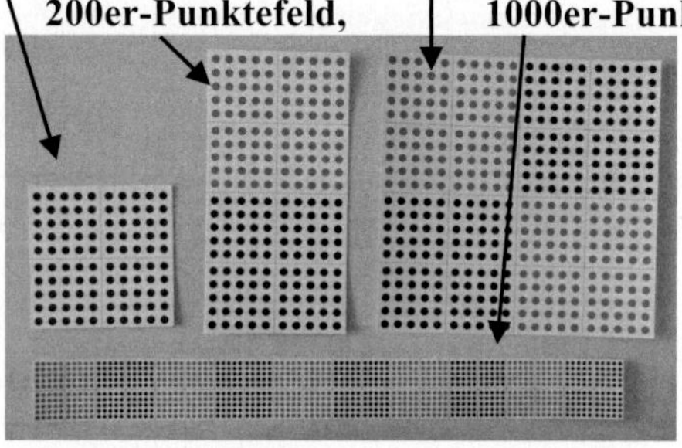
N4 A
N4 B
N6 A
N6 B
N6 C</td>
<td>Kleiner Malwinkel, Kleiner Abdeckstreifen
Großer Malwinkel, Großer Abdeckstreifen
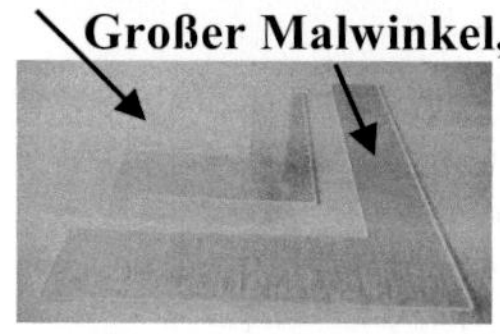 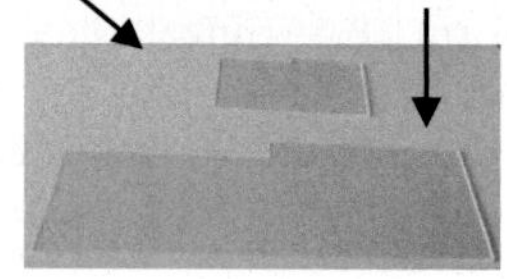
N4 A, N4 B, N6 B, N6 C</td>
</tr>
<tr>
<td colspan="2">Zahlenstrahlkarten
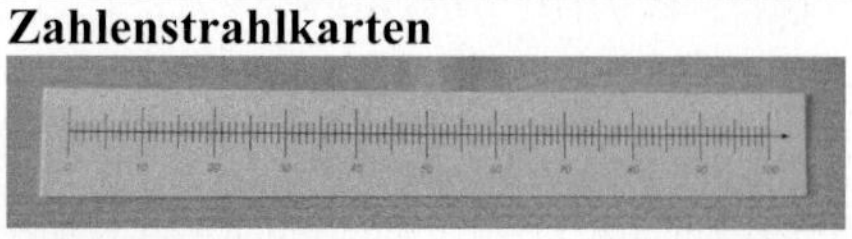
N4 A
N4 B</td>
<td>Spielfiguren, Wendeplättchen
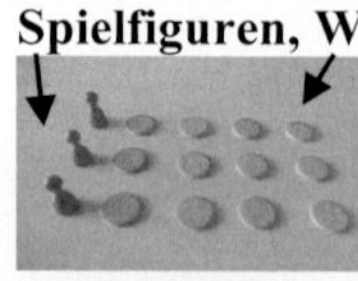
N4 A
N4 B
N6 A</td>
</tr>
<tr>
<td>Spielwürfel

N4 A</td>
<td>Zehnerstreifen
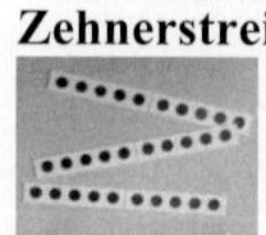
N6 A</td>
<td>Folienstifte
</td>
</tr>
</table>

Einbettung 1: „Lernförderliche Unterrichtsmethoden" Leitideen und Bausteine

Beitrag von Bärbel Barzel, Markus Ehret, Raja Herold und Timo Leuders, Pädagogische Hochschule Freiburg

Hintergrund, Professionalisierung und Unterrichtsentwicklung

Im Rahmen des von der Deutsche Telekom Stiftung initiierten und finanziell unterstützen Projektes ‚Mathe sicher können' wurden Materialien entwickelt, um den Erwerb von Basiskompetenzen in besonderer Weise bei leistungsschwächeren Schülerinnen und Schülern in Mathematik zu sichern. Im Teilprojekt des Instituts für Mathematische Bildung (IMBF) an der Pädagogischen Hochschule Freiburg lag der Fokus auf lernförderlichen Methoden im Mathematikunterricht, um dieses Ziel zu unterstützen.

Es wurden insgesamt sieben Methoden-Bausteine erarbeitet, die Schülerinnen und Schülern zu einem selbstständigen Arbeiten verhelfen und dadurch frustrationsreduzierend und lernförderlich wirken können. Das entwickelte Set an Methoden bietet sowohl Organisationsformen für den Klassenunterricht wie für den Unterricht in der Kleingruppe.

Neben der Entwicklung von Unterrichtsmethoden inklusiv unterstützender Materialien wurden Fortbildungs-Module entwickelt, um Lehrerinnen und Lehrern die Methoden-Bausteine für den eigenen Unterricht nahe zu bringen. Diese Module können drei Funktionen erfüllen:

1. *Individuelle Fortbildung*: Interessierte Lehrkräfte finden hier im Sinne eines Selbststudiums Anregungen für die Gestaltung einer individuellen, differenzierenden und kommunikationsfördernden Lernumgebung im Mathematikunterricht.
2. *Kollegiale Fortbildung*: Ein (Fach-) Kollegium wird hier fündig bei der Suche nach möglichen Wegen, eine lernförderliche Organisationsform zu gestalten. Für das kooperative Arbeiten im Kollegium findet man Anregungen und Hilfestellungen.
3. *Material für Fortbildner*: Professionelle Fortbildnerinnen und Fortbildner können aus dem Materialfundus Bausteine und Module entnehmen, um sie in eigene Fortbildungen zu integrieren.

Das übergeordnete Ziel ist bei allen drei Funktionen gleich: Lehrkräfte sollen Unterrichtsmethoden kennenlernen, die zu der Gestaltung einer diagnosegeleiteten, verstehensorientierten und kommunikationsfördernden Unterrichtskultur beitragen – in der Klasse wie in der Kleingruppe. Es soll der Rahmen geschaffen werden, dass die Lehrperson individuell und differenzierend auf einzelne Schülerinnen und Schüler eingehen kann.

Bei der Planung und vor allem bei der Durchführung von Unterricht sind zwei Ziele zu vereinbaren: Zum einen sind die individuellen Voraussetzungen der Schülerinnen und Schüler mit ihren verschiedenen Lernständen und Kompetenzen zu berücksichtigen. Zum anderen geht es darum, die curricular gebotenen inhaltlichen Ziele zu erreichen. Hier muss die Brücke geschlagen werden, um von den individuellen Voraussetzungen zum Ziel zu gelangen. Dazu werden Aufgaben, Methoden und Medien bewusst genutzt und gezielt eingeplant (siehe Abb. 1). Die Methoden geben dabei Struktur und einen äußeren Rahmen, der Halt und Orientierung bieten kann. Insofern sind Methoden „das Salz in der Suppe" und essentiell wichtig, um die Ziele zu erreichen. Gemeinsam mit den Medien und der Aufgabenwahl bilden die Methoden eine Trägerfunktion, um Unterricht zielführend zu planen und umzusetzen (vgl. Barzel / Büchter / Leuders 2013, S. 58).

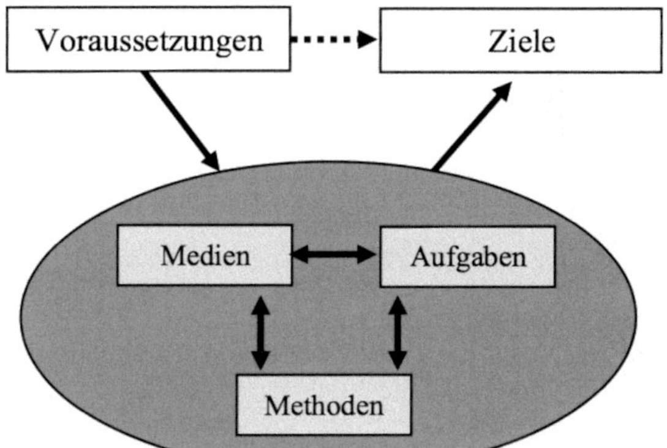

Schema zur Unterrichtsdurchführung
(in Anlehnung an Barzel et al. 2013, S. 58)

Didaktische Leitideen

Grundsätzlich nehmen die entwickelten Methoden mit ihren unterstützenden Materialien Bezug auf die Leitideen des Gesamtprojekts ‚Mathe sicher können' (vgl. Deutscher / Prediger / Selter 2013).

Die Leitidee *Diagnosegeleitetheit* wird in den Bausteinen insofern realisiert, als es immer das Ziel ist, zu erfahren, was die einzelne Schülerin und der einzelne Schüler verstanden hat und was nicht. Dabei wird durch organisatorische Gegebenheiten Zeit für die Lehrkraft eingeräumt, um beispielsweise diagnostische Gespräche während des Unterrichtsgeschehens führen zu können. Zur zeitverschaffenden Entlastung der Lehrkraft dient insbesondere die Methode *Strategieschlüssel*.

Die *Verstehensorientierung* als zweite Leitidee wird durch die Methoden insofern unterstützt, als beispielsweise durch das gegenseitige Erklären in der Methode *Partner-Check* das konzeptuelle Verständnis tiefgreifend erschlossen, überprüft und ggf. korrigiert wird.

Die dritte Leitidee der *Kommunikationsförderung* wird durch alle entwickelten Methoden unterstützt, die die Kommunikation und Artikulation von Problemen oder Verstehensprozessen fördern und fordern. In den

Methoden *Ich-Du-Wir* oder der *Mathekonferenz* schulen die Schülerinnen und Schüler nicht nur ihre kommunikativen, sondern gleichzeitig ihre sozialen sowie personalen Kompetenzen. Darüber hinaus kann eine entsprechende Feedbackkultur dazu beitragen, wünschenswerte Verhaltensweisen zu verstärken.

Allen Methoden ist gemeinsam, dass sie zunächst als *Kleinmethoden* entwickelt wurden und so auch spontan in der konkreten Unterrichtssituation umgesetzt werden können. *Kleinmethode* heißt konkret, dass sie jeweils in ca. 10 Minuten im Unterrichtsgeschehen verankert und so jederzeit als nutzbare Einheiten in den Mathematikunterricht integriert werden können. Darüber hinaus ist ihre zeitliche Ausdehnung möglich, wenn sich die Lernenden an die Methoden gewöhnt haben.

Um die Bausteine fest in den Mathematikunterricht einzubinden und eine lernförderliche Umgebung zu schaffen, kann eine entsprechende Feedbackkultur helfen. Diese kann durch verschiedene Methoden etabliert werden, z.B. *Daumenfeedback* oder *5-Finger-Feedback* (siehe Zusatzmaterial auf der Webseite www.mathe-sicher-können.de). Sie wird in diesem Projekt nicht explizit aufgeführt, soll aber grundsätzlich in regelmäßigen Abständen in den Unterricht integriert werden. Dabei ist darauf zu achten, dass insbesondere auch die jeweils eingesetzte Methode und ihre Herausforderungen mit reflektiert werden.

Hilfreich ist, den Schülerinnen und Schülern die Gründe für eine gewählte Methode sowie deren Mehrwert transparent zu vermitteln. Gleichzeitig soll ihnen bewusst werden, dass mithilfe der Bausteine die individuelle Selbstständigkeit, die Kompetenzerfahrung und damit das Selbstwertgefühl in den Vordergrund rücken. Die Schülerinnen und Schüler sollen so zum „verantwortlichen Experten" ihres eigenen Lernprozesses werden.

Selbstverständlich muss jede Methode stets an den jeweiligen Klassenkontext und für die jeweilige Lehrperson adaptiert werden. Die einmalige Durchführung einer neuen Methode führt also nicht immer direkt zu den gewünschten Effekten. Erst wenn die Lehrkraft die Methode durchdrungen und auf den jeweiligen Unterrichtsstil angepasst hat, stellen sich die gewünschten positiven Aspekte ein. Die Lehrperson sollte sich in ihrem Handeln mit der Methode wohlfühlen, davon überzeugt sein und sich gleichzeitig über mögliche Schwierigkeiten im Klaren sein.

Einblicke in die Bausteine

Insgesamt wurden die folgenden sieben Methoden-Bausteine entwickelt:

1. Baustein Strategieschlüssel
2. Baustein Partner-Check
3. Baustein Hausaufgabenfolie
4. Baustein 5 Minuten Lehrkraft
5. Baustein Ich-Du-Wir
6. Baustein Mathekonferenz
7. Baustein Stationen

Die auf der Webseite (www.mathe-sicher-können.de) bereitgestellten Materialien bieten verschiedene Optionen zum Erarbeiten der Methoden für die Lehrkräfte:

- *Für den Schnellzugriff*: In einem Steckbrief werden prägnante Informationen für den Baustein geboten.
- *Für den Intensivzugriff*: Jeder Methoden-Baustein bietet auch Angebote zur genaueren didaktischen Durchdringung. Darüber hinaus sind Kurzvideos (3-5 Minuten) zur unterrichtlichen Durchführung verfügbar. Diese Videos sollen auch die Gefahr eines „Praxisschocks" minimieren, indem sie die Kernidee jeder Methode und Vorstellungen von möglichen Schwierigkeiten vermitteln.

Im Folgenden werden nun die Bausteine kurz skizziert, um eine Vorauswahl zu ermöglichen.

1. Baustein Strategieschlüssel

Es kommt häufig vor, dass Schülerinnen und Schüler keinen passenden Lösungsansatz finden und schließlich die Lehrkraft um Rat fragen. Um ihre Selbständigkeit zu erhöhen, wurden die Strategieschlüssel entwickelt. Hierbei wird zwischen zwei „Schlüsselbünden" unterschieden:

- Zum einen gibt es einen grünen Schlüsselbund mit allgemeinen Heuristiken und metakognitiven Strategien. Sie können über das gesamte Schuljahr hinweg eingesetzt werden und bieten so dauerhafte Strategien im Umgang mit mathematischen Problemen (vgl. Leuders / Philipp 2010).

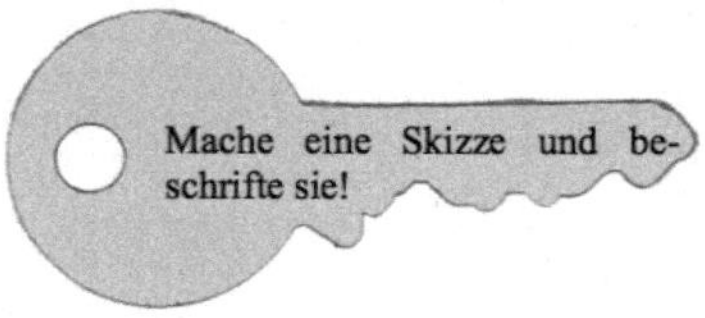

Beispiel eines grünen Strategieschlüssels

- Zum anderen werden verschiedene rote Schlüsselbunde mit jeweils themenspezifischen Hinweisen, also konkreten Tipps, angeboten.

Nach einer Einführung werden die Schülerinnen und Schüler dazu angehalten, zunächst die grünen und erst danach die roten Schlüssel zu verwenden. Damit wird schließlich das explizite Lehren und Lernen von Heuristiken gefördert.

Schüler arbeiten mit Strategieschlüsseln

Strategieschlüssel haben Potentiale sowohl für die Lehrkraft als auch für die Schülerinnen und Schüler: Erstens können sie von der Lehrkraft im Rahmen eines diagnostischen Gesprächs dienlich sein. Zweitens sind sie für Schülerinnen und Schüler hilfreich, um möglichst selbstständig und von der Lehrkraft unabhängig, aber dennoch mit Unterstützung zu arbeiten. Außerdem wird den Lernenden ein Werkzeug geboten, das sie jederzeit nutzen können, um eigene neue Möglichkeiten kennenzulernen und in Eigenregie Schwierigkeiten zu überwinden.

2. Baustein Partner-Check

Beim Partner-Check arbeiten je zwei Lernende beim Aufgabenlösen zusammen. Die erste Person formuliert laut die komplette Planung einer Aufgabenbearbeitung, bevor sie anfängt zu rechnen. Die andere „checkt" diese Planung, bevor die erste Person beginnen darf. Danach werden die Rollen getauscht.

Der Partner-Check festigt bereits erworbene Fertigkeiten und dient so besonders dem Einsatz in differenzierenden Übungsphasen. In der Partnerarbeit werden auch schwächere Schülerinnen und Schüler zum Mitarbeiten animiert, da sie nur einen Gesprächspartner haben, mit dem sie kommunizieren. Die Angst sich vor der Klasse zu äußern wird so minimiert. Beide Partner durchdenken die gleiche Aufgabe, beteiligen sich abhängig von der Phase entweder verbal oder durch aktives Zuhören und haben so einen ähnlichen Beschäftigungsrahmen. Dies erfolgt in klar strukturierten Schritten, die Halt und Orientierung geben.

Der Partner-Check fördert v.a. das Verbalisieren und den Austausch über mathematische Sachverhalte. Schwierigkeiten treten besonders dann auf, wenn die Lernenden keinen Lösungsansatz finden. Dann ist die Lehrperson gefragt. Alternativ können hier die Strategieschlüssel eingesetzt werden.

3. Baustein Hausaufgabenfolie

Die Hausaufgabenfolie dient der Hausaufgabenkontrolle mit Fokus auf einer schnellen Vorlage von Lösungsstrategien. Während der Bearbeitung zu Hause verfassen die Schülerinnen und Schüler die Lösung zu einer Aufgabe mit jeweils individuellen Wegen und Strategien. Diese Lösung wird auf eine Folie übertragen.

Werden verschiedene Folien an unterschiedliche Schülerinnen und Schüler ausgegeben, können individuelle Lösungen, Wege und vor allem Strategien verglichen werden. Bei der anschließenden Präsentation im Unterricht sollte vor allem der Fokus auf die strategischen Vorgehensweisen fokussiert werden. Durch das Präsentieren der eigenen Lösung wird das Versprachlichen von mathematischen Sachverhalten geschult und – bei entsprechender Feedbackkultur – das Selbstwertgefühl gefördert.

Durch die zeitliche Verlagerung der Aufgabenbearbeitung aus dem Mathematikunterricht, z.B. nach Hause, können die Lernenden ein individuelles Zeitmaß ansetzen und so die Lösung später nochmals rekapitulieren. Eine intensive Vorbereitung auf die Präsentation wird so möglich. Darüber hinaus sind die Lösungen schnell visualisiert, sodass die Klasse ihre eigenen Lösungen vergleichen und bewerten kann.

Vorsicht ist geboten, die Hausaufgabenfolie als Vorlage einer fertigen Musterlösung anzusehen. Sie kann zum einen durchaus Fehler enthalten, zum anderen wird das Potential zur Vertiefung des Lernens nicht in vollem Umfang genutzt, wenn der Austausch zu Strategien ausbleibt.

4. Baustein 5 Minuten Lehrkraft

Beim Baustein 5 Minuten Lehrkraft geht es um das Verbalisieren und Präsentieren mathematischer Inhalte. Eine der Lernenden nimmt für 5 Minuten die Rolle der Lehrkraft ein und hält ein Kurzreferat über ein bereits erarbeitetes Thema. Die Beschäftigung mit dem mathematischen Inhalt erfolgt außerhalb des Unterrichts und in dem individuell benötigten Zeitumfang. Anschließend wird das Erarbeitete der Klasse vorgetragen, was wiederum – bei entsprechender Feedbackkultur – das Selbstbewusstsein stärkt.

Mit diesem Baustein sollen vor allem auch schwächere Schülerinnen und Schüler angeregt werden, etwas zu mathematischen Inhalten vor der Klasse zu präsentieren. Sie können in der Vorbereitung individuell unterstützt und beraten werden, durch geschickte Nutzung von Medien kann das Präsentieren im Vorhinein gezielt geübt werden. Damit kann die Hemmschwelle zum Vortrag reduziert werden und es wird die Chance eröffnet, sich einmal als Experte in Mathematik vor der Klasse zu erleben.

Für die Lehrkraft kann diese Methode in verschiedenen Phasen gewinnbringend eingesetzt werden. Zu Beginn einer Sequenz kann sie beim Aktivieren von Vorwissen und Sammeln bereits erarbeiteter Ergebnisse nützlich sein. Auf die präsentierten Inhalte kann dann im anschließenden Unterrichtsverlauf immer wieder zurückgegriffen werden. Am Ende einer Unterrichtssequenz kann die „5 Minuten Lehrkraft " die neuen Ergebnisse und Erkenntnisse zusammenfassen.

Ein essentieller Mehrwert des Bausteins liegt in der Möglichkeit zur Rollenidentifikation der Schülerinnen und Schüler als Lehrperson, mit der eine intensive Kompetenzerfahrung verbunden sein kann.

5. Baustein Ich-Du-Wir

Bei dem Baustein Ich-Du-Wir überlegt sich zunächst jeder Schüler und jede Schülerin eine eigene Lösung oder sammelt Ideen. Diese werden in der zweiten Phase mit einer zweiten Person ausgetauscht und schließlich in der Wir-Phase zusammengetragen. Dabei einigt man sich gegebenenfalls auf einen gemeinsamen Weg. Die Wir-Phase kann entweder in einer Kleingruppe, mit der gesamten Klasse oder mit beidem hintereinander stattfinden.

Dieser Baustein kann individuell angepasst und ausgedehnt werden. Er kann sowohl als Kleinmethode spontan als auch in einer festen Planung mit jeweils längeren Teilphasen zwischendurch angewendet werden.

Besonders wertvoll ist dieser Baustein in Erkundungsphasen einzusetzen, in denen verschiedene Lösungsstrategien abgewogen werden und noch kein „fertiges“ mathematisches Konzept besteht. Ebenso kann der Baustein aber auch am Ende einer Sequenz genutzt werden, um ein Thema auf verschiedene Weisen zu üben oder anzuwenden. Die Schülerinnen und Schüler lernen bei dieser Methode sehr viel voneinander und profitieren auf fachlicher, sozialer sowie personaler Ebene.

6. Baustein Mathekonferenz

Die Mathekonferenz erfolgt ähnlich wie im vorherigen Baustein. Hier wird allerdings auf das Verschriftlichen der eigenen Gedanken sowie der Ideen der anderen Gruppenmitglieder Wert gelegt:

Zunächst erarbeiten die Lernenden zu einer Aufgabe eigene Lösungswege und Strategien und schreiben diese auf. Danach wird jeweils in Kleingruppen von 3-4 Lernenden eine Mathekonferenz durchgeführt, in der jeder seine Ideen den anderen vorstellt, die Zuhörenden haben den Auftrag, die Lösungswege nachzuvollziehen und mit dem eigenen zu vergleichen. Nicht zu klärende Diskrepanzen werden danach im Klassengespräch thematisiert.

Anschließend folgt eine Rückschau auf die Mathekonferenz, indem die Schülerinnen und Schüler bewusst reflektieren, was sie Neues gelernt haben und gegebenenfalls welcher Lösungsansatz für sie am wertvollsten war. In der Konferenz- und Reflexionsphase ist eine angemessene Feedbackkultur wiederum wichtig, die hier durch entsprechende Rituale auch eingeübt werden kann.

7. Baustein Stationen

Der Baustein Stationen bietet zahlreiche Variationen bezüglich der Umsetzung. Grundsätzlich werden verschiedene Stationen im Raum, z.B. in Form von Tischen, mit unterschiedlichen Aufgaben oder Lerninhalten angeboten. Die Schülerinnen und Schüler bewegen sich dann nach einem festgelegten Plan (z.B. freie oder festgelegte Reihenfolge) im Klassenzimmer und bearbeiten nach und nach die Aufgaben. Dabei kann es Pflicht- und Küraufgaben geben, um ein differenziertes, bedarfsgerechtes Angebot zu realisieren.

Abhängig von der Aufgabenstellung steht hier vorwiegend die Selbstständigkeit im Vordergrund. Die Lehrperson kann sich in dieser Phase aus dem Unterrichtsgeschehen herausnehmen und sich so z.B. diagnostischen Gesprächen mit einzelnen Schülerinnen und Schülern widmen.

Weiterführende Informationen

Zu allen Bausteinen finden Sie weitere Informationen unter: www.mathe-sicher-koennen.de

Literatur

Barzel, B. / Büchter, A. / Leuders, T. (2013): Mathematikmethodik. Handbuch für Sekundarstufe I und II. 8. Auflage. Berlin: Cornelsen.

Deutscher, T. / Prediger, S. / Selter, Christoph (2013): Mathe sicher können – Sicherung mathematischer Basiskompetenzen in der unteren Sekundarstufe I. In: Beiträge zum Mathematikunterricht 2013. Münster: wtm Verlag, 252 - 255.

Leuders, T. / Philipp, K. (2010): Problemlösestunden planen. Strategisch die „Primfaktorzerlegung“ erarbeiten. In: Mathematik lehren (158), 14 - 17.

Einbettung 2: Anregung und Unterstützung der fachbezogenen Unterrichtsentwicklung

Beitrag von Olivia Mitas & Martin Bonsen, Westfälische Wilhelms-Universität Münster

Einleitung

Um allen und somit gerade auch den schwächeren Schülerinnen und Schülern mathematische Erkenntnisse zu ermöglichen, muss das ‚Mathe sicher können'-Diagnose- und Fördermaterial systematisch im Unterricht eingebunden sein. Die Zusammenarbeit von Kolleginnen und Kollegen spielt hier eine wesentliche Rolle: Lehrerinnen und Lehrer tauschen sich gemeinsam über die inhaltliche und methodische Gestaltung der Diagnose und Förderung im Rahmen von ‚Mathe sicher können' aus und lernen so von- und miteinander. Im Mittelpunkt steht dabei immer, den Schülerinnen und Schülern sinnstiftendes Lernen zu ermöglichen.

Schulentwicklungsprozesse, so auch das Projekt ‚Mathe sicher können', brauchen Teamspieler, denn die Zusammenarbeit von Lehrkräften gilt als eine der wesentlichen Voraussetzungen von erfolgreicher Unterrichtsentwicklung (Bastian / Seydel 2007, S. 6). Ein erfolgsversprechender Weg effektiver Lehrerkooperation ist die Professionelle Lerngemeinschaft, deren Arbeit im Folgenden an einem aus verschiedenen realen Beispielen zusammengesetzten Fallbeispiel illustriert wird.

Professionelle Lerngemeinschaften (PLG)

Praxisbeispiel einer PLG bei der Arbeit

An einer Sekundarschule in einer Kleinstadt Nordrhein-Westfalens haben sich vier Lehrerinnen und Lehrer zusammengefunden, die kontinuierlich daran arbeiten möchten, ihren Mathematikunterricht zu verbessern. Sie haben sich darauf geeinigt, das ‚Mathe sicher können'-Diagnose- und Fördermaterial in ihren fünften Klassen einzusetzen, um sich zum Schulstart einen Überblick über die Leistungen ihrer Schülerinnen und Schüler zu verschaffen und sie diagnosegeleitet zu fördern. Die Lehrkräfte haben ein für sie alle aktuelles und für ihren Mathematikunterricht relevantes Thema gefunden: Die gezielte Förderung rechenschwacher Schülerinnen und Schüler.

Die Gruppe trifft sich jede Woche zur gemeinsamen Unterrichtsentwicklung im Fach Mathematik. Für die regelmäßigen Treffen haben sich die Lehrkräfte auf eine Arbeitsstruktur und verbindliche Arbeitsweisen geeinigt. Mit organisatorischer Unterstützung der Schulleiterin wurde ein gemeinsamer wöchentlicher Termin festgelegt. Eine Abstimmung der individuellen Stundenpläne sowie der Ganztagsstruktur der Sekundarschule ermöglicht, dass die Treffen immer dienstags von 14 bis 16 Uhr statt finden können.

Auf diese zusätzliche Präsenzzeit in der Schule konnten sich die Lehrerinnen und Lehrer nur unter der Bedingung einigen, dass die gemeinsame Kooperationszeit sinnvoll und produktiv verbracht wird und ein Nutzen für den eigenen Unterricht hat. Klare Vereinbarungen sollen verhindern, dass die wöchentlichen Treffen ziel- und ergebnislos ablaufen. Das Team war sich zu Beginn einig: „Wenn wir schon zusätzliche Zeit in der Schule verbringen, dann muss hierbei etwas für unseren Unterricht Nutzbares herauskommen. Ansonsten können wir unsere Zeit besser mit anderen Aufgaben verbringen!" Mit ‚Mathe sicher können' haben sie ein Thema gewählt, das es zulässt, Arbeitsergebnisse von Schülerinnen und Schüler im Unterricht zu beobachten und bei den Treffen gemeinsam individuelle Produkte der Lernenden zu diskutieren.

Die Gruppe trifft sich in einem zur vereinbarten Zeit leer stehenden Klassenraum, der wesentlich mehr Ruhe und Platz bietet als das Lehrerzimmer. Da ein Mitglied der PLG regelmäßig in diesem Klassenzimmer unterrichtet, kann das Team einen mit dem Internet verbundenen PC mit Drucker nutzen und hat die Möglichkeit, Materialien für ihre gemeinsame Arbeit in einem abschließbaren Schrank zu verstauen.

Das erste Treffen der PLG diente der gemeinsamen Festlegung eines Inhaltsbereiches, in dem die Basiskompetenzen der Schülerinnen und Schülern gesichert werden sollen. Die PLG hat sich auf die Bausteine zum Stellenwerte verstehen (N1 A und N1 B) geeinigt, da dieser Inhaltsbereich nah an ihrer aktuellen Unterrichtsarbeit anschließt. Nach der Einigung auf dieses Thema haben die Lehrkräfte gemeinsam die konkrete Durchführung der Standortbestimmungen geplant.

Jede Sitzung wird von einer Kollegin oder einem Kollegen geleitet. Am Ende der Sitzung wird ein kurzes Protokoll verfasst. Damit das Protokollieren keinen zusätzlichen Arbeitsaufwand verursacht, wurde ein übersichtliches Protokoll-Formular erstellt, das innerhalb weniger Minuten ausgefüllt werden kann. Die Sitzungsleitung sowie das Ausfüllen des Protokollbogens rotieren wöchentlich.

Ein Großteil der Arbeit der PLG bestand in den letzten Sitzungen darin, die bereits durchgeführten Standortbestimmungen gemeinsam auszuwerten. Die Lehrerinnen und Lehrer haben sich daran gewöhnt, innerhalb der PLG Fragen zu stellen. Sie verstehen sich als Lerngemeinschaft und haben keine Angst vor Reaktionen aus dem Kollegium. Sie haben die Erfahrung gemacht, dass sich durch die gemeinsame offene Arbeit ihre Sicherheit im Unterricht deutlich steigert.

Innerhalb der PLG findet neben der ‚Mathe sicher können'-Projektarbeit ganz konkret auch die Vorbereitung einzelner Fördereinheiten statt, in denen auch hospitiert wird. Die Kolleginnen bereiten eine Fördereinheit gemeinsam vor, setzen sie in ihren Klassen um und reflektieren anschließend in der gemeinsamen Arbeitssitzung den Stundenverlauf, die Ergebnisse und vor allem, wie die Schülerinnen und Schüler mit Aufgaben und Materialien zurecht gekommen sind. Häufig werden dazu Arbeitsblätter und Schülerprodukte gemeinsam betrachtet.

Hintergründe zum Praxisbeispiel

Mit dem Begriff *Professionelle Lerngemeinschaften (PLG)* ist „die Vorstellung von Lehrern als Lernern verbunden, die miteinander und voneinander lernen" (Bonsen / Rolff 2006, S. 169). In diesen Lerngemeinschaften geht es darum, die eigene Arbeit zu reflektieren und gemeinsam an Veränderungen zu arbeiten. Kolleginnen und Kollegen, die sich auf diese Weise regelmäßig über ihren Unterricht und das Lernen der Schülerinnen und Schüler austauschen, lernen von- und miteinander und leisten einen wichtigen Beitrag für die Weiterentwicklung von Schule und Unterricht. Darüber hinaus können sie daraus auch einen Nutzen für ihre eigene Professionalität ziehen. Professionelle Lerngemeinschaften sind ein wichtiges Element einer Schule, die sich als „lernende Schule" versteht. Durch die Zusammenarbeit der Kolleginnen und Kollegen entwickelt sich eine kooperative Kultur, die nicht zuletzt auch Stress und Belastungen reduzieren kann.

Organisationsformen

Für Professionelle Lerngemeinschaften sind verschiedene Organisationsformen möglich. Häufig kann es sinnvoll sein, bereits in der Schule vorhandene Kooperationsstrukturen zu nutzen. Im Rahmen von ‚Mathe sicher können' bieten sich folgende schulinterne Lerngemeinschaften an:

- *Jahrgangsteams:* Kolleginnen und Kollegen eines Jahrgangs finden sich in einer Gruppe zusammen und erteilen weitgehend den gesamten Unterricht eines Jahrgangs.
- *Fachgruppen:* Kolleginnen und Kollegen des Unterrichtsfachs oder Fachrichtung Mathematik finden sich in einer Gruppe zusammen und erteilen den Fachunterricht in unterschiedlichen Jahrgangsstufen.
- *Fächerübergreifende Teams:* Kolleginnen und Kollegen mehrerer Unterrichtsfächer oder Fachrichtungen arbeiten zusammen.

Die Mitgliedschaft einer PLG wird danach bestimmt, wer sich für ein bestimmtes Thema interessiert. Damit eine effektive Kommunikation und Interaktion möglich ist, sollte die Gruppengröße nicht mehr als fünf Lehrkräfte umfassen.

Erste Schritte

Einrichtung einer PLG

Die Frage nach der Initiierung von PLGen muss jede Schule für sich gesondert beantworten. Die Initiative für eine PLG kann von der *Schulleitung* kommen, die anregen kann, sich mit PLGen zu beschäftigen, z.B. durch SCHILF-Veranstaltungen. Des Weiteren kann sie Anlässe nutzen, um die Idee der PLG aufzunehmen, wie zum Beispiel:

- Ergebnisse innerschulischer Vergleichsarbeiten
- außerschulische Evaluationen, z.B. durch die Qualitätsanalyse
- Ergebnisse der großflächigen Schulleistungstest wie PISA, IGLU usw.

(vgl. Kempfert / Rolff 2005, S. 87)

Die Initiative kann nicht nur von der Schulleitung, sondern auch aus dem Kollegium kommen: von *einzelnen Lehrerinnen und Lehrern*, die einen Bedarf in der Weiterentwicklung des Unterrichts sowie der eigenen Professionalität erkennen und artikulieren. Initiativen aus der Lehrerschaft können als wirksamer gesehen werden für die Initiierung von PLGen als Anregungen von der Schulleitung, sind allerdings nicht der Regelfall (ebd.).

Leitfaden für die Arbeit einer Professionellen Lerngemeinschaft (vgl. Bonsen 2011)

1. Begrenzen Sie die Gruppengröße der PLG auf maximal fünf Mitglieder.
2. Einigen Sie sich auf regelmäßige (ein- oder zweiwöchentliche) Treffen und halten diese ein.
3. Alle Mitglieder der PLG sind gleichberechtigt.
4. Jedes Mitglied übernimmt nach dem Rotationsprinzip die Leitung einer Sitzung und führt Protokoll.
5. Verfassen Sie nach jedem Arbeitstreffen ein Arbeitsprotokoll.
6. Wählen Sie ein Thema oder Entwicklungsvorhaben aus dem Unterricht, das es erfordert, regelmäßig Arbeiten von Schülerinnen und Schülern zu untersuchen und zu beobachten.
7. Reflektieren Sie die Arbeit Ihrer PLG, um die Auswirkungen Ihrer Arbeit auf das Schülerlernen festzustellen.
8. Nutzen Sie Fortbildungen und Workshops gezielt, um von der PLG gesteckte Ziele zu erreichen.

Arbeitsphasen

Die Arbeit einer PLG verläuft nicht nach einem festen Schema. Dennoch gibt es einige Arbeitsschritte, die zentral sind und sich wiederholen:

Zu Beginn muss ein *Thema* oder ein *Entwicklungsschwerpunkt* gewählt werden, an dem die PLG arbeitet (ein PLG Poster und den nachstehend abgedruckten PLG-Planungsbogen finden Sie auf www.mathe-sicher-koennen.de). Dieses sollte für möglichst alle Mitglieder der PLG relevant und bedeutsam sein. So ist sichergestellt, dass alle Mitglieder die Arbeit der Lerngemeinschaft für sich persönlich als sinnvoll erachten und motiviert sind, sich regelmäßig über einen längeren Zeitraum hinweg aktiv zu beteiligen (Bonsen / Hübner 2012).

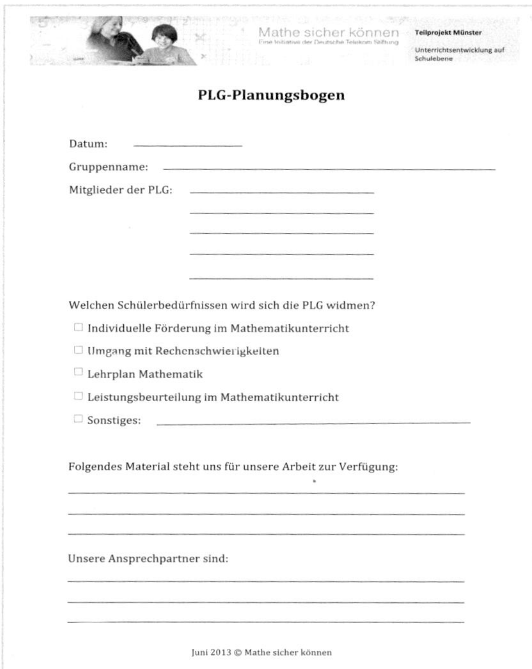
Mathe sicher können Teilprojekt Münster
Unterrichtsentwicklung auf Schulebene

PLG-Planungsbogen

Datum: ____________

Gruppenname: ____________

Mitglieder der PLG: ____________

Welchen Schülerbedürfnissen wird sich die PLG widmen?

☐ Individuelle Förderung im Mathematikunterricht
☐ Umgang mit Rechenschwierigkeiten
☐ Lehrplan Mathematik
☐ Leistungsbeurteilung im Mathematikunterricht
☐ Sonstiges: ____________

Folgendes Material steht uns für unsere Arbeit zur Verfügung:

Unsere Ansprechpartner sind:

Juni 2013 © Mathe sicher können

PLG-Planungsbogen

Neben der Verständigung auf das Thema sollten die ersten beiden Sitzungen einer neu gegründeten Lerngemeinschaft dazu genutzt werden, grundlegende Punkte und *Regeln* (z.B. das Führen eines Arbeitsprotokolls) für die gemeinsame Arbeit festzulegen sowie verfügbare Ressourcen für die Arbeit in der PLG zu identifizieren, z.B. die Nutzung von Material (ebd.).

Jede Sitzung der PLG sollte von einer Lehrkraft *moderiert* werden. Dies ist eine wichtige Voraussetzung dafür, dass die Arbeit in der Gruppe effektiv und zeitsparend verläuft und dass Ergebnisse aus dieser Arbeit hervorgehen. Die Leitung der Treffen kann nach dem Rotationsprinzip erfolgen: Jedes Mal übernimmt eine andere Kollegin oder ein anderer Kollege die Leitung der Treffen – die ist „eine gute Form, alle Mitglieder als gleichberechtigt anzusehen und gleichermaßen in die Arbeit einzubinden" (Bonsen / Hübner 2012, S. 69). Die Leitung sorgt für einen produktiven Ablauf des Treffens sowie die Einhaltung der gemeinsam vereinbarten Regeln. Ebenfalls ist die Leitung dafür verantwortlich, ein kurzes *Arbeitsprotokoll* zu erstellen, auf dem die Inhalte und zentralen Ergebnisse der Sitzung festgehalten werden (das abgebildete PLG-Arbeitsprotokoll finden Sie auf www.mathe-sicher-koennen.de).

So wird der Verlauf und der Entwicklungsstand der Arbeit in der PLG transparent und nachvollziehbar. Nicht zuletzt zeigen die Protokolle auch, dass die Treffen nicht plan- und nutzlos „abgewickelt" werden.

Mathe sicher können Teilprojekt Münster
Unterrichtsentwicklung auf Schulebene

PLG-Arbeitsprotokoll

Protokoll Nr. ______ Datum: ______ Zeit: ______.

Leitung: ____________

Protokollführung: ____________.

anwesend: ____________.

abwesend: ____________.

Ziel: Was wollen wir am Ende dieses Treffens erreicht haben?

1. Tagesordnungspunkte

TOP1: ____________

TOP2: ____________

TOP3: ____________

TOP4: ____________

2. Ergebnisse

3. Reflexion der heutigen Arbeit

Was hat gut geklappt?	Was wollen wir verbessern?

4. Wurden heute Schülerarbeiten gesichtet? ☐ Ja ☐ Nein

5. Organisation der weiteren Arbeit im Team bis zum nächsten Treffen:

Vorbereitung: Wer macht was bis wann?

Wann findet das nächste PLG-Treffen statt?

PLG-Arbeitsprotokoll

Gelingensbedingungen

Damit PLGen entstehen und erfolgreich arbeiten können, bedarf es entsprechender organisatorischer, struktureller wie auch personeller Rahmenbedingungen (vgl. Hübner et al. 2010, S. 8 - 10):

Zeit und Ort

Wichtig ist eine gemeinsam verfügbare Zeit wöchentlich oder zweiwöchentlich, in der sich die PLG treffen kann. Die Treffen sollten nicht ad hoc festgelegt werden, sondern für die Gruppe fest im Stundenplan verankert sein. Da regelmäßige gemeinsame Treffen während der Unterrichtszeit nicht immer realisierbar sind, werden die Treffen häufig außerhalb der Unterrichtszeit liegen. Wird der Termin von den Kolleginnen und Kollegen als gewinnbringende Zeit gesehen, ist die Bereitschaft für diese zusätzliche Präsenzzeit entsprechend groß.

Der Raum für die Arbeit der PLG sollte groß genug sein, um produktiv arbeiten zu können. Auch für Schülerdokumente und Visualisierungen, z.B. Stellwände, sollte genug Platz vorhanden sein.

Regeln und Arbeitsform

Für eine fruchtbare Zusammenarbeit in einer PLG sind Regeln und Normen wichtig, die die Gruppe als Grundlage ihrer Arbeit auffasst, z.B. Regeln für die Kommunikation. Die vereinbarten Regeln sollten schriftlich festgehalten werden.

Rolle der Schulleitung

Die Schulleitung spielt in diesen Prozessen eine wichtige Rolle. Ohne Unterstützung der Schulleitung oder gar gegen deren Willen kann eine PLG nicht erfolgreich arbeiten. Sie ist zum einen für die organisatorische Unterstützung zuständig:

- Organisation eines Zeitfensters für die Treffen durch eine geschickte Stundenplangestaltung
- Bereitstellung eines leerstehenden Raums, in dem die PLG produktiv und in Ruhe arbeiten kann
- Bereitstellung von Material und Literatur

Zum anderen sollte die Schulleitung die PLG moralisch unterstützen:

- Vor anderen Kolleginnen und Kollegen signalisieren, dass die Arbeit sinn- und wertvoll ist
- Aufrechterhalten der Arbeit und des Engagements der Lerngemeinschaft

Gegenseitiges Vertrauen

Die Mitglieder einer PLG müssen Vertrauen und Respekt zueinander haben, sich gegenseitig unterstützen und offen miteinander arbeiten. Sie müssen gewillt sein, Feedback von Kolleginnen oder Kollegen anzunehmen und auf Verbesserungen hinzuarbeiten. In jedem Fall kann man eine produktiv arbeitende PLG nicht erzwingen. PLGen sollten auf Freiwilligkeit beruhen und niemand sollte gezwungen werden, mit einer Kollegin oder einem Kollegen zusammenzuarbeiten. Vielmehr sollte mit interessierten Lehrkräften begonnen werden.

Literatur

Bastian, J. / Seydel, O. (2007): Teamarbeit und Unterrichtsentwicklung. Klärung der Grundlagen und Hilfen für die Praxis. In: Pädagogik, 62 (1), 6 - 9.

Bonsen, M. / Rolff, H.-G. (2006): Professionelle Lerngemeinschaften von Lehrerinnen und Lehrern. In: Zeitschrift für Pädagogik, 52(2), 167 - 183.

Bonsen, M. (2011): Kooperative Unterrichtsentwicklung. In H.-G. Rolff (Hrsg.), Qualität mit System, 97 - 118. Köln: Carl Link.

Bonsen, M. / Hübner, C. (2012): Unterrichtsentwicklung in Professionellen Lerngemeinschaften. In Bauer, K.O. / Logemann, N. (Hrsg.), Effektive Bildung, 55 - 76. Münster, New York, München, Berlin: Waxmann.

Hübner, C. / Cloppenburg, M. / Bonsen M. (2010): Professionelle Lerngemeinschaften – Lehrer entwickeln ihren Unterricht in Teams. In Bonsen, M. / Homeier, W. / Ubben, L. / Tschekan, K. (Hrsg.): Unterrichtsqualität sichern. (Loseblattsammlung, D 2.4) Berlin: Raabe.

Kempfert, G. / Rolff, H.-G. (2005): Qualität und Evaluation. Ein Leitfaden für Pädagogisches Management. Weinheim und Basel: Beltz Verlag.

N1 A Zahlen mit Material lesen und darstellen – Didaktischer Hintergrund

Lerninhalt

Die von uns verwendete arabische Zahlschrift zeichnet sich durch ein hohes Maß an Effizienz aus, da es allein mit den zehn Ziffern von 0 bis 9 möglich ist, Zahlen in beliebiger Größe darzustellen. Hintergrund dieser Funktionsweise ist das dekadische Stellenwertsystem. Im Zehnersystem werden jeweils zehn Einheiten einer kleineren Einheit zu genau einer Einheit der nächst größeren zusammengefasst. So werden z.B. zehn Einer zu einem Zehner, zehn Zehner zu einem Hunderter usw. Bei der Erweiterung der Stellenwerte wird immer mit dem Faktor 10 multipliziert.

·10 ·10

Hunderter 10^2	Zehner 10^1	Einer 10^0
2	3	4

Dekadische Struktur der (erweiterten) Stellenwerttafel

In den ersten vier Grundschuljahren werden die Zahlen bis in den Millionenraum über die Schuljahre hinweg systematisch erarbeitet, wobei auf die besondere Struktur des Zahlaufbaus eingegangen wird.

Einigen Lernenden ist aber auch nach Beendigung der Grundschulzeit das Prinzip der Stellenwertdarstellung noch unklar, was nicht bedeutet, dass sie über keinerlei Vorwissen in diesem Bereich verfügen. Im Zahlenraum bis Tausend finden sich die meisten Schülerinnen und Schüler aufgrund der Überschaubarkeit der Stellen und der noch vorhandenen Anschaulichkeit der Zahlen zurecht, auch ist das Sprechen der Zahlwörter in diesem Bereich in der Regel zumeist schon geübt und gefestigt. Jedoch muss davon ausgegangen werden, dass diese Einsichten möglicherweise nicht gänzlich hinsichtlich ihrer Übertragbarkeit in höhere Zahlbereiche verstanden worden sind und deshalb dieses Wissen nicht für das weitere Lernen (Erweiterung der Zahlräume auf Dezimal- und Bruchzahlen) genutzt werden kann. Lernende, die Schwierigkeiten in diesem Bereich zeigen, profitieren besonders von der konkreten Thematisierung der Strukturen des Zahlaufbaus und der Arbeit mit strukturiertem Anschauungsmaterial.

Eigenschaften des Stellenwertsystems

Jede Ziffer in einer Zahl vermittelt immer zwei Informationen:

- Die Ziffer selbst zeigt an, wie viele Bündel der entsprechenden Mächtigkeit an dieser Stelle vorhanden sind (Bsp. 20: Es befinden sich genau zwei Bündel an der Zehnerstelle). Daher hat die Null als Anzeige einer nicht besetzten (sozusagen bündellosen) Stelle eine besondere Relevanz.
- Die Position der Ziffer innerhalb der Zahl zeigt an, welche Mächtigkeit (Einer, Zehner, ...) dieses Bündel hat: Beispielsweise ist eine 2 an der Zehnerstelle zehnmal so viel wert wie eine 2 an der Einerstelle.

Darüber hinaus ist die additive Eigenschaft der Stellenwertsysteme bedeutsam, da diese besagt, dass sich der Gesamtwert der Zahl aus der Summe der einzelnen Stellenwerte ergibt. So lässt sich die Zahl 234 im Term als 200 + 30 + 4 darstellen. Dort wird durch die Anzahl der jeweils vorhandenen Nullen in den Summanden ebenfalls die Mächtigkeit der einzelnen Stellenwerte angezeigt. Eine übliche Fehllösung rechenschwacher Lernender ist die Notation von 234 als 2 + 3 + 4, die anzeigt, dass die Positionseigenschaft noch nicht verstanden worden ist oder das Wissen darüber in diesem Aufgabenformat nicht abgerufen wird.

Um ein tragfähiges und flexibles Zahlverständnis aufzubauen, werden die Eigenschaften der Stellenwerte mittels der Arbeit mit Systemwürfeln und der Stellenwerttafel thematisiert (s.u.). Darüber hinaus wird auch die additive Struktur durch ein entsprechendes Zerlegen der Stellenwerte miteinbezogen. Abschließend sollen diese Handlungen und Überlegungen auch mental vollzogen werden.

Veranschaulichung und Material

Notations- und Sprechweise

Die Sprechweise von Zahlwerten in der deutschen Sprache weicht von der Notation der Zahlen ab. So werden zum Beispiel bei der dreistelligen Zahl 564 – gesprochen *fünfhundertvierundsechzig* – abweichend von der Schreibweise zunächst die Hunderter, dann die Einer und zuletzt die Zehner genannt. Es kann hier zu Schwierigkeiten kommen, wenn Zahlwerte in diesem Sinne verwechselt werden und beispielsweise zu der gesprochenen Zahl vierundsechzig die Zahl 46 notiert wird. Dies ist vor allem in den ersten Lernjahren eine nicht ungewöhnliche Vorgehensweise, die sich aber, so sie sich verfestigt, als eine größere Hürde für das Notieren höherer Zahlen erweisen kann. Im Laufe der Förderung kann durch eine Thematisierung der Struktur und die wiederholte Übung der Sprechweise von Zahlen darauf eingegangen werden.

Dekadisches Würfelmaterial

Das auch als *Dienes-Material* oder *Zehnerblöcke* in der Mathematikdidaktik bekannte Würfelmaterial zeichnet in besonderer Weise die Struktur des dezimalen Stellenwertsystems nach. Die Beziehungen zwischen Einern, Zehnern, Hundertern und Tausendern können durch ein Vergleichen der verschiedenen Teile sehr gut veranschaulicht werden: Zehn Einheiten einer kleineren Mächtigkeit lassen sich immer zu einer Einheit der nächst größeren Mächtigkeit zusammenfassen – so können größere Einheiten aus kleineren entsprechend nachgebaut werden.

Einzelne Elemente des Würfelmaterials

Durch den maßstabsgerechten Aufbau kann darüber hinaus ein Gefühl von den dekadischen Zusammenhängen der einzelnen Stellen angelegt bzw. gefestigt werden.

Um mit dem Material sinnvoll arbeiten zu können, muss zunächst dessen besondere Struktur geklärt werden. Insbesondere der Aufbau des Tausenderwürfels ist vielen Lernenden, die Schwierigkeiten in diesem Bereich zeigen, oft nicht klar. Während zwar der Begriff *Tausenderwürfel* bekannt ist, werden bei der Frage nach den dort enthaltenen Einerwürfeln zuweilen nur 600 (6 Hunderterplatten sind zu sehen) bzw. in der ikonischen Darstellung sogar nur 300 (die in der bildlichen Darstellung sichtbaren Hunderterplatten) genannt. Diese Fehlvorstellung wird mit einem sukzessiven Nachbau der einzelnen Teile des Würfelmaterials aufgegriffen.

Nachbau eines Tausenderwürfels mit Hunderterplatten

Stellenwerttafel

Die Darstellung von Zahlen in Stellenwerttafeln soll die Arbeit mit dem Systemwürfelmaterial ergänzen und den Weg zur Abstraktion von Zahlvorstellungen ebnen. In der Stellenwerttafel kommt insbesondere der Zahlenwert einer Ziffer deutlich zum Ausdruck, da die in der entsprechenden Spalte notierte Zahl Auskunft darüber gibt, wie viele Bündel es an dieser Stelle gibt. Insofern ist die Stellenwerttafel auch mehr als eine andere Darstellung der Ziffernschreibweise. Bei einer maximalen Bündelung der Stellenwerte sind die Zahlen dort zwar direkt ablesbar, jedoch ist es nicht zwingend notwendig, die Zahlen in der Stellenwerttafel immer so darzustellen. Genauso wie bei der Arbeit mit dem Systemwürfelmaterial zwischenzeitlich mehr als zehn Einheiten einer Mächtigkeit auf dem Tisch liegen können, ist es im Zuge der produktiven Erkundung bei der Arbeit mit der Stellenwerttafel möglich, auch dort Bündelungsangaben größer neun einzutragen. Dieser Aspekt wird jedoch in Baustein **N1 B** genauer thematisiert.

Für den Einstieg in die Thematik *Stellenwerte verstehen* ist an dieser Stelle zunächst die oben genannte Verbindung zwischen der Darstellung von Zahlen mit dem Systemwürfelmaterial und der Darstellung in der Stellenwerttafel bedeutsam.

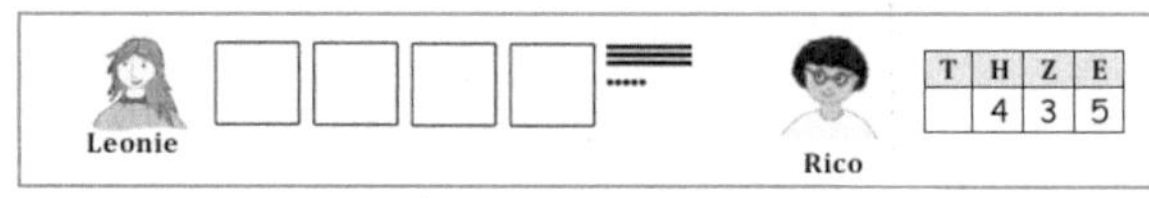

Die Zahl 435 als Darstellung mit dem Würfelmaterial und in der Stellenwerttafel

Aufbau der Förderung

In Fördereinheit 1 (Zahlen mit Material darstellen) wird zunächst eine systematische und handelnd durchgeführte Einführung des Aufbaus des Systemwürfelmaterials durchgeführt. Hier soll vor allem der Zusammenhang der verschiedenen Stellen und der additive Aspekt der Stellenwerte aufgegriffen werden. In einem weiteren Schritt werden die Lernenden dazu aufgefordert, ikonische Darstellungen von Zahlen, die mit Würfelmaterial dargestellt sind, zu lesen und selbst zu zeichnen.

Durch Fördereinheit 2 (Stellenwerte darstellen) wird der Zusammenhang der verschiedenen Darstellungsmöglichkeiten von Zahlen mit dem Würfelmaterial, der Stellenwerttafel, der additiven Zerlegung und der Ziffernschreibweise thematisiert und durch ein ergänzendes Spiel gefestigt. Abschließend folgen dieser Fördereinheit Übungen zum mentalen Operieren mit Zahlen sowie ein Ausblick auf den Baustein **N1 B**, in dem der Aspekt nicht-maximaler Bündelungen angesprochen wird.

Weiterführende Literatur

Häsel-Weide, U. / Nührenbörger, M. (2013): Individuell fördern – Kompetenzen stärken. Fördern im Mathematikunterricht Klasse 3 & 4. In: Bartnitzky, H. / Hecker, U. / Lassek, M. (Hrsg.): Individuell fördern – Kompetenzen stärken. Frankfurt a. M.: Arbeitskreis Grundschule e.V.

Humbach, M. (2008): Arithmetische Basiskompetenzen in der Klasse 10 – Quantitative und qualitative Analysen. Berlin: Verlag Dr. Köster, 21 - 28.

Fritz, A. / Ricken, G / Schmidt, S. (2009): Handbuch Rechenschwäche. Weinheim: Beltz.

Scherer, P. / Moser-Opitz, E. (2010): Fördern im Mathematikunterricht der Primarstufe. Heidelberg: Spektrum Akademischer Verlag.

N1 A – Durchführung und Auswertung der Standortbestimmung

Dauer: 10 - 15 Minuten

Hinweise zur Durchführung:

Auch wenn die ikonische Darstellung von Zahlen mit Würfelmaterial in den meisten Grundschullehrwerken behandelt wird, ist diese den Lernenden möglicherweise nicht (mehr) vertraut. In diesem Fall kann und soll auf die Bedeutung der einzelnen Symbole hingewiesen werden. Insbesondere der Tausenderwürfel ist für einige Lernende aufgrund der dreidimensionalen Darstellung schwierig zu zeichnen.

Bei Aufgabe 2 b) sollen analog zum darüberstehenden Aufgabenteil das Bild, die Notation in der Stellenwerttafel und die Zifferndarstellung der mental veränderten Zahl gezeichnet und notiert werden.

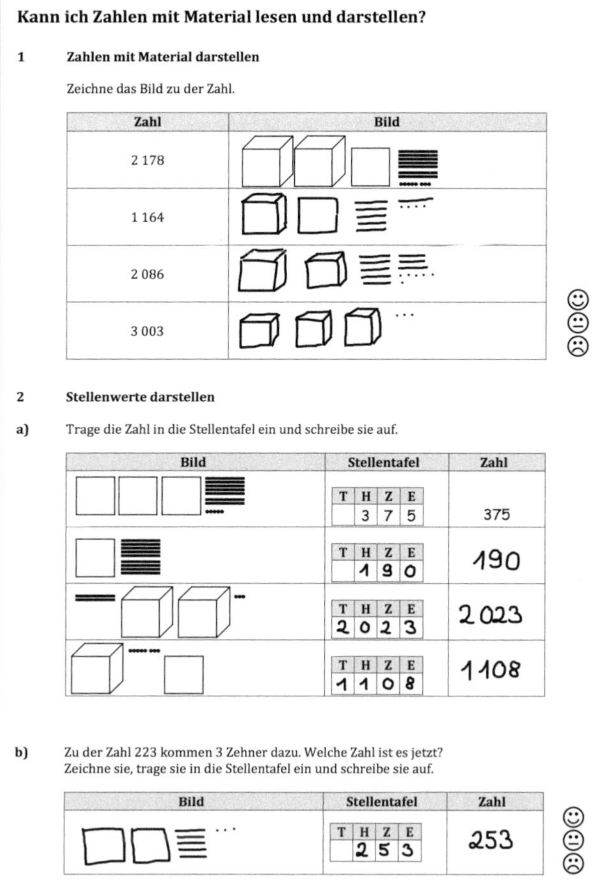
Kann ich Zahlen mit Material lesen und darstellen?

1 **Zahlen mit Material darstellen**

Zeichne das Bild zu der Zahl.

Zahl	Bild
2 178	
1 164	
2 086	
3 003	

2 **Stellenwerte darstellen**

a) Trage die Zahl in die Stellentafel ein und schreibe sie auf.

Bild	Stellentafel (T H Z E)	Zahl
	3 7 5	375
	1 9 0	190
	2 0 2 3	2 023
	1 1 0 8	1 108

b) Zu der Zahl 223 kommen 3 Zehner dazu. Welche Zahl ist es jetzt? Zeichne sie, trage sie in die Stellentafel ein und schreibe sie auf.

Bild	Stellentafel (T H Z E)	Zahl
	2 5 3	253

Hinweise zur Auswertung:

Diagnoseaufgabe 1: Zahlen mit Material darstellen

Typische Fehler		Mögliche Ursache	Förderung
1)	1164 	Unterscheidung zwischen der ikonischen Darstellung des Tausenderwürfels und der Hunderterplatte ist unklar.	Aufbau des Würfelmaterials, insbesondere der ikonischen Darstellung von Zahlen, erarbeiten. Thematisierung der Wertigkeit der einzelnen Stellen (1.1 - 1.4).
		Darstellung des Tausenders wird nicht berücksichtigt.	
2)	2086 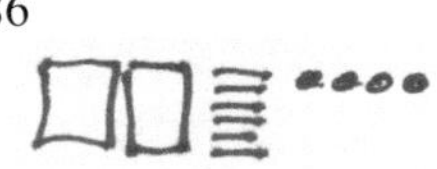	Die Bedeutung der Null aus der Zifferndarstellung für die ikonische Darstellung ist unklar.	
3)	3003 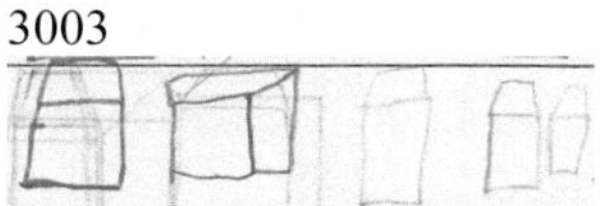	Schwierigkeiten bei der Darstellung des Tausenderwürfels, dadurch unvollständige Bearbeitung der Aufgabe.	

Diagnoseaufgabe 2: Stellenwerte darstellen

Typische Fehler		**Mögliche Ursache**	**Förderung**
a.1)	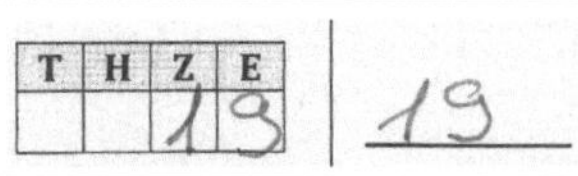	Es wird in eine zweistellige Zahl *übersetzt*, da im Bild zwei Stellen dargestellt wurden.	Vergleich verschiedener Darstellungsarten (2.1 - 2.3).
	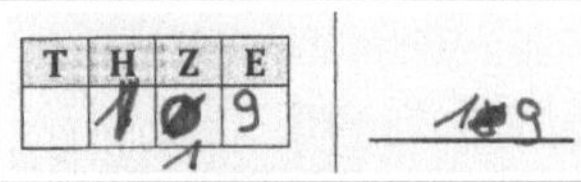	Vorgehensweise unklar: evtl werden 9 Zehner werden nicht als 9 · 10, sondern als 9 + 10 interpretiert.	Thematisierung der additiven Struktur (1.1 - 1.2; 2.1 - 2.2).
	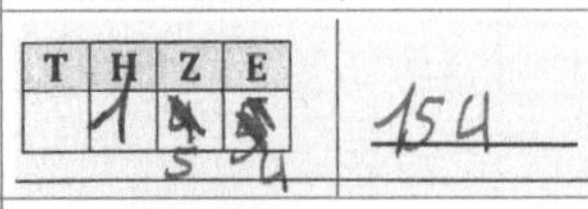	Durch die Fünferstruktur werden die Zehner in zwei Stellen zerlegt.	Erarbeitung der ikonischen Darstellung (1.2).
a.2)	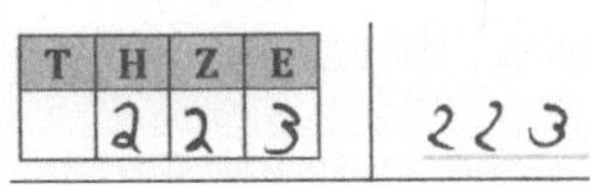	Mächtigkeit der Stellendarstellung wird nicht beachtet, Zahlen werden von links nach rechts aufgeschrieben, evtl auch Bedeutung der Null unklar.	Vergleich der verschiedenen Darstellungen von Zahlen (2.1).
a.3)	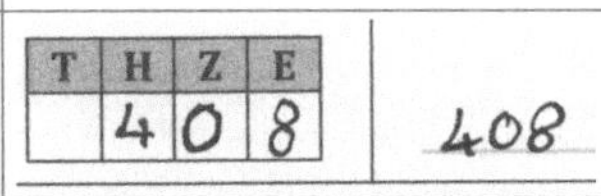	Die Darstellung des Tausenderwürfels wird als 3 Hunderter interpretiert.	Aufbau des Tausenderwürfels erarbeiten (1.2), Üben der ikonischen Darstellung (1.3).
b)	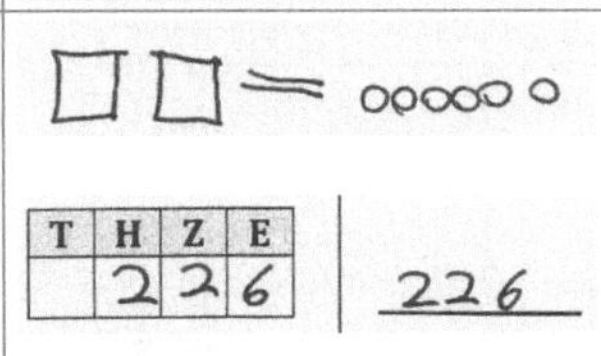	Die hinzuzufügenden drei Zehner werden als Einer interpretiert. Die Information, dass es sich um Zehner handelt, wird entweder nicht wahrgenommen oder als nicht relevant betrachtet.	Zusammenhang zwischen konkretem Handeln und mentalem Operieren zeigen und üben (2.4).
	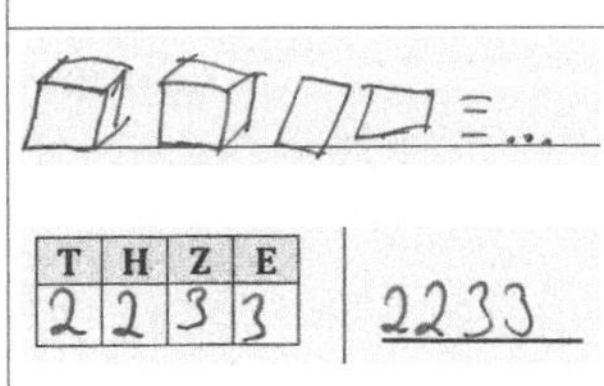	Die Ursprungszahl und die dazukommende Ziffer werden hintereinander geschrieben, da die Bedeutung für die Zehnerstelle unklar ist.	

1 Zahlen mit Material darstellen

1.1 **Erarbeiten (20 - 30 Minuten)**

Ziel: Aufbau des dezimalen Würfelmaterials bis 100 verstehen;
Erste Einsichten in das Bündelungsprinzip anlegen;
Additive Schreibweise von Zahldarstellungen üben

Material: MB: Würfelmaterial

Umsetzung: a) UG; b), c) EA oder PA; d) EA oder PA; e) UG

Hintergrund: Die Auseinandersetzung mit den einzelnen Elementen des Würfelmaterials dient der Festigung der korrekten Begriffe. (Einer*würfel*, Zehner*stange* usw.) und soll den besonderen dekadischen Aufbau des Materials herausgestellen.

Zu beachten: Bei der Zahldarstellung mit dem Würfelmaterial ist eine geordnete Sortierung der Stellen von groß nach klein nicht zwingend notwendig (die dargestellte Zahl ändert sich dadurch nicht), aber hilfreich beim Ablesen der Zahl.

1.1 Einerwürfel, Zehnerstange, Hunderterplatte

a) Wie heißen die verschiedenen Teile bei dem Würfelmaterial?

Wie stellt man damit Zahlen dar?

Methode: Bevor die Lösung auf dem Arbeitsblatt eingetragen wird, sollte das konkrete Nachbauen stattgefunden haben, damit nicht bloßes schematisches Wissen abgerufen wird. Bei der Darstellung der Hunderterplatte mit Einerwürfeln reicht allerdings der Ansatz des Nachbaus, da die Markierungen der Einerwürfel auf der Hunderterplatte sichtbar sind und die komplette Herstellung aus Einerwürfeln zu langwierig wäre.

b) Wie viele Einerwürfel brauchst du, um eine Zehnerstange nachzubauen?

Ich brauche 10 Einerwürfel.

c) Wie viele kleinere Teile brauchst du, um eine Hunderterplatte nachzubauen?

Ich brauche 100 Einerwürfel.

Oder ich brauche 10 Zehnerstangen.

Methode: Thematisierung des flexiblen möglichen Aufbaus der Hunderterplatte und erste Verbindung zur additiven Zerlegung, damit die Lernenden auf operative Weise Beziehungen zwischen den Zehnern und den Einern erfassen und darstellen.

Hinweis: Die passende Aufgabe heißt nicht 9 + 10, da mit neun Zehnerstangen die Zahl 90 gelegt wird und nicht die Zahl 9.

d) Baue eine Hunderterplatte aus Zehnerstangen und Einerwürfeln.

Trage verschiedene Möglichkeiten in die Tabelle ein.
Schreibe auch die passende Aufgabe auf. Findest du alle Lösungen?

Zehnerstangen	Einerwürfel	Aufgabe
9	10	90 + 10
8	20	80+20
7	30	70 +30
6	40	60 +40
5	50	50 +50
4	60	40 +60
3	70	30 +70
2	80	20 +80
1	90	10 +90
0	100	0 +100
10	0	100 + 0

Reflexion: Die systematische Zerlegung der Hunderterplatte in immer weniger Zehnerstangen zeigt schnell, wie viele Lösungen es gibt.

e) Zeige, dass es keine weiteren Möglichkeiten mehr gibt.

1.2 **Erarbeiten und Üben (20 - 30 Minuten zzgl. Aufgabengenerator)**

Ziel: Aufbau des dezimalen Würfelmaterials bis 1 000 verstehen; Vertiefende Einsichten in das Bündelungsprinzip anlegen; Additive Schreibweise von Zahldarstellungen üben

Material: MB: Würfelmaterial

Umsetzung: a) UG, dann EA, b) EA oder PA; c) UG; d) Aufgabengenerator (PA), dann UG

Hintergrund: Analog zur Aufgabe 1.1 b) und c) wird der Aufbau des Tausenderwürfels thematisiert, aufgrund seiner höheren Komplexität und der möglicherweise vorhandenen Fehlvorstellungen in dieser gesonderten Aufgabe.

1.2 Tausenderwürfel

a) Wie viele kleinere Teile brauchst du, um einen Tausenderwürfel nachzubauen?

Ich brauche 1 000 Einerwürfel.

Oder ich brauche 100 Zehnerstangen.

Oder ich brauche 10 Hunderterplatten.

Methode: Der Aufbau des Tausenderwürfels in Zehnerstangen und Einerwürfeln soll aufgrund der Fülle des benötigten Materials wiederum nur anfänglich gezeigt werden.
Zu beachten: Analog zur Aufgabe 1.1 d) wird der mögliche Aufbau eines Tausenderwürfels mit gemischten Material thematisiert, wegen der besseren Übersichtlichkeit aber nur mit Hunderterplatten und Zehnerstangen. Auch hier erscheint wieder die Verbindung zur additiven Zerlegung.

b) Baue einen Tausenderwürfel aus Hunderterplatten und Zehnerstangen.

Trage verschiedene Möglichkeiten in die Tabelle ein.
Schreibe auch die passende Aufgabe auf.

Hunderterplatten	Zehnerstangen	Aufgabe
9	10	900 + 100
8	20	800 + 200
7	30	700 + 300
6	40	600 + 400
5	50	500 + 500
4	60	400 + 600
3	70	300 + 700
2	80	200 + 800
1	90	100 + 900
0	100	0 + 1000
10	0	1000 + 0

Methode: Im Gespräch ist zu klären, auf welche Weise der Tausenderwürfel (und somit auch die Zahl 1 000) zerlegbar ist. An dieser Stelle kann auch die Null als Platzhalter thematisiert werden, die dann in der Zahldarstellung auftritt, wenn eine bestimmte Stelle nicht besetzt ist (dies wird in der Aufgabe z.B. durch die Formulierung „ohne Hunderterplatten" dargestellt).

c) Kann man so einen Tausenderwürfel bauen:

- mit Zehnerstangen und Einerwürfeln, aber ohne Hunderterplatten?
- mit Hunderterplatten und Einerwürfeln, aber ohne Zehnerstangen?

Zeige mit dem Material den Anfang, wie man so bauen würde.

Methode: Die Darstellung der Zahlen mit dem Würfelmaterial findet hier aufgrund der verfügbaren Teile innerhalb eines begrenzten Zahlenraums statt.

d) Stellt euch gegenseitig Aufgaben:
Eine Person legt eine Zahl aus 5 Teilen. Die andere Person sagt die Zahl.
Wechselt euch ab.

Reflexion: Die gelegten Zahlen können an keiner Stelle eine Ziffer größer 5 haben, da dies die maximale Anzahl an Teilen ist.

e) Welche Zahlen lassen sich mit 5 Teilen nicht legen? Findet einige.

1.3 - 1.4 **Üben (10 - 15 Minuten zzgl. Aufgabengenerator)**

Ziel: Üben des Lesens und des Zeichnens der ikonischen Darstellung von Zahlen

Material: MB: Würfelmaterial

Umsetzung: 1.4 a) EA; b) EA; c) Aufgabengenerator (PA); 1.5 a), b), c) EA

Hintergrund: Eine vereinfachte Darstellung des Würfelmaterials wird eingeführt, damit die Zahldarstellungen auch zeichnerisch von den Lernenden festgehalten werden können (die Nutzung eines Lineals ist dafür nicht erforderlich). Die Darstellung des Tausenderwürfels als dreidimensionales Bild kann für einige Lernende schwierig sein. In diesem Fall gemeinsam mit den Lernenden thematisieren: Welche Seiten sind in der Frontalansicht zu sehen? → Die Abgrenzung zur Hunderterplatte muss auf jeden Fall explizit heraus gestellt werden. Bei der zeichnerischen Darstellung kann nicht verhindert werden, dass bei mehr als 5 Elementen einer Einheit das Ablesen der Werte schwierig werden kann. Daher wird eine Fünferstruktur in der Darstellung genutzt. Es ist zu empfehlen, dass die Lernenden ebenfalls diese Strukturierung verwenden.

Zu beachten: In den beiden letzten Aufgaben von a) sind die Stellenwerte nicht in der üblichen Reihenfolge der Mächtigkeit sortiert dargestellt. Damit soll gezeigt werden, dass es bei der Darstellung mit dem Material (gegenüber zur Zifferndarstellung) unerheblich ist, wie die Werte angeordnet sind. Ein leichteres Lesen wird aber durch eine Sortierung der Werte gewährleistet.

1.3 **Zahlen legen und zeichnen**

So kannst du einfache Bilder vom Würfelmaterial zeichnen:

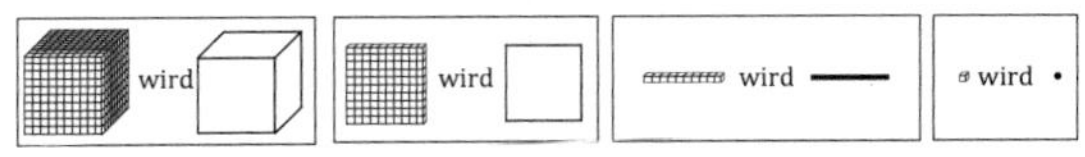

a) Welche Zahlen sind es?

Bild	Zahl
	1348
	209
	407
	1 166
	503

b) Lege die Zahlen mit dem Material. Zeichne sie dann auf.

Zahl	Bild
165	
303	
4001	

c) Stellt euch gegenseitig Aufgaben:
Eine Person nennt eine Zahl, die andere Person zeichnet sie auf. Wechselt euch ab.

Hintergrund: Für Lernende, die eine vollständige Lösung bevorzugen (nicht zwingend notwendig): es gibt insgesamt 20 Möglichkeiten, Zahlen mit 3 Teilen aus 4 verschiedenen Elementen zu legen, es sind: 3, 12, 21, 30, 102, 111, 120, 201, 210, 300, 1 002, 1 011, 1 020, 1 101, 1 110, 1 200, 2 001, 2 010, 2 100, 3 000.

1.5 **Zahlen aus genau 3 Teilen**

a) Nimm Tausenderwürfel, Hunderterplatten, Zehnerstangen und Einerwürfel:
Zeichne und schreibe Zahlen auf, die du mit 3 Teilen legen kannst.

12 3 21 30 102 111 120
201 210 usw.

Hintergrund: Hier werden die Mächtigkeiten der Einheiten des Würfelmaterials noch einmal thematisiert: Steht die größte Anzahl an Teilen in der größten Stelle einer Zahl, so ergibt sich daraus die größte zu bildende Zahl. Steht die größte Anzahl in der kleinsten Stelle, ist dies auch die kleinste Zahl, die man bilden kann.

b) Welche ist die größte Zahl, die du mit 3 Teilen legen kannst?
Zeichne sie auf und erkläre, warum es keine größere geben kann.

$3 \cdot 1000 = 3000$
Der Tausenderwürfel ist die größte Einheit des Würfelmaterials.

c) Welche ist die kleinste Zahl, die du mit 3 Teilen legen kannst?
Zeichne sie auf und erkläre, warum es keine kleinere geben kann.

$3 \cdot 1 = 3$
Der Einerwürfel ist die die kleinste Einheit des Würfelmaterials.

2 Stellenwerte darstellen

2.1 **Erarbeiten (5 - 8 Minuten)**

Ziel: Zusammenhang zwischen den verschiedenen Darstellungsmitteln einer Zahl thematisieren

Material: -

Umsetzung: UG

Methode: Die Lernenden sollen im Austausch miteinander klären, wie die verschiedenen Darstellungen deutlich machen, dass der Zahlaufbau letztendlich immer dem gleichen Prinzip folgt und die einzelnen Stellenwerte nur unterschiedlich dargestellt sind.

2.1 Zahlen verschieden dargestellt

Die Kinder stellen die Zahl 435 unterschiedlich dar. Beschreibe, wie sie das tun.

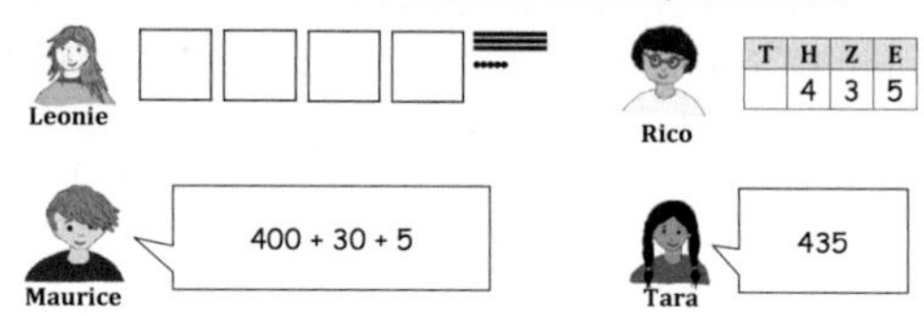

2.2 - 2.3 **Üben (10 - 15 Minuten zzgl. Spiel / Aufgabengenerator)**

Ziel: Üben der verschiedenen Darstellungsmöglichkeiten

Material: MB: Quartettspiel

Umsetzung: 2.2 EA; 2.3 Spiel (PA oder GA)

Zu beachten: Bei der gemeinsamen Besprechung der Aufgabe bietet sich auch noch einmal die Gelegenheit, die Besonderheit der Null in der Stellenwerttafel, in der Zifferndarstellung und in der bildlichen Darstellung zu thematisieren.

2.2 Zahlen darstellen

Bild	Stellentafel	Aufgabe	Zahl
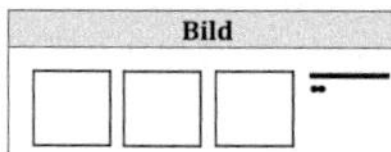	T H Z E: 3 1 2	300 + 10 + 2	312
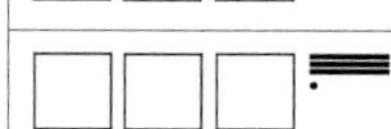	T H Z E: 3 3 1	300 + 30 + 1	331
	T H Z E: 4 0 9	400 + 9	409
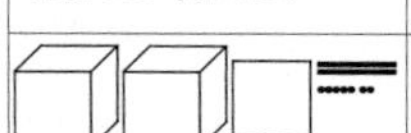	T H Z E: 2 1 2 7	2000 + 100 + 20 + 7	2127
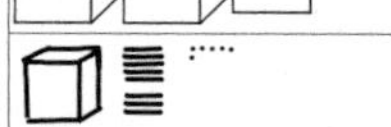	T H Z E: 1 0 8 6	1000 + 80 + 6	1086
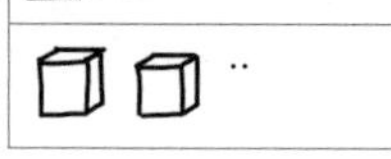	T H Z E: 2 0 0 2	2000 + 2	2002

Hintergrund: Die Aufgabe dient der Festigung der Erkenntnisse aus 2.1 und 2.2 und soll die schnelle Erfassung von zusammengehörigen Darstellungen üben.

Methode: Das Spiel folgt den normalen Quartett-Regeln, diese können aber je nach Gruppenzusammenstellung auch variiert werden.

2.3 Stellenwerte- Quartett

a) Lies die Spielregeln durch und spiele Quartett mit 3 oder 4 Spielern.

Spielregeln „Quartett"

1) Die Karten werden gemischt und komplett an die Mitspielenden verteilt.

2) Die Spielerin, die links vom Kartengeber sitzt, beginnt und fragt einen Spieler ihrer Wahl nach einer Karte, die ihr zu einem Quartett fehlt:

⇒ „Hast du die 386 als Würfelbild?" oder
⇒ „Hast du die 216 in der Stellentafel?" oder
⇒ „Hast du die 1016 als Aufgabe?" oder
⇒ „Hast du die 218 als Zahl?"

3) Hat der Spieler die Karte, muss er sie der Fragerin geben. Die Fragerin darf weiter fragen, bis ein Spieler die gewünschte Karte nicht besitzt. Dieser ist nun an der Reihe.
Hat ein Spieler ein vollständiges Quartett, legt er es offen vor sich auf dem Tisch ab. Wer am Ende keine Karten mehr auf der Hand hat, gewinnt.

Hintergrund: Die Gestaltung eigener Karten soll dazu beitragen, sich mit den verschiedenen Darstellungsarten aktiv auseinander zu setzen.

b) Erstellt eigene Quartett-Karten und spielt damit.

2.4 Üben (15 - 20 Minuten zzgl. Aufgabengenerator)

Ziel: Mentales Operieren mit Stellenwerten üben; Ablösung vom konkreten Material anlegen; Ausblick auf nicht-maximale Bündelungen geben

Material: MB: Würfelmaterial

Umsetzung: a), b) EA, c) UG; d) Aufgabengenerator (PA)

Zu beachten: Bei der Besprechung der Aufgabe darauf hinweisen, dass nicht 5 *Einer*, sondern 5 *Zehner* gemeint sind und sich die Stellenwerttafel dementsprechend an dieser Stelle ändern muss. Methode: Evtl. mit dem Würfelmaterial die Aufgabe nachlegen.

2.4 Sich Zahlen vorstellen

a) Zu der Zahl 3 333 kommen 5 Zehner dazu.
Welche Zahl ist es jetzt? An welcher Stelle verändert sich die Stellentafel?
Zeichne die neue Zahl, trage sie in die Stellentafel ein und schreibe sie auf.

Bild	Stellentafel	Zahl
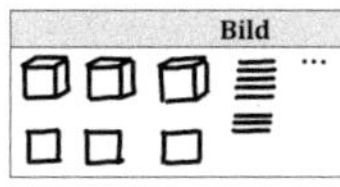	T H Z E: 3 3 8 3	3383

Zu beachten: Die vorgegebene Subtraktion hat eine Veränderung von zwei Stellen der Zahl zur Folge.

b) Von der Zahl 1 069 werden 2 Zehner und 1 Einer weggenommen.
Welche Zahl ist es jetzt? An welchen Stellen verändert sich die Stellentafel?
Zeichne die neue Zahl, trage sie in die Stellentafel ein und schreibe sie auf.

Bild	Stellentafel	Zahl
	T H Z E: 1 0 4 8	1048

Zu beachten: An dieser Stelle findet eine Thematisierung von flexiblen Bündelungsdarstellungen und somit Überleitung zum Baustein N1 B statt.
Die Zahl 200 kann in der Darstellung mit dem Würfelmaterial und in der Stellenwerttafel auf verschiedene Art und Weise dargestellt werden, die hier vorgestellten sind beide mathematisch korrekt (die Darstellung als 200 Einer wäre es ebenfalls).

c) 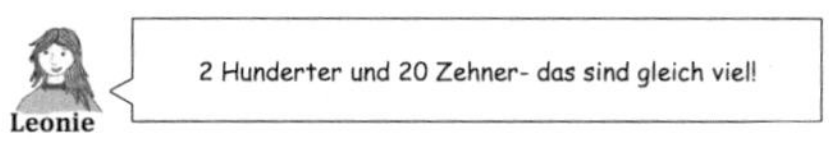

Erkläre, was Leonie meint.
Lege zuerst die Zahlen mit dem Würfelmaterial.
Dann zeichne die Zahlen und trage sie in die Stellentafel ein.

2 Hunderter:

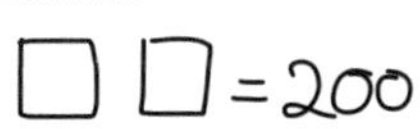

T	H	Z	E
	2	0	0

20 Zehner:

T	H	Z	E
		20	

Methode: Der Aufgabengenerator bildet einen zeitlich flexiblen Abschluss dieser Fördereinheit. Aufgrund der Übersichtlichkeit ist es an dieser Stelle sinnvoll, bei der Bündelung von Einern zu Zehnern und von Zehnern zu Hunderten zu beschränken, dies ist aber nicht zwingend.

d) Denke dir weitere Beispiele aus, wie man Zahlen unterschiedlich darstellen kann und schreibe sie auf. Vergleicht eure Lösungen.

N1 B Bündeln und Entbündeln – Didaktischer Hintergrund

Lerninhalt

Wie bereits in Baustein **N1 A** dargestellt, liegt unserem Zahlsystem das dezimale Stellenwertsystem zugrunde. Um das Wissen über den Aufbau von Zahlen, dass die Schülerinnen und Schüler im Bereich der natürlichen Zahlen erworben haben, auf tragfähige Weise auf die Dezimalzahlen erweitern zu können, ist es notwendig, dass die Lernenden die Eigenschaften unseres Zahlsystems *grundlegend* verstanden haben.

Eigenschaften des dezimalen Stellenwertsystems

Das *dezimale Stellenwertsystem* setzt sich aus vier Prinzipien zusammen (vgl. Ross 1989):

- *Stellenwertprinzip:* Der Wert einer Ziffer in einer mehrstelligen Zahl ist durch die Position dieser Ziffer in der Zahl bestimmt. In der Zahl 486 steht die 4 für Hunderter und nicht bspw. für 4 Einer.
- *Additives Prinzip:* Der Gesamtwert der Zahl ergibt sich aus der Summe der Werte der einzelnen Stellen. Die Zahl 486 ist die Summe von 400 + 80 + 6.
- *Multiplikatives Prinzip:* Jede Ziffer in einer Zahl gibt an, wie viele Bündel mit dieser Mächtigkeit vorhanden sind. So steht die 8 in der Zahl 486 für acht Zehnerbündel.
- *Bündelungsprinzip:* Das dezimale Stellenwertsystem basiert auf der Grundzahl 10, d.h. es werden jeweils zehn Elemente einer Einheit zu einem Element der nächst größeren Einheit zusammengefasst. Die Werte der Stellen steigen somit von rechts nach links jeweils um das Zehnfache an.

Bei der Entbündelung von Zahlen wird der Vorgang des Bündelns umgekehrt, um eine größere Einheit in zehn Elemente der nächsten kleineren Einheit zu tauschen. Dies kann notwendig sein, wenn beispielsweise von einer größeren Einheit kleinere Einheiten weggenommen werden sollen, bei der Arbeit mit Anschauungsmaterial z.B. als folgende Anweisung: „Nimm von einer Zehnerstange drei Einerwürfel weg". Diese Handlungen zeichnen das Subtrahieren mit Übergängen nach und können deshalb auch helfen, ein Verständnis für diese operative Veränderung anzulegen (dieses wird vertieft in Baustein **N3 A** aufgegriffen).

Übungen zum Bündeln und Entbündeln finden sich in vielen Lehrwerken der Grundschule im Zusammenhang mit der Zahlraumerweiterung. Zumeist wird das Bündelungsprinzip am konkreten Anschauungsmaterial sichtbar gemacht, wenn beispielsweise zehn Zehnerstangen in eine Hunderterplatte getauscht werden sollen. Die Abstraktion auf eine symbolische Schreibweise oder die Darstellung in der Stellenwerttafel sind seltener zu finden, da eventuell vermieden werden soll, dass Lernende durch diese Darstellung in ihrem Lernprozess verunsichert werden.

Nach Scherer und Steinbring (2004, S. 166) können aber gerade nicht standardisierte Zahldarstellungen in der Stellenwerttafel (so genannte *Zauberzahlen*) dazu beitragen, dass Lernende einen vertieften Einblick in den Aufbau von Zahlen bekommen und über die Anregung zur neuen Deutung dezimaler Strukturen über diese reflektieren können (vgl. auch Häsel-Weide / Nührenbörger 2013, Scherer / Moser Opitz 2010).

T	H	Z	E
2	4	5	12

Zauberzahl in der Stellenwerttafel

Veranschaulichung und Material

Notations- und Sprechweise

Eine besondere Herausforderung stellt sich den Lernenden bei der Interpretation von mehrstelligen Zehner- und Hunderterzahlen in der Stellentafel oder in der symbolischen Darstellung. So ist es möglich, dass beispielsweise 24 Zehner als Zahl 24 (statt als 240) gedeutet werden, da die zweistellige Anzahl der Bündel suggeriert, dass es sich bei dem Ergebnis ebenfalls um eine zweistellige Zahl handeln muss.

Dekadisches Würfelmaterial

Mit dem dekadischen Würfelmaterial lassen sich aufgrund der Stimmigkeit der Relationen zwischen den Elementeinheiten die Prinzipien des Bündelns und Entbündelns besonders gut darstellen.

Immer zehn Elemente einer kleineren Einheit lassen sich exakt zu einer größeren Einheit zusammenfassen, was von den Lernenden selbst durch ein schrittweises Nachbauen nachvollzogen werden kann. Am konkreten Material ist es für die Schülerinnen und Schüler oft rasch einsichtig, warum beispielsweise zwanzig Zehnerstangen genau den gleichen Wert wie zwei Hunderterplatten besitzen.

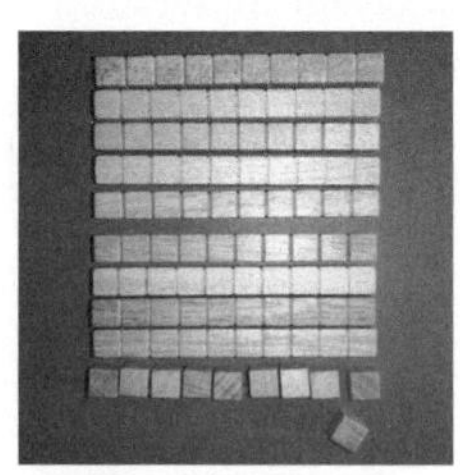

Nachbau einer Hunderterplatte bzw. eines Tausenderwürfels

Neben der Arbeit mit dem konkreten Anschauungsmaterial wird wie in **N1 A** eine Möglichkeit zur Notation von Würfelmengen eingeführt. Die einzelnen Elemente des Würfelmaterials werden symbolisch dargestellt, sodass von den Lernenden ein relativ schnelles Nachzeichnen erreicht werden kann.

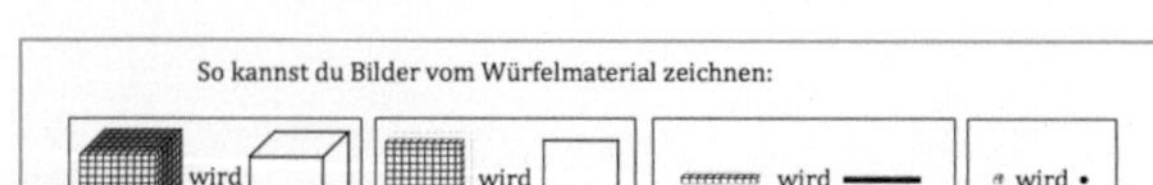

Auszug aus der Förderung zur Einführung der Würfelmaterialsymbole

Stellenwerttafel

Die Darstellung von Zahlen in der Stellenwerttafel soll die Arbeit mit dem Würfelmaterial ergänzen und den Weg zur Abstraktion von Zahlvorstellungen ebnen.

Dabei wird die oben beschriebene Notation von mehrstelligen *Zauberzahlen* an den einzelnen Stellen ausdrücklich thematisiert, um die Einsichten in die Bündelungsstruktur, die die Lernenden anhand des Würfelmaterials gewonnen haben, übertragbar zu machen. So soll gewährleistet werden, dass dieser Aspekt des Stellenwertverständnisses auch für andere Zahlbereiche, die nicht mit dem Würfelmaterial dargestellt werden können (z.B. Dezimalzahlen), angewandt werden kann.

Aufbau der Förderung

Die Förderung zum Bündeln und Entbündeln mit Material besteht aus zwei Einheiten. In Fördereinheit 1 (Würfelmaterial bündeln und entbündeln) wird eine systematische und handelnd durchgeführte Einführung des Bündelns vorgenommen, indem zunächst Einerwürfel und nachfolgend Zehnerstangen zusammengefasst werden sollen, um eine bessere Überschaubarkeit des Materials zu erlangen. Die Handlungen werden durch die Notation der Bündel in einer Stellenwerttafel unterstützt. Darüber hinaus folgen weitere Übungen zum Entbündeln, die mit einer ikonischen Darstellung des Würfelmaterials durchgeführt werden. Auch der Aspekt der Entbündelung wird zunächst handelnd mit dem Würfelmaterial durchgeführt und im gemeinsamen Gespräch reflektiert.

In Fördereinheit 2 (Zahlen bündeln und entbündeln) wird der Zusammenhang zwischen der Darstellung einer Zahl mit dem Würfelmaterial und in der Stellenwerttafel weiter und tiefgehender thematisiert, indem das Bündeln an verschiedenen Stellen der Stellenwerttafel erarbeitet und auch auf mögliche Fehlvorstellungen eingegangen wird. Abschließend erfolgt ein Ausblick auf den Zusammenhang zwischen der Bündelung und Entbündelung von Zahlen auf symbolische Bündelungs- bzw. Entbündelungshandlungen mittels einfacher Additions- und Subtraktionsaufgaben. Die Fördereinheit schließt mit einem „Paare finden"- Spiel zur weitergehenden Übung des Erkennens gleichwertiger gebündelter und ungebündelter ikonischer Würfelmaterial-Darstellungen.

Weiterführende Literatur

Häsel-Weide, U. / Nührenbörger, M. (2013): Individuell fördern – Kompetenzen stärken. Fördern im Mathematikunterricht Klasse 3 & 4. In: Bartnitzky, H. / Hecker, U. / Lassek, M. (Hrsg.): Individuell fördern – Kompetenzen stärken. Frankfurt a. M.: Arbeitskreis Grundschule e. V.

Humbach, M. (2008): Arithmetische Basiskompetenzen in der Klasse 10 – Quantitative und qualitative Analysen. Berlin: Verlag Dr. Köster, 21 - 28.

Scherer, P. / Moser-Opitz, E. (2010): Fördern im Mathematikunterricht der Primarstufe. Heidelberg: Spektrum Akademischer Verlag.

Scherer, P. / Steinbring, H. (2004): Übergang von halbschriftlichen Rechenstrategien zu schriftlichen Algorithmen – Addition im Tausenderraum. In: Scherer, P. / Bönig, D. (Hrsg.): Mathematik für Kinder – Mathematik von Kindern. Frankfurt am Main: Grundschulverband, 163 - 173.

N1 B – Durchführung und Auswertung der Standortbestimmung

Dauer: 10 - 15 Minuten

Hinweise zur Durchführung:

Auch wenn die ikonische Darstellung von Zahlen mit Würfelmaterial in den meisten Grundschullehrwerken behandelt wird, ist diese den Lernenden möglicherweise nicht (mehr) vertraut. In diesem Fall kann und soll auf die Bedeutung der einzelnen Symbole hingewiesen werden.

Bei Aufgabe 2 b) soll die Lösung zur letzten Teilaufgabe aus a) schriftlich oder symbolisch erläutert werden.

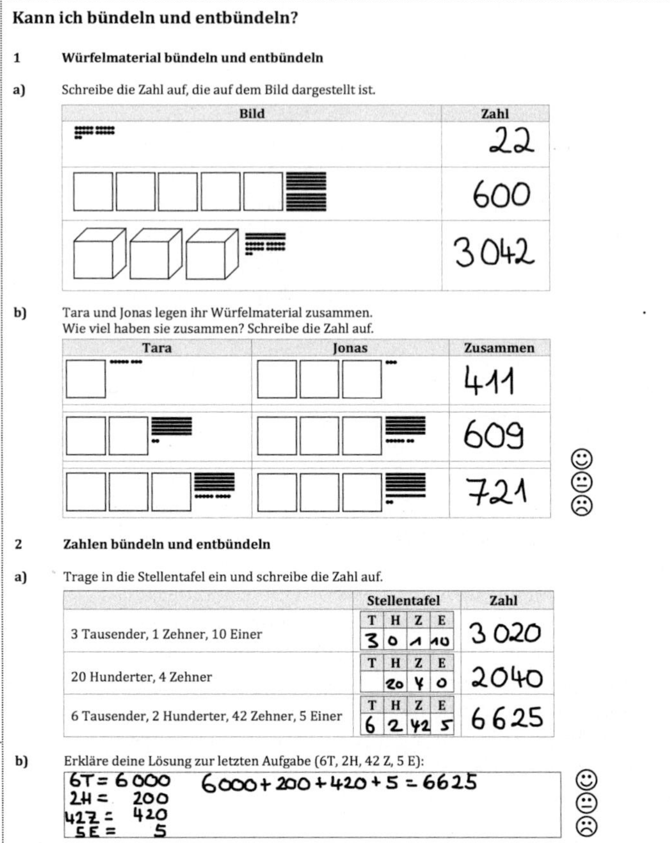

Kann ich bündeln und entbündeln?

1 Würfelmaterial bündeln und entbündeln

a) Schreibe die Zahl auf, die auf dem Bild dargestellt ist.

Bild	Zahl
	22
	600
	3042

b) Tara und Jonas legen ihr Würfelmaterial zusammen. Wie viel haben sie zusammen? Schreibe die Zahl auf.

Tara	Jonas	Zusammen
		411
		609
		721

2 Zahlen bündeln und entbündeln

a) Trage in die Stellentafel ein und schreibe die Zahl auf.

	Stellentafel (T H Z E)	Zahl
3 Tausender, 1 Zehner, 10 Einer	3 0 1 10	3020
20 Hunderter, 4 Zehner	20 4 0	2040
6 Tausender, 2 Hunderter, 42 Zehner, 5 Einer	6 2 42 5	6625

b) Erkläre deine Lösung zur letzten Aufgabe (6T, 2H, 42 Z, 5 E):

6T = 6000 6000 + 200 + 420 + 5 = 6625
2H = 200
42Z = 420
5E = 5

Hinweise zur Auswertung:

Diagnoseaufgabe 1: Würfelmaterial bündeln und entbündeln

Typische Fehler		Mögliche Ursache	Förderung
a)	Ungebündelte Einheiten können nicht interpretiert bzw. zusammengefasst werden: z.B. 12 statt 22 Einer.	Bündelungsprinzipien unklar	Erarbeitung des Darstellungswechsels zwischen Würfelmaterial und Zahldarstellung (1.1 - 1.4).
	Stellen werden hintereinander geschrieben, z.B. 500100 statt 600.		
	Falsche Interpretation der Stellen, z.B. 3222 statt 3042.	Bündelungsprinzipien unklar, zusätzlich ist hier die Zehnerstelle durch ungebündelte Einer belegt.	
	3402 statt 3042	Evtl. Funktion der Null unklar.	
b)	Auslassung der zu bündelnden Stelle, z.B. 509 statt 609.	Bündelungsprinzipien unklar	Thematisierung des Bündelns allgemein (1.1 - 1.4), insbesondere bei Vereinigung von zwei Teilmengen (1.3).
	Nur teilweise Zusammenfassung von Stellen, z.B. 621 statt 721.		
	Fehlerhafte Bündelung, z.B. von Einern zu Hundertern, z.B. 502 statt 412.		

Diagnoseaufgabe 2: Zahlen bündeln und entbündeln

Typische Fehler		**Mögliche Ursache**	**Förderung**
a.1)	3110	Stellen werden hintereinander geschrieben.	Zusammenhang der Darstellung Würfelmaterial und Stellenwerttafel thematisieren (1.1; 2.1 - 2.2).
	320	Zehner und Einer werden addiert, statt Tausendern werden Hunderter eingetragen.	
a.2)	240	20 Hunderter werden als 200 interpretiert.	
a.3), b)	Notierte Zahl: 6607 „Man muss aufpassen bei den Hundertern und den Zehnern.“	Schwierige Stelle erkannt, Vorgehensweise unklar.	Thematisierung von Vorgehensweisen beim Bündeln in der Stellenwerttafel (2.1) unter besonderer Berücksichtigung von Ursachen fehlerhafter Vorgehensweisen (2.2 b).
	Notierte Zahl: 62 425 „Es sind 6T, 2H, 42Z, 5E = 62 425“	Stellen werden hintereinander geschrieben.	
	Notierte Zahl: 6247 „Also die 6 zum T, die 2 zum H, die 42 muss man teilen, also 4 zum Z und 2 + 5 zum E.“	Zerlegung der 42 Zehner in vier Zehner und 2 Einer.	
	Notierte Zahl: 6620 „42 Z sind 420.“	Einer werden nicht beachtet.	

1 Zahlen mit Material darstellen

1.1 Erarbeiten (20 - 30 Minuten)

Ziel: Einsicht in die Vorteile der Zehnerbündelung bekommen; Erste Verbindung zur Notation der Bündel in eine Stellenwerttafel thematisieren

Material: MB: Würfelmaterial

Umsetzung: a) UG; b), c) jeweils EA, dann UG

Hintergrund: Einstieg in die Thematik durch die Darstellung einer ungeordneten Menge. Kann mit realem Anschauungsmaterial (37 Einerwürfel) nachgelegt werden.

Zu beachten: Um sicherzustellen, dass es sich um Zehner-Päckchen handelt, ist eine geordnete Darstellung, z.B. mit Fünfergliederung sinnvoll.

Methode: Im Gespräch kann reflektiert werden, dass Zählvorgänge durch die Zehnerbündelung vereinfacht werden können, anschließend werden die Anzahlen in der Stellenwerttafel notiert.

1.1 Wie viele?

a) Jonas hat mehrere Einerwürfel vor sich auf dem Tisch liegen.
Er will wissen, wie viele das sind.

So eine Unordnung.
Ich verzähle mich andauernd.

Jonas

Tara macht einen Vorschlag:

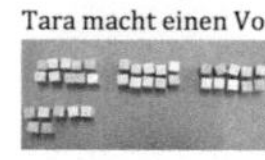

Lege doch
Zehner-Päckchen.

Tara

Warum kann man die Würfel jetzt besser zählen?

Trage die Anzahl von Jonas' Würfeln in die Tabelle ein.
Wie viele Zehner-Päckchen, wie viele übrige Einerwürfel hat er?

Zehner	Einer
3	7

Wie viele Einerwürfel sind es insgesamt? 37

Reflexion: Thematisierung des Tauschaspektes: Zehn Einer lassen sich in eine Zehnerstange umtauschen, da so nicht mehr abgezählt werden muss. Das vereinfacht die Anzahlerfassung, der Wert der Zahl (ob nur mit Einerwürfeln oder mit Zehnerstangen gelegt) bleibt aber identisch.

b) Jonas überlegt:

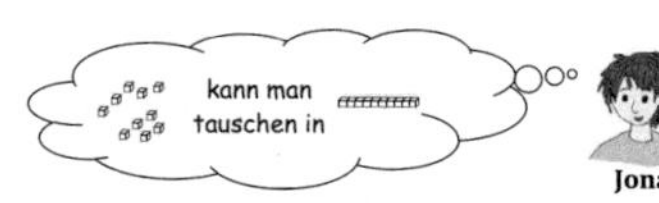

Lege die Zahl 37 auf zwei unterschiedliche Arten:
- Verwende nur Einerwürfel.
- Verwende Einerwürfel und auch Zehnerstangen.

An welchem Bild kannst du die 37 besser erkennen? Warum?

Methode: Übertragung des Prinzips der ungebündelten Einer auf Bündelung der Zehnerstangen und anschließende Notation der noch ungebündelten Form in die Stellenwerttafel.
Im Gespräch ist zu klären, wie daraus die Anzahl ermittelt werden kann (z.B. $11 \cdot 10 + 4 \cdot 1$ berechnen).
Reflexion: Hier ist die bessere Überschaubarkeit durch bereits gebündeltes Material gemeint. Eine Hunderterplatte ist schneller zu erfassen als 10 Zehnerstangen.

c)

Welche Zahl liegt hier?
Trage Zehner und Einer in die Tabelle ein und schreibe die Zahl auf.

Zehner	Einer
11	4

Die Zahl heißt: 114

Wie kann man hier tauschen, damit man die Zahl besser lesen kann?

1.2 **Üben (15 - 20 Minuten)**

Ziel: Weitere Einsichten in Aspekte der Bündelung anlegen;
Üben des Zeichnens der ikonischen Darstellung von Zahlen

Material: MB: Evtl. Würfelmaterial

Umsetzung: a), b), c) EA; d) UG

Methode: Wie im Baustein **N1 A** soll hier das gelegte Material in einer Kurzschrift dokumentiert werden können. Die verschiedenen Aufgaben sollen die Knackpunkte des Bündels ansprechen. Wird die Zahl 359 um 1 vergrößert, so kann man die Zahl entweder mit 3 Hunderten, 5 Zehnern und 10 Einern darstellen oder (so wie es hier Intention ist) die 10 Einer zu einer weiteren Zehnerstange bündeln.

Zu beachten: Bei dieser Darstellung kann nicht verhindert werden, dass bei größeren Anzahlen der Elemente das Ablesen der Werte schwierig werden kann. Daher wird sowohl bei der Darstellung der Zehner als auch der Einer eine Fünferstruktur genutzt.

1.2 **Zahlen zeichnen**

So kannst du Bilder vom Würfelmaterial zeichnen:

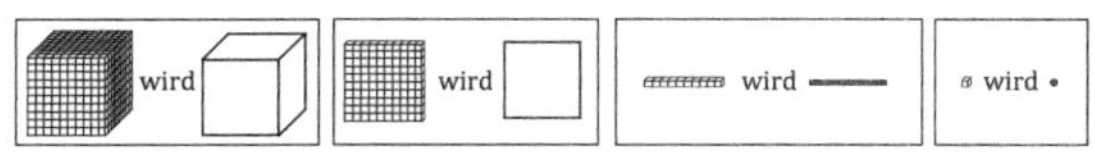

a) Die Zahl wird in jeder Zeile um **1** größer. Zeichne sie und schreibe als Zahl.

Bild	Zahl
	358
	359
	360

Methode: Die Zahl 284 soll in zwei Schritten um jeweils 10 vergrößert werden, so dass der nächste Hunderter erreicht wird. An der Einerstelle ändert sich nichts.

b) Die Zahl wird in jeder Zeile um **10** größer. Zeichne sie und schreibe als Zahl.

Bild	Zahl
	284
	294
	304

Methode: Die Aufgabenstellung thematisiert die für einige Lernende noch unklare Unterscheidung zwischen Hundertern und Tausendern.
Insbesondere die Darstellung des Tausenderwürfels als dreidimensionales Bild kann für einige Lernende sehr herausfordernd sein. In diesem Fall empfiehlt es sich, dies mit den Lernenden gemeinsam zu thematisieren (welche Seiten sieht man?), wichtig ist an dieser Stelle die Abgrenzung zur Hunderterplatte explizit herauszustellen.

c) Die Zahl wird um **1 000** größer. Zeichne sie und schreibe als Zahl.

Bild	Zahl
	111
	1111

Reflexion: Immer zehn Einheiten eines kleineren Wertes lassen sich zu einer Einheit eines größeren Wertes zusammenfassen. Dies gilt für den gesamten (dekadischen) Zahlenraum.

d) Ab wann kann man Teile zusammenfassen?
Welche Regel gilt beim Bündeln?

1.3 - 1.4 **Üben (15 - 20 Minuten zzgl. Aufgabengenerator)**

Ziel: Aspekt der Zusammenlegung von Mengen thematisieren; Üben des Lesens der ikonischen Darstellung von Zahlen; Fortsetzbarkeit der Bündelung thematisieren

Material: MB: Würfelmaterial

Umsetzung: 1.3 a) EA; b) UG; c) Aufgabengenerator (PA); 1.4 UG

Hintergrund: Der Aspekt des Bündelns tritt auch auf, wenn Zahlen zusammengefügt (im Grunde *addiert*) werden. In der folgenden Aufgabe betrifft dies verschiedene Stellen. Es ist zu erwarten, dass die Verbindung von Einern dabei für die Lernenden problemlos ist, da hier einfach *weitergezählt* werden kann.
Bei der unteren Aufgabe ist die Zusammenführung der beiden Mengen schwieriger, da hier zwei verschiedene Stellen gebündelt werden müssen.

Impuls: Wie kann man vorgehen? Werden die einzelnen Mächtigkeiten getrennt zusammengefasst, die Mengen in Zahlen übersetzt und dann im Kopf addiert oder wird weitergezählt?

1.3 **Zusammenlegen**

a) Tara und Jonas legen ihr Material zusammen.
Wie viel haben sie zusammen? Schreibe die Zahl auf.

Tara	Jonas	Zusammen
		31
		343
		590
		1040

Methode: Die umgekehrte Überlegung (Bestimmung der Differenz) wird im Gespräch thematisert. An dieser Stelle soll dies möglichst losgelöst vom Material geschehen, kann aber bei Bedarf mit Material nachvollzogen werden.

b) Tara legt die Zahl 240 mit ihrem Material.
Zusammen mit Jonas kann sie die Zahl 300 legen.
Wie viel Material ist von Jonas dazu gekommen?

Methode: Durch das Zusammenlegen sollen wieder Einheiten, wenn möglich, gebündelt werden. Um die Aufgabe zu begrenzen bzw. zu differenzieren, kann die Vorgabe des Materials begrenzt werden.

c) Jeder nimmt sich Würfelmaterial. Welche Zahlen können zusammen gelegt werden?

Hintergrund: Hier wird der Gedanke aus 1.2 d) aufgegriffen, denn alle Einheiten können weitergedacht werden. Dies funktioniert auch mit der Veranschaulichung durch das Würfelmaterial: 10 Tausenderwürfel können eine *Zehntausenderstange* ergeben (analog zur Zehnerstange), 100 Tausenderwürfel eine *Hunderttausenderplatte* usw. Die Dreiteilung unseres Zahlaufbaus ist demnach teilweise in den Zahlennamen für größere Zahlen sichtbar.

1.4 **Tausender bündeln?**

Tara überlegt:

Welche Zahlen könnte man mit 10, 100 oder 1 000 Tausenderwürfeln legen?

1.5 **Üben (8 - 10 Minuten)**

Ziel: Thematisierung des Entbündelns mit dem Würfelmaterial

Material: MB: Würfelmaterial

Umsetzung: UG

Methode: Zunächst die Aufgabe besprechen, dann mit Material nachlegen und eine Zehnerstange in zehn Einerwürfel tauschen. Es ist möglich, die Ähnlichkeit des Prinzips des Tauschens von Geldscheinen in Münzen anzusprechen, auch wenn aufgrund der anderen Bündelung bei den Geldwerten (keine durchgehende dekadische Strukturierung durch bspw. 20 Cent-Stück, 5 Euro-Schein etc.) diese Vorstellung nicht vollständig übertragbar ist.

1.5 Tauschen und weglegen

Von 2 Zehnerstangen sollen 4 Einerwürfel weggenommen werden.

Das geht doch gar nicht!
Ich kann doch an der Zehnerstange nichts absägen!

Jonas

Tara

Aber du kannst wieder tauschen!

Wie kann Jonas tauschen, damit er die Aufgabe lösen kann?
Lege die Aufgabe mit dem Material nach. Wie heißt das Ergebnis?

1.6 **Üben (10 - 15 Minuten)**

Ziel: Üben des Lesens und des Zeichnens der ikonischen Darstellung von Zahlen

Material: MB: Würfelmaterial

Umsetzung: a) EA, b) UG

Methode: Die Aufgabe kann durch Handeln mit dem Würfelmaterial unterstützt werden. Teilweise sind mehrere Entbündelungsschritte notwendig (wenn z.B. von einer Hunderterplatte ein Einer weggenommen werden soll).

Reflexion: Je mehr Entbündelungsschritte notwenig sind, desto mehr Neunen sind im Ergebnis zu finden.

1.6 Eine Stelle verändern

a) Lege mit dem Material und tausche. Schreibe das Ergebnis auf.

Es liegt	Nimm weg	Ergebnis
1 Zehnerstange	1 Einerwürfel	9
1 Hunderterplatte	1 Zehnerstange	90
1 Hunderterplatte	1 Einerwürfel	99
1 Tausenderwürfel	1 Hunderterplatte	900
1 Tausenderwürfel	1 Zehnerstange	990
1 Tausenderwürfel	1 Einerwürfel	999

b) Wann kommt die 9 einmal, zweimal oder dreimal vor?

1.7 **Üben (5 - 8 Minuten zzgl. Aufgabengenerator)**

Ziel: Thematisierung des Aspekts des Halbierens ungerader Hunderter- und Tausenderzahlen

Material: MB: Würfelmaterial

Umsetzung: a), b) UG); c) Aufgabengenerator (PA)

Hintergrund: Auch bei der Halbierung von ungeraden Hundertern und Tausendern muss eine Einheit entbündelt werden.

Reflexion: Bei der Zerlegung von geraden Anzahlen der Bündel muss nicht getauscht werden. Eine Zahl mit einer ungeraden Anzahl an Einerwürfeln kann nicht halbiert werden.

1.7 Halbieren

a) Lege mit dem Material die Zahl 300.
Wie musst du tauschen, damit du die Hälfte wegnehmen kannst?

b) Stelle dir die Zahl 7 000 mit Material vor.
Wie müsstest du tauschen, damit du die Hälfte wegnehmen kannst?

c) Stellt euch gegenseitig Aufgaben.
Die eine Person legt eine Zahl mit dem Material. Die andere legt die Hälfte weg.
Wann muss man tauschen, wann kann man gar nicht die Hälfte wegelegen?

2 Zahlen bündeln und entbündeln

2.1 **Erarbeiten (20 - 25 Minuten)**

Ziel: Zusammenhang zwischen den verschiedenen Darstellungsmitteln einer ungebündelten Zahl verstehen

Material: MB: Evtl. Würfelmaterial; KV: Stellentafel (optional)

Umsetzung: a) UG, dann EA; b) UG; c) EA

Hintergrund: Die Aufgabe greift einen typischen Umsetzungsfehler auf: Während der Wert einer Zahl, die (ungebündelt) mit Material gelegt wird, zumeist durch Zählen problemlos ermittelt werden kann, ist die Übertragung in die Stellenwerttafel oft noch unklar. Zwar können die real vorkommenden Anzahlen direkt eingetragen werden, jedoch kann dann die Zahl nicht einfach durch ein Abschreiben der Zahlenwerte ermittelt werden.

2.1 In die Stellentafel eintragen

Jonas hat Würfelmaterial und möchte herausfinden, welche Zahl er damit legen kann.

Ich habe:
2 Tausenderwürfel
4 Hunderterplatten
5 Zehnerstangen
12 Einerwürfel

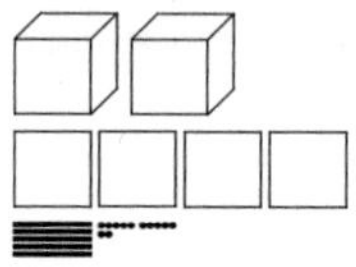

Tara trägt die Anzahlen in die Stellentafel ein und schreibt auf:

T	H	Z	E
2	4	5	12

Die Zahl heißt:
24 512

Methode: Mit Material nachlegen lassen und auf die multiplikativen Zusammenhänge hinweisen. Die Notation der Anzahl der Einheiten in der Stellenwerttafel bedeutet als Term ausgedrückt:
$2 \cdot 1000 + 4 \cdot 100 + 5 \cdot 10 + 12 \cdot 1$

a) Lies Taras Zahl laut vor. Wie ist sie bei der Lösung vorgegangen? Welchen Fehler hat sie gemacht?

Schreibe deine Lösung zu Jonas' Zahl auf.

Die Zahl heißt: 2 462

Hintergrund: Hier soll eine für die Lernenden hilfreiche Unterstützung bei der Eintragung von ungebündelten Anzahlen in der Stellenwerttafel formuliert werden (z.B. bei Notation der Zahl mit der kleinsten Einheit beginnen und dann von rechts nach links bündeln).

b) Wie bist du vorgegangen?
Welchen Tipp kannst du Tara geben, damit sie die Zahl aus der Stellentafel ablesen kann?

Zu beachten:: Während die Bündelung von 22 Einern zu 2 Zehnern und 2 Einern oft problemlos gelingt, kann für einige Lernende die Vorstellung von mehrstelligen Anzahlen ab der Zehnerstelle ungewohnt sein. Das Prinzip funktioniert genauso, jedoch sollte darauf geachtet werden, dass es nicht zu einer schematischen Vorgehensweise führt („Das muss man einfach in die Spalte links daneben schieben."), sondern verstanden wird, wie kleinere Einheiten zu einer größeren zusammengefasst werden können.

Hilfestellung: Aufgabe mit dem Würfelmaterial unterstützen.

Weitere Aufgabenstellungen: Weitere Übungen mit ungebündelten Darstellungen in der Stellenwerttafel, dazu Kopiervorlage im Anhang der Förderbausteine nutzen.

c) Schreibe als Zahl auf.

T	H	Z	E
3	4	5	22

Zahl: 3 472

T	H	Z	E
3	4	25	2

Zahl: 3 652

T	H	Z	E
3	24	5	2

Zahl: 5 452

2.2 Üben (10 - 15 Minuten)

Ziel: Üben der verschiedenen Darstellungsmöglichkeiten

Material: -

Umsetzung: a) EA; b) UG; c) UG

Methode: Die in 2.1 besprochenen verschiedenen Darstellungsarten und ihr Zusammenhang werden hier auf symbolischer Ebene weiter geübt.

Reflexion: Besonderheit der Null in der Stellenwerttafel, aber auch in der Zifferndarstellung thematisieren.

2.2 Zahlen in der Stellentafel bündeln

a) Trage in die Stellentafel ein und schreibe als Zahl daneben.

	Stellentafel T	H	Z	E	Zahl
3 Hunderter, 6 Zehner, 10 Einer		3	6	10	370
30 Hunderter, 5 Zehner		30	5	0	3 050
2 Tausender, 3 Hunderter, 61 Zehner, 4 Einer	2	3	61	4	2 914
12 Tausender, 4 Einer	12	0	0	4	12 004
1 Tausender, 10 Hunderter, 10 Einer	1	10	0	10	2 010
2 Hunderter, 20 Zehner, 20 Einer		2	20	20	420

Reflexion: Thematisierung von (individuellen) hilfreichen Vorgehensweisen beim Bündeln.

b) Beschreibe, wie du vorgehst, wenn du Zahlen aus der Stellentafel bündelst.

Impuls: Welche Vorgehensweise ist zu sehen? Welchen Tipp könnte man dem Lernenden geben?

c) Erkläre folgenden Fehler und berichtige ihn:

6 Tausender, 2 Hunderter, 42 Zehner, 5 Einer	6	2	4	7	Die Zahl ist 6247

2.3 Üben (10 - 15 Minuten)

Ziel: Zusammenhang zwischen enaktivem (am Material vorgenommenen) und symbolischem Bündeln und Entbündeln (addieren und subtrahieren) verstehen

Material: MB: Würfelmaterial

Umsetzung: a), b) UG, dann EA

Hintergrund: Symbolische Formulierung (und Erweiterung) der Aufgabe 1.6.

Hilfestellung: Aufgaben können mit Material unterstützt werden, um die Veränderung der Stellen besser deutlich zu machen.

2.3 Bündeln und entbündeln in Aufgaben

Erkläre bei den Aufgaben, wie man sie mit Material darstellen würde. Wie müsste man tauschen? Schreibe auch die Ergebnisse auf.

a)
1 000 – 1 = 999   1 000 – 5 = 995
1 000 – 10 = 990   1 000 – 50 = 950
1 000 – 100 = 900   1 000 – 500 = 500

b)
900 + 1 = 901   * 999 + 1 = 1 000
900 + 10 = 910   999 + 10 = 1 009
900 + 100 = 1000   999 + 100 = 1099

2.4 Üben (10 - 15 Minuten)

Ziel: Üben des Erkennens gleichwertiger Zahlen durch gebündelte und ungebündelte Darstellung

Material: MB: „Paare finden“- Spiel

Umsetzung: PA

Methode: Es gelten die üblichen bzw.in der Gruppe ausgehandelten Spielregeln, evtl. ist es hilfreich, zu Beginn nicht alle Karten zu verwenden. In einem anschließenden Schritt können eigene Karten von den Lernden gestaltet werden.
Reflexion: Wie kann man zusammengehörige Darstellungen gut erkennen?

2.4 Was passt zusammen?

Spielt "Paare finden".

Erstellt auch eigene Paare.

N2 A Zahlen am Zahlenstrahl lesen und darstellen – Didaktischer Hintergrund

Lerninhalt

Ein zentrale Grundlage zum Verständnis von Zahlen ist die Einsicht, dass eine bestimmte Zahl etwas über die Mächtigkeit einer Menge (= die Anzahl der dort enthaltenen Elemente) aussagt. Daneben ist es aber ebenso wichtig, Zahlen als Stellen in der Zahlreihe zu begreifen, die durch die Handlung des (Ab-)Zählens ermittelt werden können.

Beim Zählen wird jedem Element eine Ordnungszahl zugesprochen, wobei die letzte verwendete Zahl zugleich die Anzahl der Menge repräsentiert. Eine sichere Zählkompetenz ist also Voraussetzung dafür, dass Anzahlen korrekt erfasst werden können. Neben den Zahlwörtern bis 20 – die einzeln gelernt werden müssen – muss vor allem der Aufbau bzw. die Konstruktion von Zehner- und Hunderterzahlen verstanden worden sein, damit dieses Wissen auch auf größere Zahlenräume übertragbar ist.

Bei einigen Lernenden zeigen sich Schwierigkeiten bei der Überschreitung des Tausenderraums. Hier ist bspw. beobachtbar, dass die Zahl 1 000 teilweise auch noch zu Beginn der Sekundarstufe „Zehnhundert" genannt wird. Einigen Schülerinnen und Schülern ist auch der Unterschied zwischen dem kardinalen und dem ordinalen Aspekt von Zahlen noch unklar. Dies kann sich daran zeigen, dass kein Unterschied zwischen der Aufforderung von „Nimm fünf Kugeln weg" und „Nimm die fünfte Kugel weg" gesehen wird.

Diese Lernenden profitieren einerseits von der Einsicht in den Strukturaufbau von Zahlen, aber auch von einem verständigen Umgang mit strukturierten Anschauungsmitteln, die die Zahlreihe symbolisieren. Dazu gehören die Hunderterkette und der Zahlenstrahl.

Veranschaulichung und Material

Es ist davon auszugehen, dass die gewählten linearen Anschauungsmittel dieses Bausteins den Lernenden aus ihren früheren Lernerfahrungen bekannt sind. Diese verkörpern in besonderer Weise fundamentale Ideen der Arithmetik und verfügen über eine tragfähige Strukturierung, sodass sie an dieser Stelle eingesetzt werden, um die Schülerinnen und Schüler zu vertiefenden Einsichten bezüglich des linearen Zahlaufbaus anzuregen.

Hunderterkette

Die Hunderterkette besteht aus je fünfzig roten und blauen Holzperlen, die – in Anlehnung an die dekadische Struktur unseres Zahlsystems – in farblich abgegrenzten Zehnergruppen aufgefädelt sind. In der Grundschule wird sie zur Veranschaulichung der Anordnung der Zahlen im Hunderterraum eingeführt und ist dort meist eine systematische Erweiterung der Zehner- oder Zwanzigerkette aus dem ersten Schuljahr. Sie ermöglicht zudem durch mögliche Abgrenzungen von Teilmengen (20, 50, 75 Perlen usw.) eine Variation innerhalb dieser Menge.

Die Einteilung der Hunderterkette bedarf bei der Erarbeitung des Materials ebenfalls einer besonderen Thematisierung, da dies helfen kann eine mögliche, recht verbreitete Fehlvorstellung der Lernenden zu vermeiden. Häufig geschieht es, dass sich die Schülerinnen und Schüler beispielsweise bei der Suche nach der 31. bis 39. Kugel im dritten Abschnitt der Hunderterkette orientieren, indem sich jedoch die 21. bis 30. Kugel befindet.

Arbeit mit der Hunderterkette

Die ikonische Veranschaulichung der Hunderterkette im Schülermaterial kann für weiterführende Übungen verwendet werden und die Arbeit mit leeren und skalierten Zahlenstrahlen vorbereiten.

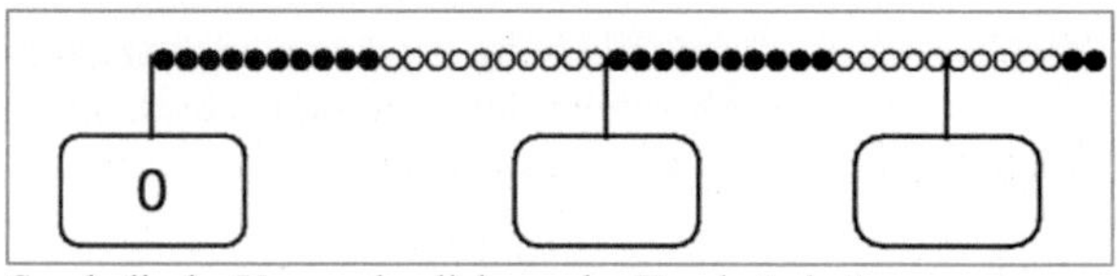

Symbolische Veranschaulichung der Hunderterkette

Der Unterschied zum Zahlenstrahl besteht vor allem darin, dass die Startperle der Hunderterkette die Eins ist (weil hier die konkrete Anzahl der Kugeln benannt wird), wohingegen der erste Strich des Zahlenstrahls mit der Null beschriftet wird.

Leerer Zahlenstrahl

Der leere Zahlenstrahl soll die Handlungen, die zuvor an der Hunderterkette durchgeführt worden sind, fortsetzen. Er wird in der konkreten Veranschaulichung durch eine Schnur dargestellt, die die Schnur der Hunderterkette sein könnte, an der nur die Perlen fehlen.

Dieses Anschauungsmaterial soll dazu auffordern, die ungefähren Orte für die entsprechenden Zahlen zu finden und sich auch von der Veranschaulichung durch vorgenommene Skalierungen lösen zu können. Die *genauen* Abstände der Zahlen sind für die Schulung der Orientierung im Zahlenraum hier nicht bedeutungsvoll, dennoch sollten die ungefähren Relationen durchaus berücksichtigt werden. Daher sind die bildlichen Darstellungen im Schülermaterial bewusst in unterschiedlichen Größen gewählt. Viele leistungsschwächere Schülerinnen und Schüler drängt es, in den unskalierten Zahlenstrahlen eine eigene (Einer-) Skalierung einzuzeichnen, um dort zu markierende Orte für die Zahlen zählend zu ermitteln. Diese Vorgehensweise erscheint ihnen naheliegend und ist womöglich ein Ausdruck dafür, dass die Lernenden nicht mit Unsicherheiten umgehen möchten oder können bzw. über keine flexible lineare Vorstellung verfügen. Jedoch kann im Gespräch mit ihnen thematisiert werden, dass in diesem Fall diese Vorgehensweise nicht nur äußerst aufwendig, sondern durch die Möglichkeit des Verzählens auch sehr fehleranfällig sein kann. Anschließend können alternative Vorgehensweisen, wie etwa das Finden von Orientierungszahlen, besprochen werden. Die Übertragung in größere Zahlenräume ist nicht nur möglich, sondern auch wünschenswert, da so auch die Begrenzungen des Hunderterraumes aufgehoben werden können, was hinsichtlich des weiteren Lernprozesses von großer Relevanz ist.

Arbeit mit dem leeren Zahlenstrahl

Das Anschauungsmittel ist ebenfalls in besonderer Weise dazu geeignet, Nachbarbeziehungen und Zahlsprünge zu thematisieren (vgl. die Bausteine **N2 B** und **N2 C**).

Skalierter Zahlenstrahl

Sowohl der leere, als auch der skalierte Zahlenstrahl bilden die Zahlen bzw. die Zahlbeziehungen auf geometrische Weise ab: Zahlen, die in der Zahlwortreihe nah beieinander liegen, sind auch auf dem Zahlenstrahl längenmäßig nah beieinander. Analog zur Thematisierung der Hunderterkette ist es auch hier unerlässlich, mit den Lernenden die zugrundeliegende Struktur zu erarbeiten. Erfolgt diese Erarbeitungsphase nicht oder wird sie vernachlässigt, besteht die Gefahr, dass der Zahlenstrahl zum zählenden Rechnen benutzt wird. Dies geschieht, wenn beispielsweise die skalierenden Striche – egal bei welcher vorhandenen Skalierung – immer nur als Einerschritte verstanden werden.

Wird der Zahlenstrahl unreflektiert benutzt, besteht zudem die Gefahr, dass er zu wenig mit konkreten Vorstellungen verbunden wird. Hierfür bietet es sich an, auf Skalen in der Umwelt der Schülerinnen und Schüler zu verweisen, um nicht nur eine Alltagsnähe sondern auch einen konkreten Anwendungsbereich aufzuzeigen: Je nach Funktion des Gegenstandes müssen Skalierungen mehr oder weniger genau sein.

Der skalierte Zahlenstrahl dieses Bausteins ist durch die Hervorhebung von Fünfziger- und Hunderterschritten charakterisiert, was den Lernenden die Orientierung erleichtern und die Zählschritte möglichst reduzieren soll.

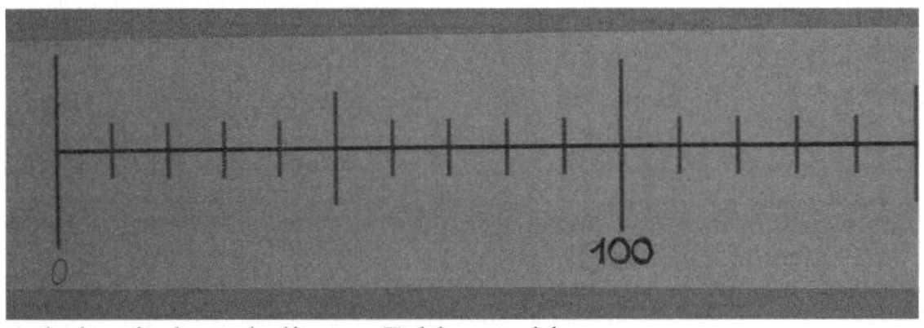

Arbeit mit dem skalierten Zahlenstrahl

Aufbau der Förderung

Fördereinheit 1 (Zahlen an der Hunderterkette) bildet einen handelnden Einstieg in das Thema der linearen Zahldarstellung. Durch Orientierungsübungen an der Hunderterkette sollen einerseits an das Vorwissen der Lernenden angeknüpft und andererseits strategische Vorgehensweisen zur Zahlbestimmung besprochen werden. Dafür werden zunächst vorgegebene Orte mit Zahlen belegt, daran anschließend werden vorgegebene Zahlen an der entsprechenden Stelle an der Kette markiert. Typische Fehler, die sich durch den Aufbau der Hunderterkette ergeben können, werden ebenfalls aufgegriffen und thematisiert.

In Fördereinheit 2 (Zahlen am Zahlenstrahl) wird der leere (unskalierte) Zahlenstrahl eingeführt, um sich von der konkreten Veranschaulichung durch die Kugeln lösen zu können und so auch größere Zahlenräume durch Bestimmung der ungefähren Abstände erschließen zu können.

In Fördereinheit 3 (Skalierungen am Zahlenstrahl) wird die Skalierung zwar wieder thematisiert, jedoch werden nun die Einheiten der Striche nicht mehr ausschließlich als Einer gedeutet. Auch hier werden typische Fehllösungen angesprochen.

Weiterführende Literatur

Bartnitzky, H. / Hecker, U. / Lassek, M. (Hrsg.): Individuell fördern – Kompetenzen stärken (ab Klasse 3). Frankfurt a. M.: Arbeitskreis Grundschule e.V.

Häsel-Weide, U. / Nührenbörger, M. / Moser Opitz, E. / Wittich, C. (2013): Ablösung vom zählenden Rechnen. Fördereinheiten für heterogene Lerngruppen. Seelze: Kallmeyer.

Radatz, H. / Schipper, W. (1983): Handbuch für den Mathematikunterricht an Grundschulen. Hannover: Schroedel.

Lorenz, J. H. (2003): Lernschwache Rechner fördern. Ursachen der Rechenschwäche. Frühhinweise auf Rechenschwäche. Berlin: Cornelsen Scriptor.

N2 A – Durchführung und Auswertung der Standortbestimmung

Dauer: 10 - 15 Minuten

Hinweise zur Durchführung:

Beim Eintragen der passenden Zahlen bzw. der Verbindung mit der entsprechenden Stelle der Hunderterkette ist stets der Platz *nach* und nicht *unter* der entsprechenden Kugel gemeint.

Hier geht es ausschließlich um eine *ungefähre* Bestimmung, welche Zahlen bzw. Stellen passend sind. Es ist nicht notwendig (und auch nicht erwünscht), dass man sich an der Skalierung der darüber liegenden Hunderterkette orientiert.

Es empfiehlt sich, die Lernenden darauf hinzuweisen, dass sich der Zahlenraum bei Aufgabe 3 vergrößert, um Fehler, die lediglich aus Aufregung oder Unachtsamkeit resultieren, an dieser Stelle möglichst auszuschließen.

In 3 b) ist die angegebene Skalierung nicht dafür ausgelegt, dass die Zahlen 605 und 899 mit der genauen Stelle verbunden werden können. Kommen an dieser Stelle Rückfragen, so können die Lernenden dazu aufgefordert werden, sich trotzdem eine Lösung zu überlegen.

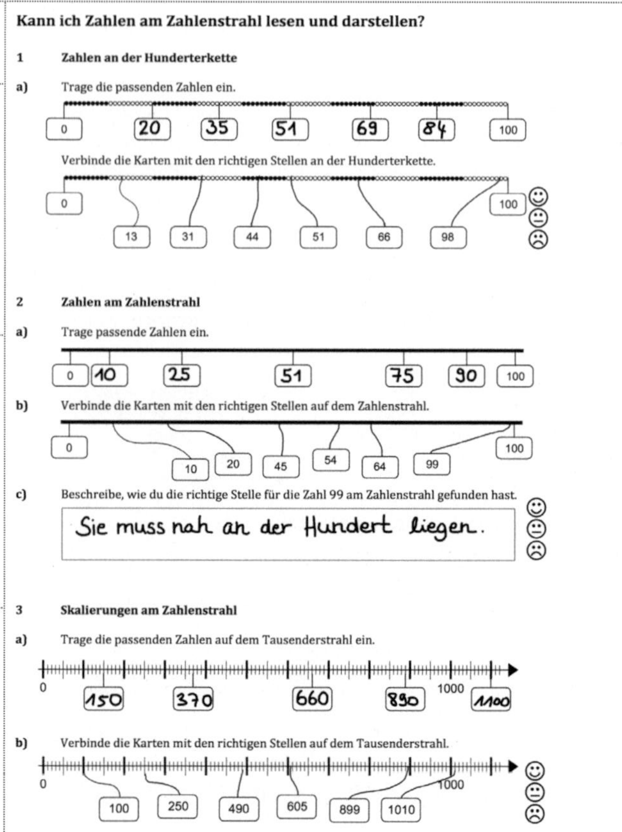

Hinweise zur Auswertung:

Diagnoseaufgabe 1: Zahlen an der Hunderterkette

Typische Fehler		**Mögliche Ursache**	**Förderung**
a.2)	Falsche Zuordnung der Zehnerstelle, z.B. 45 statt 35.	Die Karte befindet sich im 4. Abschnitt, daraus wird geschlossen, dass es sich um eine Zahl zwischen 40 und 49 handeln muss. Die Einerziffer wird durch Abzählen ermittelt.	Aufbau der Hunderterkette, insbesondere die ikonischen Darstellung, erarbeiten. Thematisierung der Strategien für das Eintragen von Zahlen (1.1 - 1.4).
a.5)	Falsche Zuordnung der Zehnerstelle (nahe an Orientierungszahlen wie 0 oder 100), z.B. 94 statt 84.	Orientierung an der 100 – im vorletzten Abschnitt davor werden die „Neunziger"-Zahlen vermutet, da der letzte Abschnitt schon der Zahl 100 zugeordnet wird.	
a.3)	Falsche Zuordnung der Zehnerziffer, z.B. 61 statt 51.	Folgefehler durch nachfolgende Orientierung einer zuvor falsch eingetragenen Zahl.	
a.4)	Falsche Zuordnung der Einerziffer, z.B. 67 oder 68 statt 69.	Abzählfehler	

Diagnoseaufgabe 2: Zahlen am Zahlenstrahl

Typische Fehler		Mögliche Ursache	Förderung
a), b)	Leerer Zahlenstrahl wird mit zusätzlicher Einerskalierung versehen.	Es wird versucht, die Skalierung der darüber liegenden Hunderterkette zu übernehmen, dabei ist der Platz am Ende nicht ausreichend.	Orientierungsübungen am leeren Zahlenstrahl (2.1 - 2.2) und intensive Nutzung des konkreten Anschauungsmaterials.
	Es wird immer im identischen Abstand eingetragen.	Unzureichende Auffassung über die Abstände in der Zahlreihe.	
c)	Orientierung am Beginn des Zahlenstrahls, danach „Durchzählen“.	Mögliche Orientierung am Ende des Zahlenstrahls ist unklar.	Orientierungsübungen an Teilabschnitten des leeren Zahlenstrahls und Vergleich verschiedener Skalierungen (2.3 - 2.4).

Diagnoseaufgabe 3: Skalierungen am Zahlenstrahl

Typische Fehler		Mögliche Ursache	Förderung
a)	Tausenderstrahl wird als Hunderterstrahl gedeutet.	Keine Beachtung der vorgegeben Skalierung.	Orientierungsübungen am skalierten Zahlenstrahl (inklusive der intensiven Nutzung des konkreten Anschauungsmaterials) und Thematisierung von Fehlvorstellungen (3.1 - 3.2).
	Hunderter werden korrekt gedeutet, danach die Einer abgezählt.	Verfestigte Vorstellung von abzählbaren Strichen als Einer-Einheiten.	
b)	605 wird bei 650 eingetragen.	Jeder kleine Strich wird als Einer gedeutet.	
	899 wird bei 890 eingetragen.	Kein Widerspruch in der Aufgabenstellung gesehen bzw. oder nahe an der nächsten Zehnerzahl eingetragen.	Besprechung von Zahlen, die man bei einzelnen Skalierungen genau und ungefähr eintragen kann (3.3).
	1 010 wird bei 1 100 eingetragen.	Ab der 1 000 Skalierung unklar, Einer werden gezählt.	

1 Zahlen an der Hunderterkette

1.1 Erarbeiten (20 - 30 Minuten zzgl. Aufgabengenerator)

Ziel: Aufbau der Hunderterkette verstehen

Material: MB: Hunderterkette, Zahlenkarten; Büro- oder Wäscheklammern zum Anheften

Umsetzung: a), b) UG; c) EA oder PA; d) Aufgabengenerator (PA)

Zu beachten: Der besondere Fokus liegt hier auf der vorhandenen Zehnerstruktur und deren Vorteil für die Vorgehensweise beim Finden von Zahlen.

1.1 Aufbau der Hunderterkette

a) Wie ist die Hunderterkette aufgebaut?
Wie kann man dort Zahlen darstellen?
Wo befindet sich die Zahl 50?

b) In welchem Abschnitt befinden sich die Zahlen 11 bis 20?
Wo befinden sich die Zahlen 80 bis 89?
Welche Zahlen befinden sich im fünften Abschnitt?

Hintergrund: An welchen Punkten orientieren sich die Lernenden? Nur an der Null? Bei Zahlen nahe Hundert kann man sich auch durch Rückwärtszählen orientieren.

c) Stecke die Zahlenkarten an die richtige Stelle.
Beschreibe, wie du vorgehst.

Zu beachten: Lernende zu Begründungen anregen.

d) Die eine Person steckt eine leere Karte an die Hunderterkette. Die andere Person schreibt die passende Zahl auf und begründet, warum es diese ist.
Wechselt euch ab.

1.2 Üben (15 - 20 Minuten)

Ziel: Ikonische Darstellung der Hunderterkette verstehen

Material: -

Umsetzung: a), b), c) EA; d) UG

Methode: Zunächst Zahlen eintragen lassen, dabei die in 1.1 besprochenen Vorgehensweisen umsetzen.

1.2 Zahlen eintragen

a) Trage die passenden Zahlen ein.

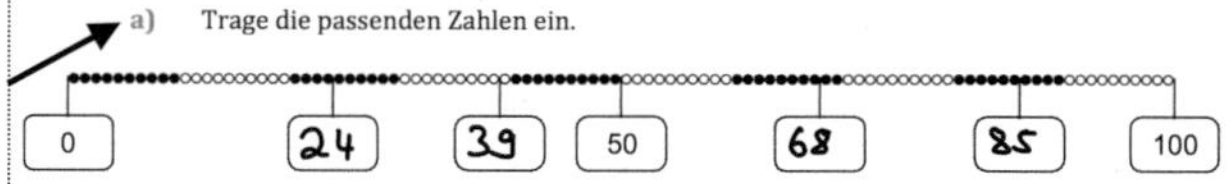

Zu beachten: Bei der Verbindung der Zahlen mit der richtigen Stelle der Hunderterkette mögliche Orientierungszahlen (z.B. Zehnerzahlen) nutzen, damit möglichst wenig in Einerschritten gezählt wird. Hierbei darauf hinweisen, dass der Strich nach und nicht unter die entsprechende Perle gesetzt werden soll.
Gilt auch für c).

b) Verbinde die Karten mit der richtigen Stelle.

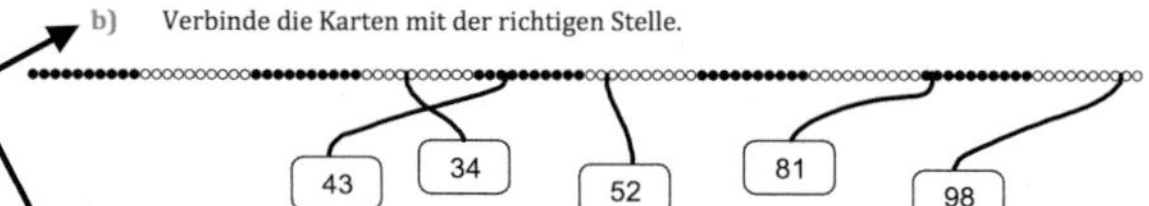

c) Wähle drei eigene Zahlen und trage sie ein.

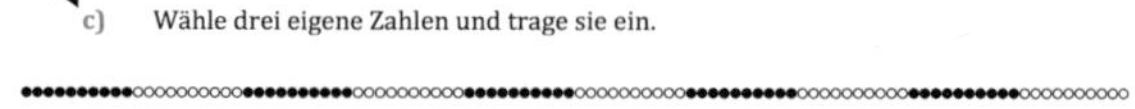

Lösung: Zahlen, die nah an einer Zehnerstelle sind, lassen sich leichter finden, weil weniger Einerschritte abgezählt werden müssen.

d) Welche Zahlen findet man schnell?
Welche Zahlen sind schwieriger zu bestimmen?
Was hilft dir, sie zu finden?

2 Zahlen am Zahlenstrahl

2.1 Erarbeiten (15 - 20 Minuten)

Ziel: Zusammenhang zwischen den verschiedenen Darstellungsmitteln (Hunderterkette und leerer Zahlenstrahl) verstehen

Material: MB: Hunderterkette und Zahlenband, Zahlenkarten; Büro- oder Wäscheklammern zum Anheften

Umsetzung: a) UG; b), c) EA oder PA

Methode: Zunächst Handlung am konkreten Anschauungsmaterial, dazu Hunderterkette und leeren Zahlenstrahl untereinander hängen und die Struktur der Hunderterkette für das Eintragen der Zahlen nutzen – allerdings mit dem Ziel, sich von dieser Veranschaulichung zu lösen und Abstände auch nur ungefähr bestimmen zu können.

2.1 Von der Hunderterkette zum Hunderterstrahl

a) Was ist gleich bei Hunderterstrahl und Hunderterkette, was ist verschieden?
Wie kann man Zahlen auf einem Hunderterstrahl finden?
Wo befinden sich die Zahlen 11 bis 20 ungefähr?

b) Stecke die Zehnerkarten an die richtige Stelle.
Beschreibe, wie du vorgehst.

Methode: Beim Eintragen der Striche erst Mitte bestimmen lassen, von dort aus die restlichen Zehnerzahlen bestimmen.

c) Trage die Zehnerzahlen auf dem Hunderterstrahl ein.

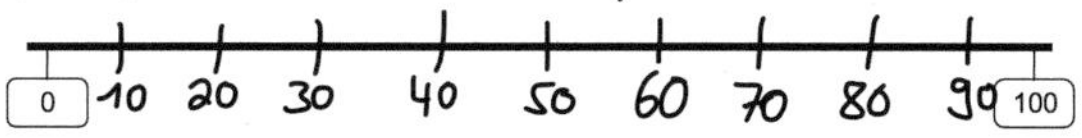

Impuls: Welche Orientierungen helfen dir, Zahlen am unskalierten Zahlenstrahl einzutragen? → Zehnerzahlen, die 50 (Mitte), 0 und 100 (Anfangs- und Endzahl).

d) Wie kann man Zahlen auf dem Hunderterstrahl eintragen? Was hilft dir?

2.2 Üben (5 - 10 Minuten)

Ziel: Verschiedene Darstellungsmöglichkeiten üben

Material: -

Umsetzung: a), b), c) EA

Methode: Üben der in 2.1 besprochenen Vorgehensweisen mit der Hilfe von Orientierungszahlen.

Evtl. noch einmal darauf hinweisen, dass durch die fehlenden Skalierung kein ganz genaues Eintragen möglich ist und es an dieser Stelle ausreichend ist, die Zahlen ungefähr einzutragen.

2.2 Zahlen am Hunderterstrahl eintragen

a) Trage zuerst die Zehnerzahlen ein.
Verbinde dann die Zahlenkarten mit dem Hunderterstrahl.

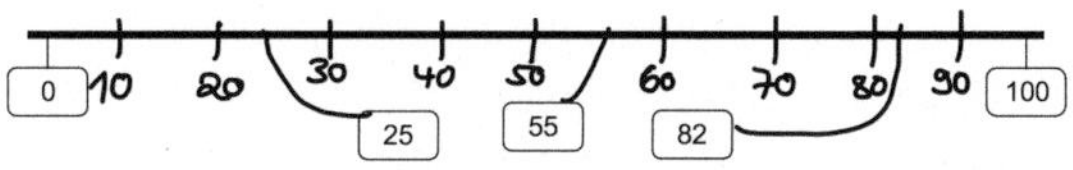

b) Trage passende Zahlen in die leeren Felder ein.

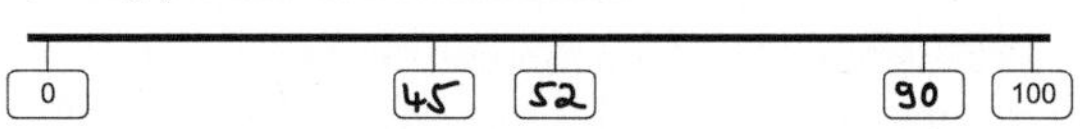

c) Trage die Zahlen so genau wie möglich ein.
Welche Zehnerzahlen helfen dir? Trage auch sie ein.

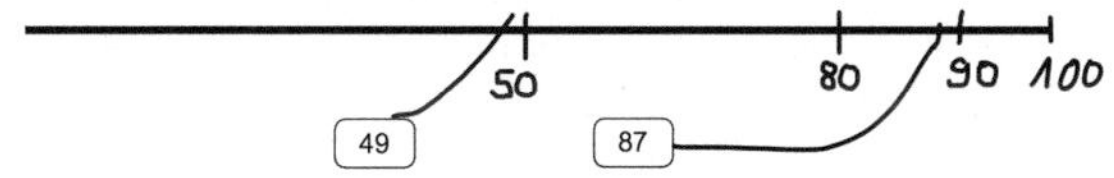

2.3	**Erarbeiten und Üben (15 - 20 Minuten)**
Ziel:	Zoomfunktion des Zahlenstrahls verstehen; Skalierungsverständnis festigen
Material:	KV: Zahlenstrahlen mit Lupe (optional)
Umsetzung:	a), b) EA (Optional: Besprechung anhand der Kopiervorlagen: UG); c) EA

Hinweis: Es bietet sich vor der Bearbeitung der Aufgabe an, die Kopiervorlagen aus dem Anhang zu besprechen. Dort werden die einzelnen Schritte, wie man in einen Tausenderstrahl mit der Hilfe einer Lupe *hineinzoomen* kann, um die Abstände zu vergrößern und so auch die Einerschritte sichtbar zu machen, sukzessive mit den Lernenden erarbeitet.

Methode: Zunächst Verständnisaufbau, um größere Zahlenräume und die dazu gehörige Skalierung zu erarbeiten. In einem Tausenderstrahl sieht man üblicherweise nur Hunderterschritte, keine Zehner- und Einer-Einteilung, obwohl diese ebenfalls „vorhanden" sind. Dementsprechend muss auch die Deutung der skalierenden Einheiten verstanden werden → um welche Abstände geht es?

Impuls zur Thematisierung der umgekehrten Sichtweise: Welcher Abschnitt des Zahlentrahls ist gemeint?

2.3 **Zahlenstrahlen unter der Lupe**

a) Welcher Abschnitt auf dem Zahlenstrahl ist im Lupenausschnitt zu sehen? Begründe.

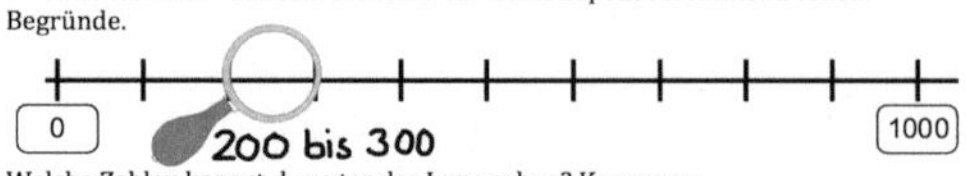

b) Welche Zahlen kannst du unter der Lupe sehen? Kreuze an.

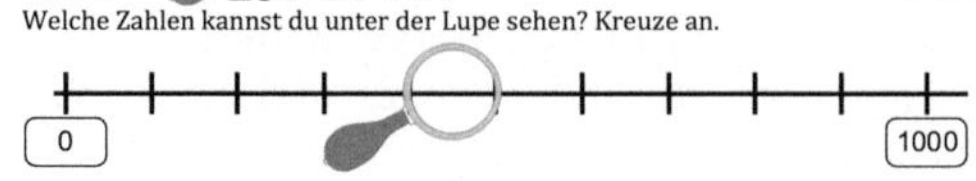

350 ☐ 450 ☒ 499 ☒ 500 ☒

c) Wo liegt die Lupe? Zeichne sie am unteren Zahlenstrahl ein.

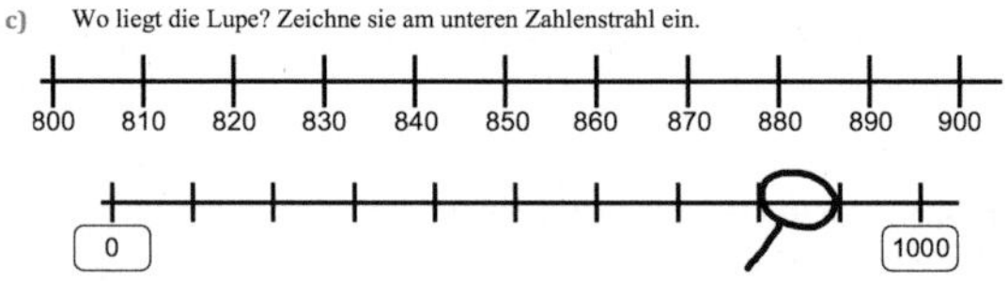

2.4	**Üben (5 - 10 Minuten)**
Ziel:	Vergleich verschiedener Zahlenstrahlen
Material:	-
Umsetzung:	a) EA; b) UG, dann EA

Hintergrund: Ändert sich die Zielzahl des Zahlenstrahls, ändert sich dementsprechend auch die Skalierung bzw. der zu findende Ort für eine Zahl.

Methode: Hilfreich ist eine Orientierung an der jeweiligen Mitte der Zahlenstrahlen →welche Zahl steht hier? Dann erst das erste und das letzte Feld (Mitte von der Mitte) eintragen.

2.4 **Verschiedene Zahlenstrahlen vergleichen**

a) Trage folgende Zahlen jeweils auf beide Zahlenstrahlen ein: 10, 25, 50, 100
Vergleiche.

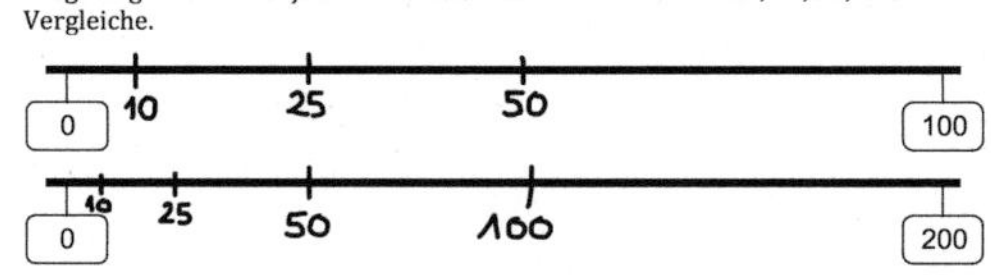

b) Welche Zahlen müssen in die Felder eingetragen werden?
Achte auf die verschiedenen Zahlenstrahlen.

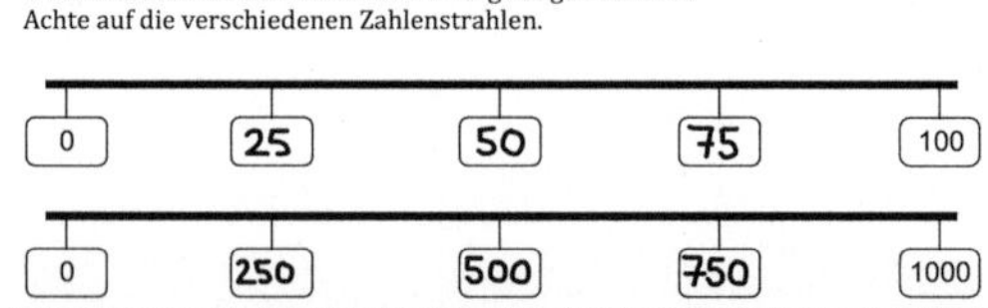

3 Skalierungen am Zahlenstrahl

3.1 **Erarbeiten (15 - 20 Minuten zzgl. Aufgabengenerator)**

Ziel: Einsicht in den Aufbau des Tausenderstrahls gewinnen

Material: MB: Großer Zahlenstrahl, Einer-Folie; Folienstifte zum Beschriften

Umsetzung: a) UG; b) EA oder PA; c) Aufgabengenerator (PA)

Methode: Zunächst den Aufbau des Tausenderstrahls und der vorhandenen Skalierung von den Lernenden erläutern lassen, dann Sichtbarmachung der Einerschritte in b) unter Einbezug der Einer-Folie.

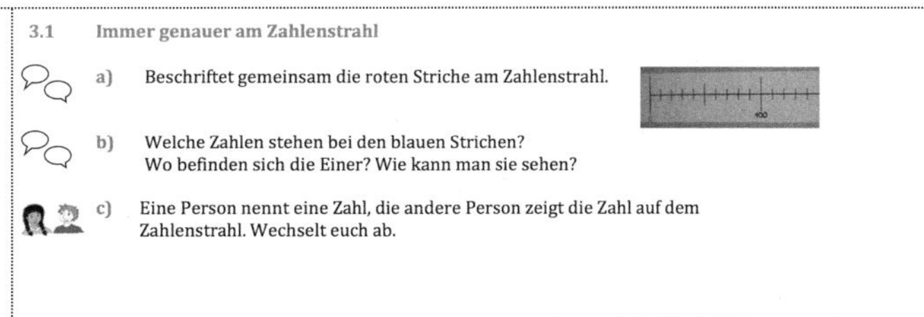
3.1 Immer genauer am Zahlenstrahl
a) Beschriftet gemeinsam die roten Striche am Zahlenstrahl.
b) Welche Zahlen stehen bei den blauen Strichen? Wo befinden sich die Einer? Wie kann man sie sehen?
c) Eine Person nennt eine Zahl, die andere Person zeigt die Zahl auf dem Zahlenstrahl. Wechselt euch ab.

3.2 **Üben (10 - 15 Minuten)**

Ziel: Zahlen auf dem ikonischen Zahlenstrahl eintragen; Reflexion möglicher Fehlvorstellungen

Material: -

Umsetzung: a), b) EA; c) UG; d) EA

Methode: Erst die Zahlen mit den Skalierungsstrichen des Zahlenstrahls verbinden, dann die Aufgabe in umgekehrter Weise bearbeiten, sodass die entsprechenden Zahlen eingetragen werden müssen.

Zu beachten: Zusätzlich zur Beschreibung der Fehlertypen können die Lernenden aufgefordert werden, Jonas und Tara Tipps für eine verständige Einsicht in den Aufbau des Tausenderstrahls zu geben. Abschließend sollen die Fehler korrigiert und die korrekten Zahlwerte eingetragen werden.

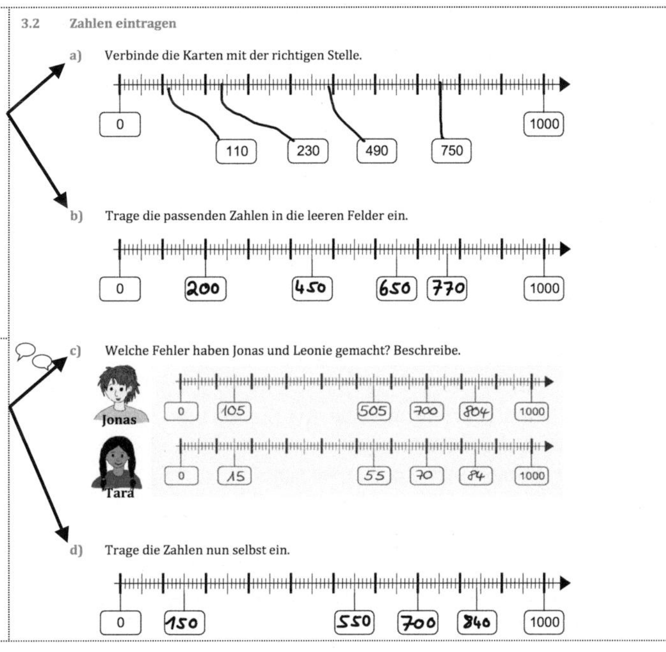
3.2 Zahlen eintragen
a) Verbinde die Karten mit der richtigen Stelle.
b) Trage die passenden Zahlen in die leeren Felder ein.
c) Welche Fehler haben Jonas und Leonie gemacht? Beschreibe.
d) Trage die Zahlen nun selbst ein.

3.3 **Üben (5 - 10 Minuten)**

Ziel: Verschiedene Skalierungen am Zahlenstrahl deuten

Material: MB: Zahlenstrahl, Einer-Folie

Umsetzung: a) UG; b), c) EA

Hintergrund: Am Tausenderstrahl dieser Förderung (Anschauungsmaterial und ikonische Darstellung) werden nur Hunderter- und Zehnerskalierungen dargestellt – woran lassen sich diejenigen Zahlen, die sich nur ungefähr eintragen lassen, schnell identifizieren? → Fokus auf vorliegender Skalierung und Genauigkeit der Stellen der vorgegebenen Zahlen.

Weitere Aufgabe: Weitere Zahlen und Zahlenstrahlen von den Lernenden suchen lassen.

3.3 Genau und ungefähr

a) Welche der Zahlen kannst du am Zahlenstrahl genau eintragen? Kreise ein.
Welche der Zahlen kannst du nur ungefähr eintragen? Unterstreiche.
Woran liegt das?

(1) 106 (2) 380 (3) 660 (4) 777 (5) 990

b) Trage die Zahlen ein, die du genau eintragen kannst.

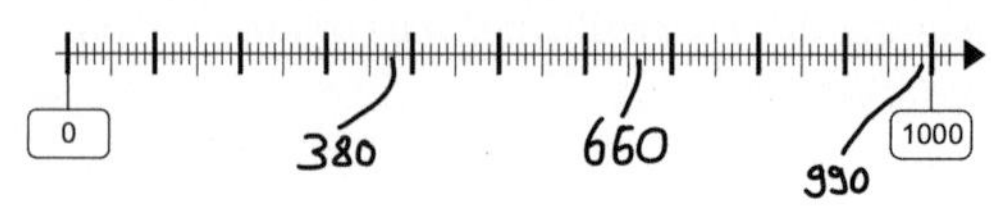

Lösung: Beim Eintragen kann man sich an den nächst gelegenen Zehnerzahlen (110 und 780) orientieren, der Strich dürfte allerdings nicht ganz darauf liegen.
Zu beachten: Bestehen noch starke Unklarheiten bezüglich der Skalierung, ist es zu empfehlen, die Arbeit mit dem Anschauungsmaterial (unter besonderem Einbezug der Einer-Folie zu unterstützen), sodass die fehlende Einerskalierung des Tausenderstrahls sichtbar gemacht werden kann.

c) Trage die Zahlen ein, die du ungefähr eintragen kannst. Wie gehst du vor?

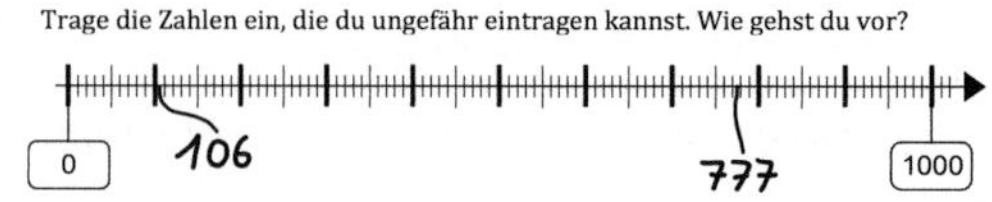

3.4 **Üben (5 - 10 Minuten)**

Ziel: Übertragung des Skalierungsaspektes in Alltagswelt der Lernenden

Material: Evtl. reales Anschauungsmaterial

Umsetzung: a), b) UG

Methode: Thematisierung, welche Art Skalierung für welche Zwecke notwendig ist.
Hinweis auf Alltagsrelevanz des Wissens (Maßzahlaspekt).

Impuls: Welche Information soll die Skalierung liefern und wie genau muss dementsprechend eine Einheit gewählt sein?

3.4 Skalen in der Umwelt

a) Hier sind einige Fotos von verschiedenen Zahlenstrahlen.
Was sind das für Gegenstände?
Wie genau sind die Abstände unterteilt?

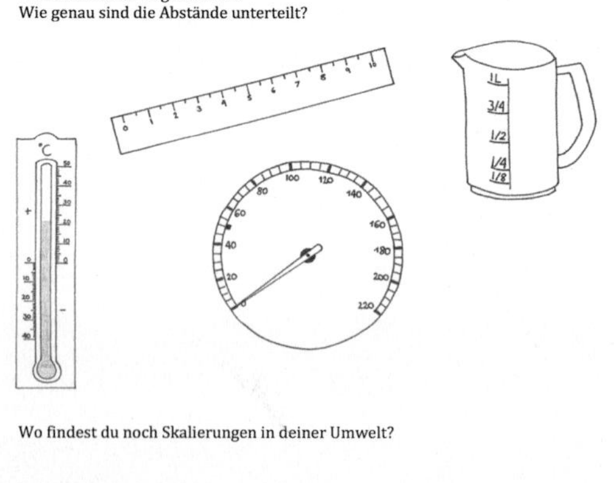

b) Wo findest du noch Skalierungen in deiner Umwelt?

N2 B Zahlen miteinander vergleichen und der Größe nach ordnen – Didaktischer Hintergrund

Lerninhalt

Beim Vergleich von zwei oder mehr Zahlen gilt der stellenweise Vergleich der einzelnen Ziffern als tragfähige Vorgehensweise. Dabei kann zunächst die Anzahl der vorhandenen Stellenwerte in Beziehung gesetzt werden, da eine Zahl mit mehr vorhandenen Stellen sich stets in einem größeren Zahlenraum befindet als eine Zahl mit weniger vorhandenen Stellen. (Dies betrifft allerdings nur den Umgang mit natürlichen Zahlen und darf als Vorgehensweise für den Vergleich zweier Dezimalzahlen nicht übertragen werden, siehe dazu Baustein **D2 B, Box Brüche, Prozente, Dezimalzahlen**). Haben zwei Zahlen die gleiche Anzahl an Stellen, müssen diese beginnend mit dem jeweils größten vorhandenen Stellenwert (demnach von links nach rechts) ziffernweise verglichen werden, bis sich ein Größenunterschied feststellen lässt.

Im Bereich der natürlichen Zahlen kann auch die lineare Vorstellung der Anordnung von Zahlen mit der Null als feste Bezugsgröße eine gute Veranschaulichung darstellen: Die Zahlen, die auf dem Zahlenstrahl weiter rechts, also weiter entfernt von der Null sind, sind größer als diejenigen, die weiter links, also näher an der Null liegen.

Beim Ordnen mehrerer natürlicher Zahlen werden diese im Wert entweder auf- oder absteigend sortiert und müssen dementsprechend stellenweise miteinander verglichen bzw. auf dem Zahlenstrahl einsortiert werden.

Lernende, die Schwierigkeiten im Vergleichen und Ordnen natürlicher Zahlen zeigen, verfügen meist nicht über tragfähige Grundvorstellungen zur Orientierung innerhalb der Zahlenreihe. Insbesondere für den Vergleich von Zahlen größer 1 000 haben sie noch keine ausreichenden Strategien entwickelt. Auch der Umgang mit dem Relationszeichen ist nicht immer gefestigt, weswegen es in diesem Baustein ebenfalls thematisiert und in Übungen behandelt wird.

Veranschaulichung und Material

Leerer Zahlenstrahl

Der auch in den Bausteinen **N2 A** und **N2 C** verwendete leere Zahlenstrahl wird in diesem Baustein genutzt, um die Einsicht in die räumliche Beziehung von Zahlen – in diesem Fall für das Finden der Mitte zweier Zahlen – zu vertiefen.

Die schriftlichen Aufgaben in Fördereinheit 1 können – auch wenn dies nicht explizit durch die Aufgabenstellung verlangt wird – durch die Arbeit mit dem konkreten Anschauungsmaterial unterstützt werden. Durch das Beschriften von leeren Zahlenkarten kann der genutzte Zahlenraum beliebig verändert und je nach Stand der Lerngruppe angepasst werden. Jedoch können durch die fehlenden Skalierungen die Entfernungen zwischen den vorhandenen Zahlen nur ungenau und ohne ein Abzählen von skalierenden Einheiten ermittelt werden. Allerdings fällt erfahrungsgemäß dies einigen Lernenden gerade zu Beginn der Arbeit mit dem leeren Zahlenstrahl oftmals schwer. Es gelingt ihnen nicht unbedingt, die numerische Relation auf dem linearen Abschnitt räumlich zu übertragen. Diese Beziehung ist grundsätzlich am leeren Zahlenstrahl auch nicht notwendig, wenn dieser zur Dokumentation von Rechenschritten verwendet werden soll. Beim Ordnen und Vergleichen von Zahlen bietet sich aber eine Beachtung der linearen und numerischen Relationen an. In diesem Fall können allgemeine Orientierungsübungen am Zahlenstrahl (siehe Baustein **N2 A**) den Einstieg in die Arbeit mit diesem Anschauungsmaterial unterstützen.

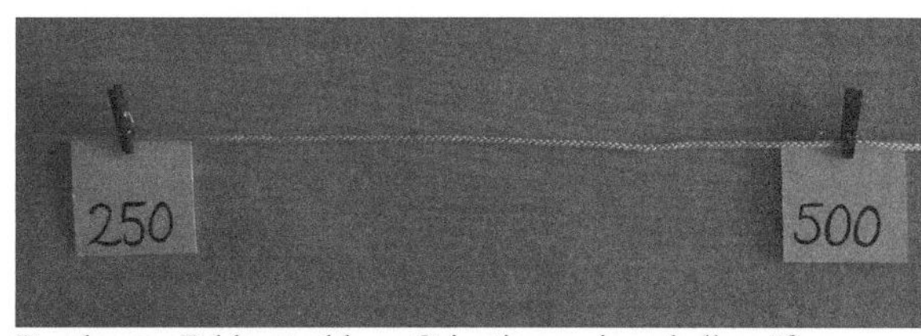

Den leeren Zahlenstrahl zur Orientierung innerhalb größerer Zahlräume nutzen

Stellenwerttafel und Ziffernkarten

Für den Größenvergleich von Zahlen ist, wie oben beschrieben, ein Vergleich der Ziffern innerhalb der einzelnen Stellenwerte sinnvoll. An dieser Stelle wird deshalb die Arbeit mit der Stellenwerttafel aufgegriffen, die auch das Üben des Sprechens von Zahlwörtern bis in den Millionenraum unterstützen kann. Schwierigkeiten haben die Lernenden hier oftmals nur dann, wenn in einer Stelle eine mehrstellige Zahl steht, die uminterpretiert werden muss (vgl. Baustein **N1 B**).

Zur Förderung der Einsicht in den gleichmäßigen dezimalen Aufbau von Zahlen ist die Stellenwerttafel mit einer Dreiergliederung versehen. So können die Analogien zwischen den Stellen im Hunderter- bzw. Hunderttausenderbereich thematisiert werden.

Ergänzt wird die Stellenwerttafel durch die Ziffernkarten von 0 - 9, mit denen es in der Förderung möglich ist, eigenständig Zahlen aufzubauen und sukzessive zu verändern.

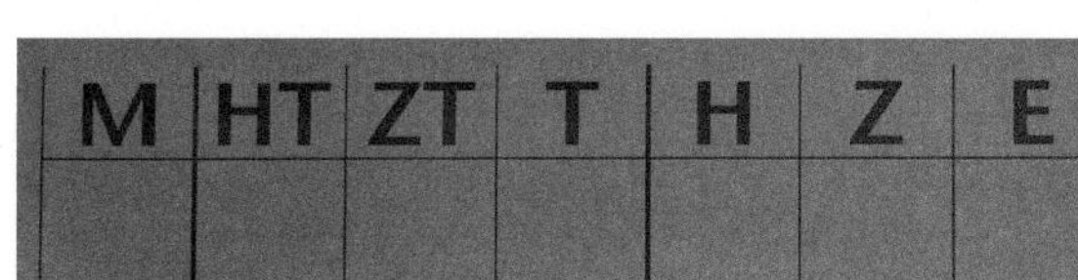

Stellenwerttafel mit Dreiergliederung

Aufbau der Förderung

Fördereinheit 1 (Zahlen einordnen) bildet einen Einstieg in das Thema des Vergleichs von Zahlen. Dieser beginnt mit Übungen am leeren Zahlenstrahl zur Orientierung zwischen Ausgangs-, End- und dazugehöriger Mittelzahl.

In Fördereinheit 2 (Zahlen vergleichen) wird insbesondere das Relationszeichen thematisiert und in verschiedenen Aufgabenformaten zum Vergleich von Zahlen geübt. Dabei werden auch unterschiedliche Darstellungen von Zahlen, beispielsweise die Zifferndarstellung, aber auch die Nennung der Stellenwerte (zwei Hunderter, drei Zehner) eingesetzt.

In Fördereinheit 3 (Zahlen der Größe nach ordnen) wird die Vorgehensweise beim Sortieren von Zahlen bis in den Millionenraum vorgenommen. Dies geschieht zunächst anhand der Arbeit mit der Stellenwerttafel und wird durch weitere Übungen zum stellenweisen Vergleich von Zahlen bis in den Millionenraum ergänzt.

Weiterführende Literatur

Bartnitzky, H. / Hecker, U. / Lassek, M. (Hrsg.): *Individuell fördern – Kompetenzen stärken (ab Klasse 3).* Frankfurt a. M.: Arbeitskreis Grundschule e.V.

Häsel-Weide, U. / Nührenbörger, M. / Moser Opitz, E. / Wittich, C. (2013): Ablösung vom zählenden Rechnen. Fördereinheiten für heterogene Lerngruppen. Seelze: Kallmeyer.

Gaidoschik, M. (2006): Rechenschwäche- Dyskalkulie. Eine unterrichtspraktische Einführung für Lehrerinnen und Eltern. Hamburg: Persen Verlag.

Radatz, H. / Schipper, W. (1983): Handbuch für den Mathematikunterricht an Grundschulen. Hannover: Schroedel.

N2 B – Durchführung und Auswertung der Standortbestimmung

Dauer: 10 - 15 Minuten

Hinweise zur Durchführung:

Für Lernende mit einer großen Handschrift kann die vorhandene Kästchengröße evtl. nicht ausreichend sein. In diesem Fall können die zu ermittelnden Zahlen beispielsweise auch darunter notiert werden.

Wird die Standortbestimmung in mündlicher Form in Partner- oder Einzelarbeit durchgeführt, empfiehlt es sich, gezielt nach der Strategie für das Finden der Mitte zu fragen.

Weitere Hilfestellungen (wie z.B. die Klärung des Relationszeichens) sind nicht vorgesehen, da die Lernenden ihr bereits vorhandenes Vorwissen zeigen sollen.

Kann ich Zahlen vergleichen und der Größe nach ordnen?

1 Zahlen einordnen

Finde die Mitte zwischen:

a) 5 000 und 6 000 — 5 000 | 5500 | 6 000

b) 2 500 und 4 500 — 2 500 | 3500 | 4 500

c) 10 000 und 20 000 — 10 000 | 15000 | 20 000

d) 460 000 und 560 000 — 460 000 | 510 000 | 560 000

☺ 😐 ☹

2 Zahlen vergleichen

Vergleiche: „Kleiner als (<)" oder „größer als (>)"? Trage ein.

a)	b)	c)
1 288 < 1 822	1 211 < 12 001	20 030 < 20 300
3 098 < 3 100	11 002 > 9 997	87 234 < 87 342
8 090 > 8 059	15 000 > 5 999	546 789 < 546 790

☺ 😐 ☹

3 Zahlen der Größe nach ordnen

a) Ordne die Zahlen nach ihrer Größe. Beginne mit der kleinsten Zahl.

445 195	1. 445 195
454 656	2. 454 656
544 000	3. 494 040
494 400	4. 494 400
494 040	5. 544 000

b) Bilde aus den Ziffern 2, 5, 8, 9, 3 die größte und die kleinste Zahl:

Größte Zahl: 98.532

Kleinste Zahl: 23.583

☺ 😐 ☹

Hinweise zur Auswertung:

Diagnoseaufgabe 1: Zahlen einordnen

Typische Fehler		Mögliche Ursache	Förderung
a)	Mitte zwischen 5 000 und 6 000 ist 1 000.	Die Strategie, die Differenz beider Zahlen zu errechnen und mithilfe dieser anschließend die Mitte herauszufinden, wird nicht vollständig durchgeführt.	Strategie zum Finden der Mittelzahl mit den Lernenden aufarbeiten, Arbeit mit dem leeren Zahlenstrahl (1.1 - 1.3).
b)	Mitte zwischen 2 500 und 4 500 ist 3 000.	Nur Tausenderstelle wurde beachtet.	
c)	Mitte zwischen 10 000 und 20 000 ist 5 000.	Unsicherheiten bezüglich der Bedeutung der Stellenwerte.	
d)	Mitte zwischen 460 000 und 560 000 ist 500 000.	Schwierigkeiten bei der Orientierung innerhalb der Zahlreihe.	

Diagnoseaufgabe 2: Zahlen vergleichen

Typische Fehler		Mögliche Ursache	Förderung
c.1)	20 030 > 20 300	Unsicherheiten bezüglich der Bedeutung der Stellenwerte.	Strategien zum Vergleich zweier Zahlen erarbeiten (2.1 - 2.4).
a.1)	1 288 > 1 822	Die Zahl mit der höheren Anzahl größerer Stellen wird als größer angesehen.	
a.2)	3 098 > 3 100	Insbesondere die Ziffern 9 und 8 werden als Indikatoren für die Größe einer Zahl angesehen.	Thematisierung des Wertes der Ziffer innerhalb einer Zahl durch die Arbeit mit der Stellenwerttafel (insbesondere 3.1).

Diagnoseaufgabe 3: Zahlen der Größe nach ordnen

Typische Fehler		Mögliche Ursache	Förderung
a)	Eine sechsstellige Zahl wird als zwei dreistellige Zahlen verstanden: 445 195= 445 und 195.	Die Lernenden deuten die Zäsur als Trennung zweier Zahlen.	Klärung der Schreibweise von Zahlen klären (3.1 - 3.3).
	454 656 < 445 195	Stellenwerte der Zahlen sind unklar.	Stellenwerte der Zahlen wiederholen / vertiefend bearbeiten (3.1 - 3.3).
	445 195 > 544 000	Die Lernenden gehen von der letzten Ziffer der Zahl aus.	
b)	Nicht alle Ziffern benutzt, z.B. 25 als kleinste Zahl und 98 als größte Zahl benannt.	Evtl. Aufgabenstellung unklar.	Übungen zum Ordnen mehrstelliger Zahlen (2.1 - 2.2 und insbesondere 3.1 - 3.3).
	2 als kleinste Zahl, 9 als größte Zahl benannt.		

1 Zahlen einordnen

1.1 **Erarbeiten (20 - 30 Minuten)**

Ziel: Orientierung am unskalierten Zahlenstrahl üben und festigen

Material: -

Umsetzung: a), b) PA, EA; c) UG, dann EA oder PA

Methode: Zunächst die Position der 500 ermitteln (ungefähre Mitte zwischen 0 und 1 000), davon ausgehend die 750 und 250 als Mitten zwischen 500 und 1 000 bzw. zwischen 0 und 500). Anschließend analoge Aufgabe im Zahlenraum bis 10 000.

Zu beachten: Die Veränderung der Endzahl und die daraus resultierende Veränderung des Zahlenstrahls explizit thematisieren.

Methode: Im Unterrichtsgespräch sollen vor allem die Vorgehensweisen der Lernenden reflektiert werden: Wie wird die mittlere Zahl ermittelt (durch Berechnung oder Orientierung in der Zahlreihe)? Welche Vorgehensweise eignet sich bei welchen Zahlwerten?

Weitere Aufgaben: Sollte der Aspekt des Findens der Mitte zwischen zwei Zahlen noch unklar sein, können sowohl weitere ähnliche Aufgaben generiert werden, als auch die Aufgaben durch die Arbeit mit dem Anschauungsmaterial *Leerer Zahlenstrahl* geübt werden.

1.1 **Zahlen auf dem Zahlenstrahl**

Ordne die Zahlen ungefähr auf dem Zahlenstrahl ein.

a) 500, 750, 250

b) 5 000, 7 500, 2 500

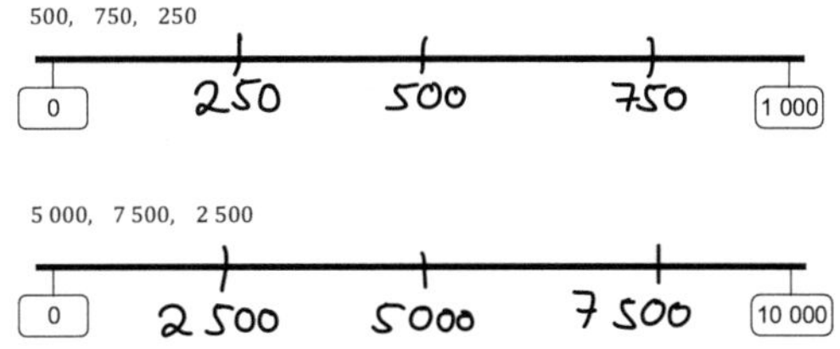

c) Welche Zahl liegt jeweils in der Mitte auf dem Zahlenstrahl?
Wie kann man sie finden?

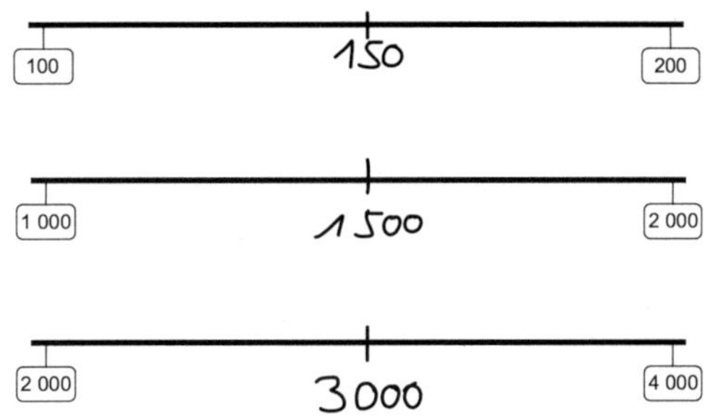

1.2 **Üben (18 - 20 Minuten)**

Ziel: Umgang mit Start-, Mittel- und Endzahl festigen

Material: -

Umsetzung: EA

Hintergrund: Die Aufgaben zeigen kritische Stellen bei der Ermittlung der Mittelwerte, da es sich bei Anfangs- und Endzahl hier nicht mehr um glatte Werte handelt. Dennoch sind die Strategien zur Lösung der vorhergehenden Aufgaben auch hier generell übertragbar.

Impuls: Welche Vorgehensweisen eignen sich? Können Analogien aus kleineren Zahlräumen helfen?

1.2 **Die Mitte finden**

Finde die Mitte zwischen den Zahlen und trage auf dem Zahlenstrahl ein:

a) 460 und 500

b) 100 und 700

c) 350 und 550

d) 3 200 und 6 000

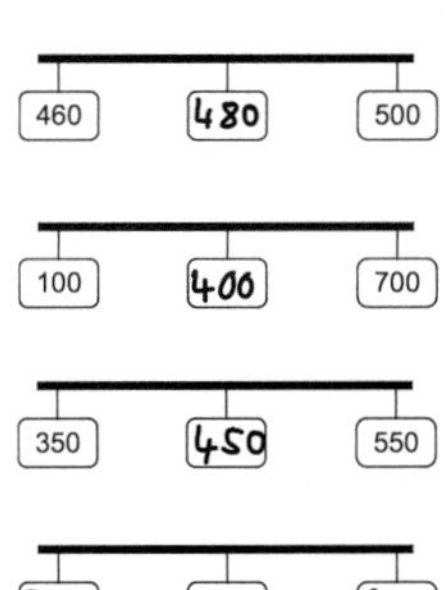

1.3 **Üben (18 - 20 Minuten)**

Ziel: Orientierung am Zahlenstrahl vertiefen: Umgang mit Start-, Mittel- und Endzahl üben

Material: -

Umsetzung: a), b), c) EA oder PA; d) Reflexion (UG)

Hintergrund: Diese Aufgabe erfordert, dass die Lernenden ihr Wissen über das Finden des Mittelwertes umsetzen, um Start- und Endzahl zu ermitteln. Beispielsweise kann die Strategie, über die Differenz der Start- und Endzahl die Mittelzahl zu generieren, von den Lernenden hier transferiert werden.

1.3 **Die Anfangszahl und die Endzahl bestimmen**

Welche Zahlen kommen in die freien Felder?

a)

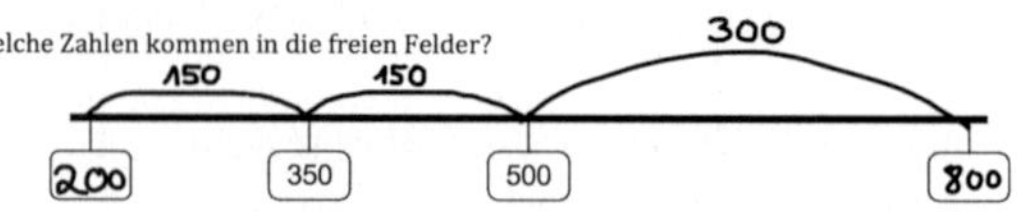

b)

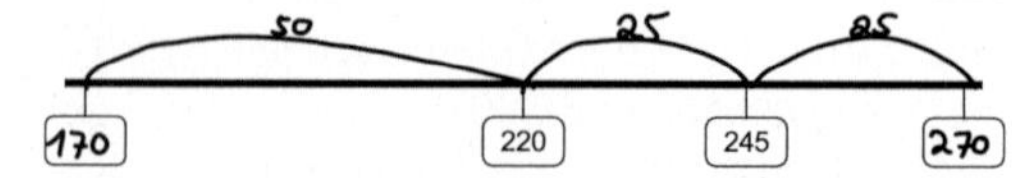

Hintergrund: Das Unterrichtsgespräch soll zeigen, dass bei der Ermittlung von Start- und Endzahl zu einer vorgegebenen Mittelzahl verschiedene Deutungen möglich sind. Der Hunderterschritt im Beispiel ist nur eine mögliche Lösung.

c) Finde mehrere Möglichkeiten für die Anfangs- und Endzahl.

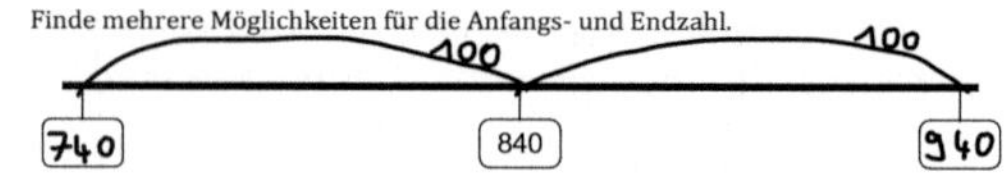

Methode: Mentale Übung zur Ablösung vom konkreten Anschauungsmittel des leeren Zahlenstrahls. Weitere Aufgaben dieser Art sind denkbar.

Zu beachten: Einigen Lernenden fällt die mentale Orientierung im Tausenderraum noch schwer. An dieser Stelle kann es hilfreich sein, den benutzten Zahlenraum zu verkleinern und zunächst Aufgaben im Hunderterraum zu üben.

d) Anna hat einen eigenen Zahlenstrahl gezeichnet. In die Mitte schreibt sie die 400.
Die Endzahl ist das Doppelte der Mittelzahl.
Welche Zahl muss Anna als Anfangszahl eintragen?

2 Zahlen ordnen und vergleichen

2.1 Üben (20 - 25 Minuten)

Ziel: Vertiefend den Umgang mit den Zeichen < und > üben; Strategie zum Zahlenvergleich erarbeiten

Material: -

Umsetzung: a) UG; b) EA oder PA; c) UG; d) PA

Methode: Mündlicher Einstieg zur vertiefenden Arbeit mit den Zeichen < und >.

Impuls: Welche Vorgehensweisen benutzt ihr, um euch die Bedeutung der beiden verschiedenen Relationszeichen zu merken?

Methode: Fehlende Stellen bei 2T 3Z thematisieren, um Zahlvorstellung zu unterstützen.

Hintergrund: Als leicht zu unterscheidende Zahlen werden von den Lernenden oft diejenigen genannt, die eine ungleiche Anzahl an Stellen haben (z.B. 100 im Vergleich zu 1 000). Je größer die Anzahl an gleichen Stellen ist (z.B. 47 676 und 47 767), desto höher ist der Schwierigkeitsgrad.

2.1 Größer, kleiner, gleich

a)

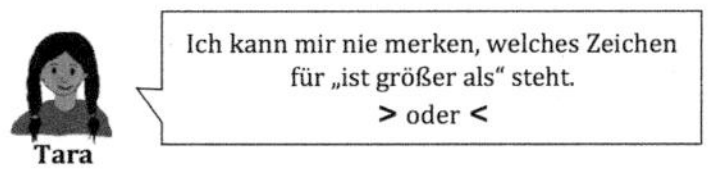

Wie merkst du dir, welches Zeichen für diesen Vergleich steht?
Kannst du Tara einen Tipp geben?

b) Vergleiche: > oder < oder =

1288 < 1822	8101 > 801	2022 > 223
3045 < 3054	7 H 10 E = 710	7500 > 750
2300 > 2 T 3 Z	9998 > 999	1001 < 1010
8550 > 8055	556 < 5501	2020 < 20 T

c) Worauf achtest du zuerst, wenn du die Zahlen vergleichst?
Welche Aufgaben sind für dich leicht, welche sind schwieriger?

d) Stellt euch gegenseitig leichte und schwere Aufgaben zum Vergleichen.
Wechselt euch ab.

2.2 Üben (8 - 10 Minuten)

Ziel: Üben der verschiedenen Darstellungsmöglichkeiten

Material: -

Umsetzung: EA oder PA

Zu beachten: An dieser Stelle kommt es aufgrund der unterschiedlichen Darstellungen der Zahlen evtl. zunächst zu Unsicherheiten.
Es kann hilfreich sein, die Darstellungen wie 20 Zehner oder 2 Hunderter von den Lernenden in die Ziffernschreibweise (in diesem Fall: 200) überführen zu lassen.

2.2 Stellenwerte vergleichen

a) Was passt zusammen? Verbinde.

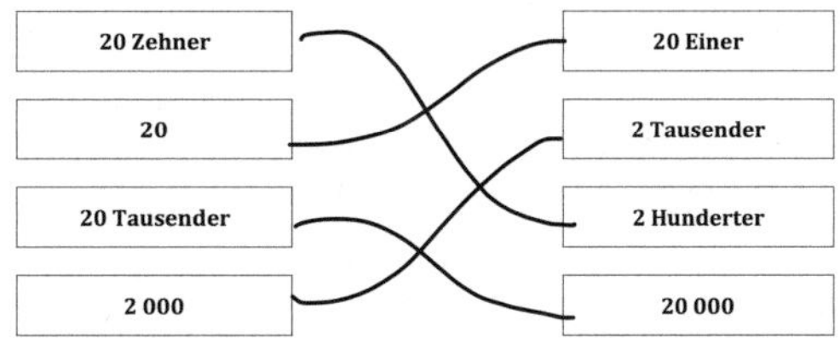

b) Erfinde selbst zwei Karten, die zusammen passen:

2.3 **Erarbeiten und Üben (10 - 15 Minuten)**

Ziel: (Sicheres) Ordnen von Zahlen

Material: -

Umsetzung: a), b), c) EA oder PA; d) UG

Zu beachten: Die Lernenden darauf hinweisen, dass sie sich im Vorfeld eine Strategie überlegen sollen, mit der sie den Überblick behalten und vorgehen möchten, um die Aufgabe zu lösen.

Reflexion: An dieser Stelle gezielt Strategien einfordern und den Wert der einzelnen Stellenwerte der Zahlen thematisieren.

2.3 **Von klein nach groß**

Ordne der Größe nach, achte auf die Zeichen.

a) 78, 990, 87, 999, 101, 110, 99

78 < 87 < 99 < 101 < 110 < 990 < 999

b) 1 200, 7 373, 4 880, 3 772, 12 000, 4 808, 3 737

12 000 > 7 373 > 4 880 > 4808 > 3772 > 3737 > 1200

c) 101, 1 001, 1 010, 1 100, 10 100, 110, 10 001

10 100 > 10 001 > 1 100 > 1 010 > 1 001 > 110 > 101

d) Wie kannst du die Zahlen der Größe nach ordnen?
Worauf musst du achten, damit du den Überblick behältst?

2.4 **Üben (5 - 10 Minuten)**

Ziel: Transferleistung erbringen: Fehlende Ziffern eintragen, um Größenverhältnis der Zahlen korrekt wiederzugeben

Material: -

Umsetzung: a), b), c), d) EA; e) UG

Hintergrund: Aufgaben sind nicht eindeutig lösbar, da es mehrere Möglichkeiten für das Einsetzen von Zahlen in die Platzhalter gibt.

Zu beachten: In 2.4 e) die Lernenden evtl. darauf hinweisen, dass sie *alle* Zahlen zwischen 1 234 und 1 245 finden sollen. Evtl. Bedingung erarbeiten lassen, die diese Zahlen erfüllen müssen.

2.4 **Platzhalter**

Welche Ziffern kannst du einsetzen, so dass der Vergleich richtig ist?
Probiere, ob es mehrere Möglichkeiten gibt.

a) 765 < 775 8, 9

b) 79 453 < 79 454 2, 1, 0

c) 4 514 < 4 515 6, 7, 8, 9

d) 7 287 > 7 286 5, 4, 3, 2, 1, 0

e) Nenne alle Zahlen, die größer sind als 1 234 und kleiner als 1 245.

2.5 **Üben (5 - 10 Minuten)**

Ziel: Begründete Stellungnahme zu Schüleraussagen (unter Verwendung des Wissens über Stellenwerte)

Material: -

Umsetzung: UG

Zu beachten: Es kann hilfreich sein, die Lernenden Beispiele für die Zahlen der Schüleraussagen notieren zu lassen.

2.5 **Richtig oder falsch?**

Wer hat Recht? Begründe.

Tara: Die kleinste dreistellige Zahl hat 3 Nullen.

falsch
100 ist die kleinste dreistellige Zahl.

Jonas: Es gibt eine vierstellige Zahl, deren Vorgänger die Zahl 1000 ist.

richtig
1 001

Tim: Es gibt eine sechsstellige Zahl, die größer als 999 999 ist.

falsch
999 999 ist die größte sechsstellige Zahl.

3 Große Zahlen

3.1 Erarbeiten (15 - 20 Minuten zzgl. Aufgabengenerator)

Ziel: Verständnis über Stellenwerte verfestigen und sichern

Material: MB: Zahlenkarten, Stellenwerttafel

Umsetzung: a) UG; b) Aufgabengenerator (PA)

Hintergrund: Die Lernenden sollen anhand des Eintragens der Zahlen in die Stellenwerttafel den Zahlaufbau erkennen und übend festigen.

3.1 Zahlen in der Stellentafel

a) Nimm die große Stellentafel und trage folgende Zahlen ein:
10, 100, 1 000, 10 000, 100 000,
1 000 000, 10 000 000, 100 000 000
Wie verändert sich die Stellentafel?

M	HT	ZT	T	H	Z	E

Hintergrund: Aufgabe dient zum vertieften Üben des Sprechens von Zahlwörtern und dem Eintragen von Zahlen in die Stellentafel.

b) Die eine Person legt mit den Ziffernkärtchen eine Zahl und benennt sie.
Die Zahl darf drei, vier oder fünf Stellen haben.
Die andere Person trägt die Zahl in die Stellentafel ein. Wechselt euch ab.

3.2 Üben (10 - 15 Minuten)

Ziel: Zahlen im Zahlenraum bis 1 Million der Größe nach sortieren

Material: -

Umsetzung: a) EA; b) UG

Impuls: Woran kann man sich bei der Sortierung der Zahlen orientieren? → Zunächst die Zahlen ermitteln, die sich nicht im Hunderttausenderraum befinden, diese dann direkt vergleichen. Bei der weiteren Sortierung die einzelnen Stellen beachten und vergleichen.

3.2 Zahlen der Größe nach ordnen

a) Ordne die Zahlen der Größe nach. Beginne mit der kleinsten:

67 195	1. 67 195
667 195	2. 76 400
676 656	3. 667 195
76 400	4. 676 040
676 040	5. 676 656

Zu beachten: Das Zeigen kann am leeren Zahlenstrahl erfolgen.

b) Wie bist du beim Sortieren vorgegangen? Welche Zahlen liegen nah besonders beieinander, welche Zahlen liegen besonders weit auseinander?

3.3 Üben (10 - 15 Minuten zzgl. Aufgabengenerator)

Ziel: Wissen über Stellenwerte nutzen, um Zahlenwerte bestimmen zu können

Material: -

Umsetzung: a), b) EA oder PA; c) Aufgabengenerator (PA)

Zu beachten: Bei Platzproblemen (wenn besonders viele Zahlen gefunden werden), weiteres Papier bereitlegen. Insgesamt 24 Möglichkeiten.

3.3 Zahlen bilden

a) Bilde aus den Ziffern 2, 5, 7, 1 alle möglichen Zahlen und schreibe sie auf.
Jede Ziffer muss genau einmal vorkommen.

Siehe unten

Zu beachten: Auch hier ist ist es hilfreich, mit den Lernenden eine Strategie zum Sortieren der gefundenen Zahlen zu vereinbaren, damit sie den Überblick bei der Aufgabenbearbeitung behalten.

b) Ordne die Zahlen. Beginne mit der größten Zahl.

7521	7152	5271	2751	2175	1572
7512	7125	5217	2715	2157	1527
7251	5721	5172	2571	1752	1275
7215	5712	5127	2517	1725	1257

Methode: Aufgabengenerator zum zeitlich flexiblen Abschluss der Fördereinheit.

c) Eine Person wählt 5 Ziffern. Die andere Person bildet daraus die größte und die kleinste Zahl. Wechselt euch ab.

N2 C Nachbarzahlen angeben und in Schritten zählen – Didaktischer Hintergrund

Lerninhalt

Nachbarzahlen

Zur Grundorientierung innerhalb der Zahlwortreihe gehört u.a. die Einsicht in die räumlichen Beziehungen von Zahlen. Um die Lage einer Ausgangszahl zu beschreiben, hilft es zu wissen, zwischen welchen anderen Zahlen diese Ausgangszahl liegt.

In diesem Baustein werden sowohl die direkten Nachbar-Einer – also der Vorgänger und der Nachfolger – als auch die Nachbar-Zehner und Nachbar-Hunderter thematisiert. Diese werden gefunden, indem man die nächste Zehner- bzw. Hunderterstelle – sowohl vorwärts als auch rückwärts – in der Zahlwortreihe ermittelt, wobei die lineare Vorstellung zum Aufbau der Zahlreihe, die bereits in Baustein **N2 A** angelegt worden ist, hilfreich sein kann. Ausgehend davon ist es natürlich möglich und auch sinnvoll, mit den Lernenden noch größere Zahlbeziehungen (Nachbar-Tausender oder -Zehntausender) zu thematisieren, damit ihnen deutlich wird, dass sich die gefundenen Strukturen auch auf größere Zahlräume übertragen lassen.

Zu beachten ist, dass eine bestimmte Zahl gleichzeitig sowohl Nachbarzahl als auch Nachbar-Zehner und Nachbar-Hunderter sein kann. Das trifft z.B. für die Zahl 100 zu, die einerseits Nachfolger, andererseits aber auch Nachbar-Zehner und Nachbar-Hunderter der Zahl 99 ist. Oftmals sind die Lernenden hier irritiert und „übersehen" die unterschiedlichen Beziehungsmöglichkeiten der Zahlen.

Zählen in Schritten

Das Zählen in Schritten bedeutet mathematisch eine fortgesetzte Addition bzw. Subtraktion einer gleichbleibenden Schrittgröße zu bzw. von einer festen Startzahl.

So kann ein Zählvorgang ökonomisiert werden, da nicht mehr alle Objekte einzeln, sondern in Gruppierungen gezählt werden können. Dies stellt einen Übergang von zählenden Strategien zum Nutzen von nichtzählenden Strategien dar und unterstützt das Mustererkennen in Zahlreihen. Die Lernenden sollen in diesem Baustein diese Fertigkeit für den Bereich der natürlichen Zahlen festigen, damit sie anschließend über tragfähige und erweiterbare Kenntnisse für den Bereich der Dezimalzahlen verfügen (siehe Baustein **D2 A, Box Brüche, Prozente, Dezimalzahlen**).

Veranschaulichung und Material

Leerer Zahlenstrahl

Zur Orientierung innerhalb der Zahlwortreihe wird der aus dem Baustein **N2 A** bekannte leere Zahlenstrahl genutzt. Mit diesem Anschauungsmittel und den dazugehörigen Zahlenkarten ist es möglich, zu einer vorgegeben Zahl sowohl die Nachbarzahlen, als auch die Nachbar-Zehner darzustellen. Natürlich ist für die Veranschaulichung von Nachbar-Zehnern und -Hundertern eine Darstellung mit dem aus Baustein **N2 A** bekannten skalierten Tausenderstrahl ebenfalls geeignet, der allerdings nicht über eine Einerskalierung verfügt. Gerade zu Beginn bietet sich deshalb die Arbeit mit dem leeren Zahlenstrahl an, da hier der Zahlenraum – je nach Vorwissen der Lernenden –durch Herstellung eigener Zahlenkarten flexibel vergrößert oder auch verkleinert werden kann.

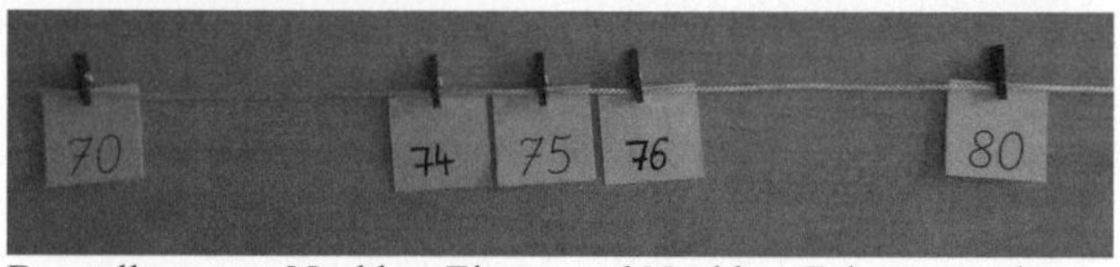

Darstellung von Nachbar-Einern und Nachbar-Zehnern am leeren Zahlenstrahl

Hunderterkette

Die aus Baustein **N2 A** bekannte Hunderterkette wird in diesem Baustein ebenfalls wiederverwendet. Sie dient der Erarbeitung des Themas *in Schritten zählen*, da sie aufgrund ihres strukturellen Aufbaus gut geeignet ist, größere Schritte sichtbar zu machen. Sie wird in den Fördermaterialien explizit nur auf der ikonischen Ebene verwendet, es ist jedoch möglich, diese Übungen durch das konkrete Anschauungsmittel aus der Materialbox zu unterstützen.

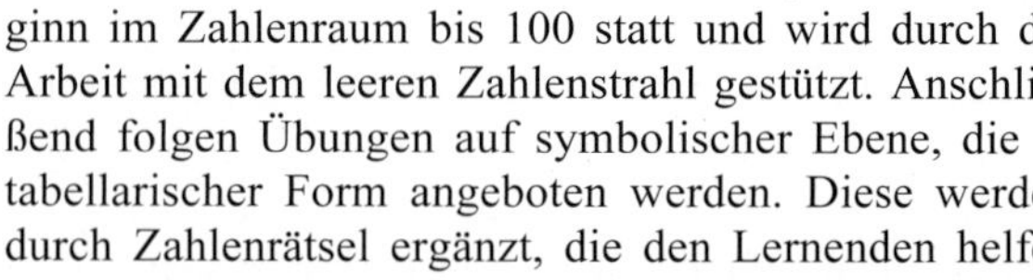
Erarbeitung von Zahlenfolgen mithilfe der Hunderterkette

Aufbau der Förderung

Die Erarbeitung der Nachbarzahlen in Fördereinheit 1 (Nachbar-Einer und Nachbar-Zehner) findet zu Beginn im Zahlenraum bis 100 statt und wird durch die Arbeit mit dem leeren Zahlenstrahl gestützt. Anschließend folgen Übungen auf symbolischer Ebene, die in tabellarischer Form angeboten werden. Diese werden durch Zahlenrätsel ergänzt, die den Lernenden helfen sollen, sich vom konkreten Anschauungsmittel lösen zu können und die Beziehung der dort gesuchten Zahlen auch mental nachverfolgen zu können.

Fördereinheit 2 (In Schritten zählen) beginnt mit der Veranschaulichung von Zahlenfolgen an der Hunderterkette, bevor wiederum durch die Darstellung am leeren Zahlenstrahl eine allmähliche Ablösung von dem konkreten Anschauungsmaterial angelegt werden soll.

Fördereinheit 3 (Zahlenreihen) erweitert den Schritt in die Abstraktion durch das Ermitteln von vorgegebenen Zahlenreihen und der Reflexion über mögliche Vorgehensweisen beim Lösen solcher Aufgabenformate. Dazu werden die Zahlenfolgen in Streifen dargestellt, deren erste oder letzte Felder mit vorgegebenen Zahlen ausgefüllt sind.

0	500	1000			

Darstellung von Zahlenfolgen in einer Zahlenreihe

Die Lernenden sollen diese ergänzen und so das Zählen in Schritten in der Zahlwortreihe vorwärts und rückwärts weiter üben. Einige Zahlenreihen haben nur lückenhafte Vorgaben, so dass der Aufbau jeweils entweder operativ durch ein systematisches Ausprobieren oder durch die Bestimmung der Differenzen ermittelt werden muss.

Weiterführende Literatur

Bartnitzky, H. / Hecker, U. / Lassek, M. (Hrsg.): Individuell fördern – Kompetenzen stärken (ab Klasse 3). Frankfurt a. M.: Arbeitskreis Grundschule e.V.

Fritz, A. / Ricken, G / Schmidt, S. (2009): Handbuch Rechenschwäche. Weinheim: Beltz.

Häsel-Weide, U. / Nührenbörger, M. / Moser Opitz, E. / Wittich, C. (2013): Ablösung vom zählenden Rechnen. Fördereinheiten für heterogene Lerngruppen. Seelze: Kallmeyer.

Radatz, H. / Schipper, W. (1983): Handbuch für den Mathematikunterricht an Grundschulen. Hannover: Schroedel.

Lorenz, J. H. (2003): Lernschwache Rechner fördern. Ursachen der Rechenschwäche. Frühhinweise auf Rechenschwäche. Berlin: Cornelsen Scriptor.

N2 C – Durchführung und Auswertung der Standortbestimmung

Dauer: 10 - 15 Minuten

Hinweise zur Durchführung:

Zu Beginn die Standortbestimmung mit den Schülerinnen und Schülern durchgehen und ggf. Fragen zu den Aufgabenstellungen klären.

Kann ich zu Zahlen Nachbarzahlen angeben und in Schritten zählen?

1 Nachbar-Einer und Nachbar-Zehner

Zwischen welchen Einern und Zehnern steht die Zahl? Trage ein.

kleinerer Nachbar-Zehner	kleinerer Nachbar-Einer	ZAHL	größerer Nachbar-Einer	größerer Nachbar-Zehner
440	449	**450**	451	460
500	508	509	510	510
690	698	699	700	700
9900	9999	10 000	10 001	10 010
18090	18 094	18 095	18 096	18 100

☺ 😐 ☹

2 In Schritten zählen

a) Zeichne Zweihunderterschritte vorwärts und schreibe die Zahlen bis 1 000 auf.

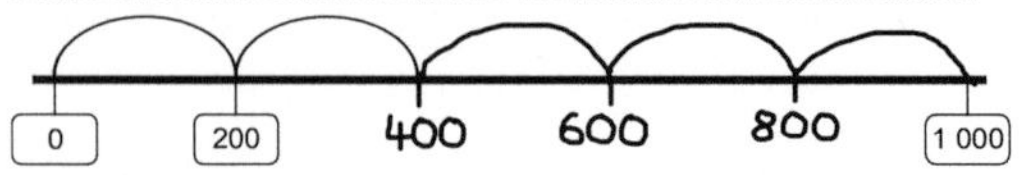

b) Zeichne Hunderterschritte rückwärts und schreibe die Zahlen auf.

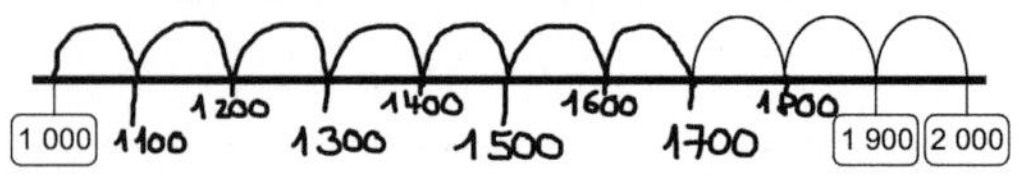

☺ 😐 ☹

3 Zahlenreihen

Ergänze die Zahlenreihen.

a)	0	1 000	2 000	3 000	4 000	5 000	6 000	7 000
b)	3 305	3 405	3 505	3 605	3 705	3 805	3 905	4 005
c)	3 500	4 000	4 500	5 000	5 500	6 000	6500	7 000

d) In welchen Schritten wurde hier gezählt?

1 200	1 500	1 800	2 100	2 400	2 700	3 000	3 300

Es wurde in 300er - Schritten gezählt.

☺ 😐 ☹

Hinweise zur Auswertung:

Diagnoseaufgabe 1: Nachbar-Einer und Nachbar-Zehner

Typische Fehler		Mögliche Ursache	Förderung
	Bei der Bestimmung der kleineren Nachbarzahlen von 10 000: 99 oder 990 eingetragen.	Fehler beim Entbündeln.	Thematisierung von Strategien zum Finden von Nachbarzahlen mithilfe der Unterstützung von konkretem Anschauungsmaterial. Unterscheidung von Nachbar-Zehnern und -Hundertern (1.1 - 1.2).
	490 als kleinerer Nachbarzehner von 509.	Zahlen werden einseitig gedeutet, z.B. werden sie bei glatten Hundertern als Nachbar-Hunderter interpretiert.	
	710 als Nachbarzehner von 699.	Zahlen können nicht mit zwei Funktionen gleichzeitig als Nachbar-Einer und Nachbar-Zehner gedeutet werden.	
	18 105 als Nachbarzehner von 18 095.	Nachbar-Zehner werden durch die Addition bzw. Subtraktion von 10 ermittelt.	

Diagnoseaufgabe 2: In Schritten zählen

Typische Fehler		Mögliche Ursache	Förderung
a)	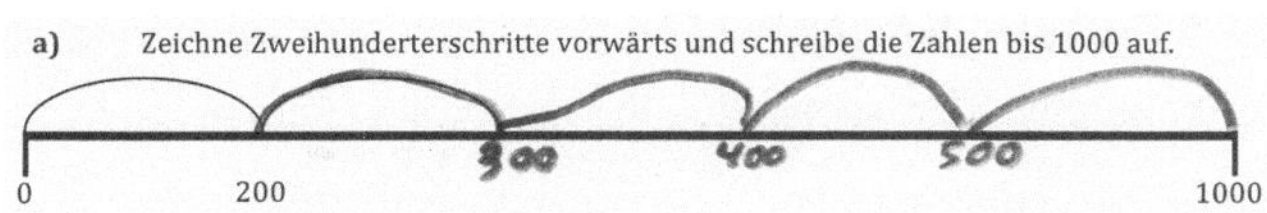	Fehlerhafte Benennung der Schrittgröße, kein Widerspruch zur Endzahl gesehen.	Besprechung von Strategien zum Finden der Schrittgröße unter Einbezug strukturierter Anschauungsmittel (2.1 - 2.3).
	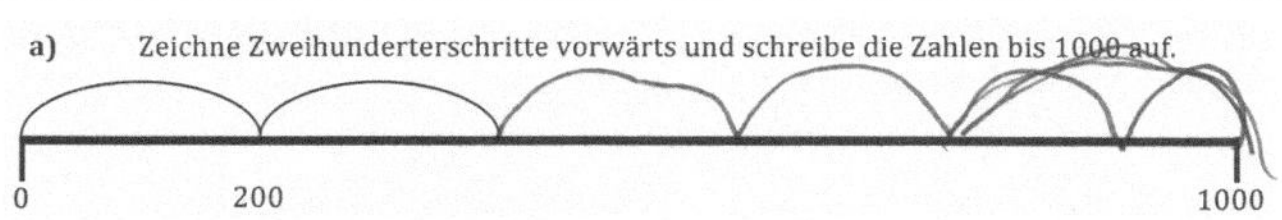	Zeichnung der Bögen erfolgt, aber keine Angabe zur Weiterführung der Schritte.	
b)	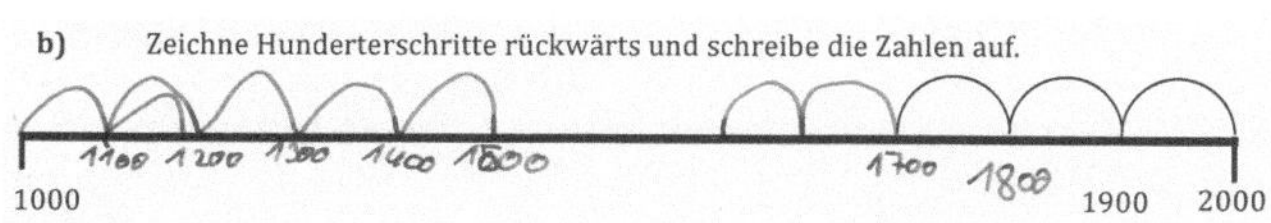	Bearbeitung von der Start- und von der Zielzahl ausgehend, kein Widerspruch zur Lücke in der Darstellung der Zahlenreihe gesehen.	
	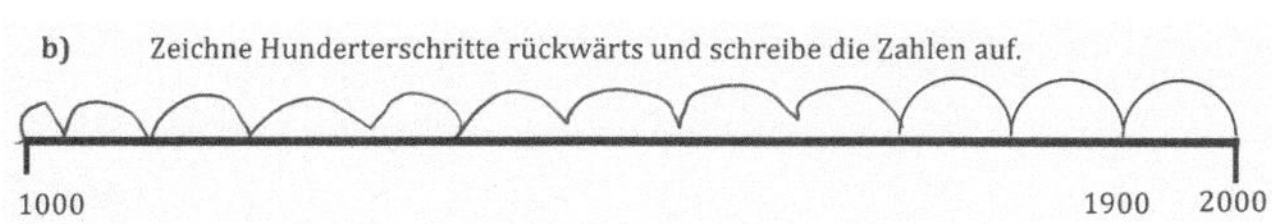	Zeichnung der Bögen, bis der leere Zahlenstrahl optisch gefüllt ist, aber keine Benennung der Schritte.	

Diagnoseaufgabe 3: Zahlenreihen

Typische Fehler		Mögliche Ursache	Förderung
c)		Zahlen werden von der Endzahl beginnend in vermuteten Schritten eingetragen.	Thematisierung von Strategien beim Ermitteln lückenhafter Zahlenreihen sowie eigenständiges Erstellen eigener Reihen (3.1 - 3.3).
		Zahlen werden von der Startzahl beginnend in vermuteten Schritten eingetragen.	

1 Nachbar-Einer und Nachbar-Zehner

1.1 - 1.2 **Erarbeiten und Üben (15 - 20 Minuten zzgl. Aufgabengenerator)**

Ziel: Einstieg in die Thematik mithilfe einer konkreten Veranschaulichung nachvollziehen

Material: MB: Leerer Zahlenstrahl, Zahlenkarten; Büro- oder Wäscheklammern zum Anheften

Umsetzung: a), b) UG; c) Aufgabengenerator (PA)

Methode: Anknüpfen an Vorwissen (Was sind Nachbar-Einer? Was sind Nachbar-Zehner?): Einige der gemischten Zehnerzahlen aus der Materialbox auswählen, dazu jeweilige Nachbarzahlen auf leere Karten aufschreiben und an entsprechende Stelle links und rechts von der Ausgangszahl heften. Anschließend Zehnerzahlen aus den Zahlenkarten heraussuchen und ebenfalls an die richtige Position heften.

1.1 Zahlen am Zahlenstrahl

a) Hefte eine Zahlenkarte an den leeren Zahlenstrahl.
Beschrifte weiße Karten mit den Nachbar-Einern und hefte sie an die richtige Stelle.
Hefte die Karten mit den Nachbar-Zehnern an die richtige Stelle.

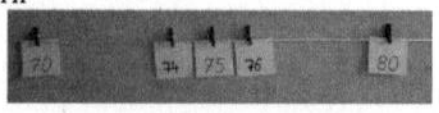

Reflexion: Unsicherheiten zeigen sich meist dann, wenn einer Nachbarzahl verschiedene Funktionen zugeordnet werden, d.h. wenn sie bspw. sowohl Nachbar-Einer als auch Nachbar-Zehner ist.

b) Welche Karten kannst du besonders schnell einsortieren? Begründe.

Zu beachten: Nach einer gemeinsamen Einstiegsphase kann diese Übung von den Lernenden selbstständig weitergemacht werden, wobei sich die Rollen abwechseln.

c) Eine Person beschriftet eine leere Karte und hängt sie an das Zahlenband.
Die andere Person schreibt die passenden Nachbar-Zehner auf und hängt sie dazu.
Wechselt euch ab.

1.2 **Üben (10 - 15 Minuten)**

Ziel: Übertragung der Handlung aus 1.1 in die symbolische Darstellung und Erweiterung des Zahlenraums

Material: -

Umsetzung: a), b), c) EA; d) Reflexion (UG)

Methode: Die in 1.1 besprochenen Vorgehensweisen sollen in symbolischer Form notiert werden. Dabei sind insbesondere schwierige Stellen bzw. Übergänge zu berücksichtigen.

Zu beachten: Sollten sich bei der Vergrößerung des Zahlenraumes Schwierigkeiten zeigen, so ist es sinnvoll, diese Übung mit dem leeren Zahlenstrahl und passenden eigenen Zahlenkarten zu unterstützen.

1.2 Zahlen eintragen und einsortieren

a) Zwischen welchen beiden Einern steht die Zahl? Trage ein.

kleinerer Nachbar-Einer	ZAHL	größerer Nachbar-Einer
20	21	22
98	99	100
308	309	310
6000	6 001	6002
8099	8 100	8101
9999	10 000	10001

b) Zwischen welchen beiden Zehnern und Hundertern steht die Zahl? Trage ein.

kleinerer Nachbar-Hunderter	kleinerer Nachbar-Zehner	ZAHL	größerer Nachbar-Zehner	größerer Nachbar-Hunderter
100	30	134	40	200
300	390	400	410	500
700	700	710	720	800
900	990	1 000	1010	1100
9900	9990	9 991	10 000	10 000

Reflexion: Besprechung einer üblichen Fehlvorstellung.

c)

Rico: Der Nachbar-Zehner von 96 ist nicht 100, sondern 110. 100 ist ein Nachbarhunderter!

Wie könnte man Rico zeigen, dass 100 auch ein Nachbar-Zehner sein kann?

1.3 **Üben (10 - 15 Minuten zzgl. Aufgabengenerator)**

Ziel: Bestimmung von Nachbarzahlen auf mentaler Ebene

Material: -

Umsetzung: a), b), c) EA; d) UG; e) Aufgabengenerator (PA)

Hintergrund: Aufgabenformat bietet Gelegenheit zu einer anderen Beschäftigung mit dem Thema Nachbarzahlen und soll das Ausbilden mentaler Lösungsfähigkeiten unterstützen.

1.3 Zahlenrätsel

a) Wie heißen Taras Zahlen? Schreibe sie auf.

Tara

Der Nachfolger der Zahl heißt 480. — 479

Der Vorgänger der Zahl heißt 244. — 245

b) Wie heißen Ricos Zahlen? Schreibe sie auf.

Rico

Die Zahl liegt zwischen 590 und 600. Die Zahl hat 8 Einer. — 598

Die Zahl liegt zwischen 3 792 und 3 800. Die Zahl hat 4 Einer. — 3794

Hintergrund: Die Lösung von Aufgabenteil c) ist nicht eindeutig, da es mehrere Zahlen gibt, auf die die genannten Charakteristika zutreffen.

c) Wie heißen Leonies Zahlen? Schreibe sie auf.

Leonie

Die Zahl liegt zwischen 10 810 und 10 820. Die Zahl ist kleiner als 10 816. — z.B. 10811

Die Zahl liegt zwischen 12 942 und 12 952. Die Zahl ist größer als 12 948. — z.B. 12949

Impuls: Woran kann man eindeutige von uneindeutigen Lösungen unterscheiden?

d) Was fällt dir bei Leonies Zahlen auf? Warum ist das so?

Methode: Mit dem Aufgabengenerator können weitere Übungen zu diesem Aufgabenformat erfolgen, um einen vertiefenden Einblick in die Struktur zu geben.

e) Eine Person stellt ein Zahlenrätsel. Die andere Person nennt die Lösung. Wechselt euch ab.

2 In Schritten zählen

2.1 Erarbeiten (15 - 20 Minuten)

Ziel: Einstieg in das Thema durch Veranschaulichung an der Hunderterkette

Material: MB: Evtl. Hunderterkette

Umsetzung: a), b) EA; c) EA, dann UG

Methode: Durch die Zehnerstruktur der Hunderterkette kann auch ohne Abzählen ermittelt werden, dass es sich um Zehner- (Aufgabenteil a) bzw. Zwanzigerschritte handeln muss. Aufgabenteil b) hat zusätzlich eine andere Startzahl als 0.

2.1 Schritte an der Hunderterkette

a) Trage die Zahlen ein und setze fort.

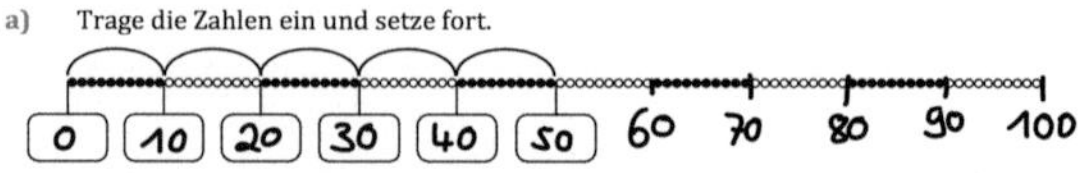

b) Trage die Zahlen ein und setze fort.

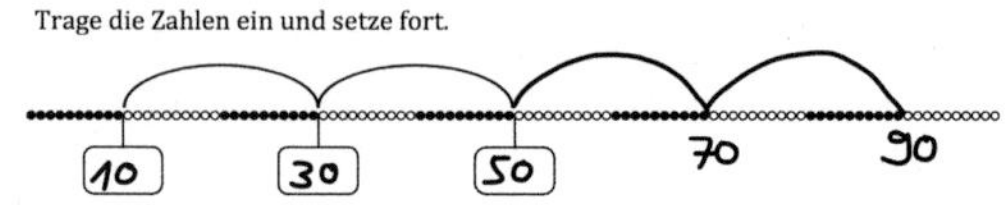

Impuls: Woran kann man die Zahlenfolge erkennen, ohne dass man abzählen muss?

c) Trage ein: 3, 18, 33, 48, 63, 78, 93

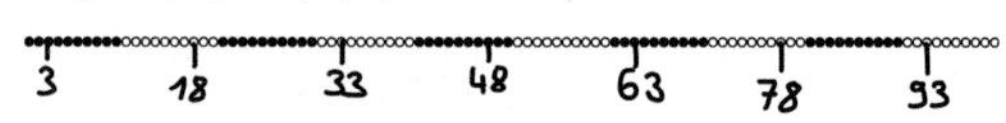

Welche Zahlenfolge wird hier dargestellt?

2.2 Üben (10 - 15 Minuten zzgl. Aufgabengenerator)

Ziel: Üben der Darstellung von Zahlenfolgen am leeren Zahlenstrahl

Material: -

Umsetzung: a), b) EA; c) UG; d) Aufgabengenerator (PA)

Methode: Durch die Offenheit in der Aufgabenstellung kann der Zahlenraum, mit dem die Aufgabe bearbeitet werden soll, je nach Lernstand gewählt werden.

2.2 Zahlenreihen am Zahlenstrahl

a) Wähle eine Startzahl, trage sie ein und zähle in Zehnerschritten vorwärts.
Mache fünf Schritte, trage die Zahlen ein und zeichne die Bögen.
Bei welcher Zahl landest du?

b) Trage die 40 ein und zähle von dort aus in Fünferschritten bis 0 rückwärts.
Zeichne die Bögen und schreibe die gezählten Zahlen auf.

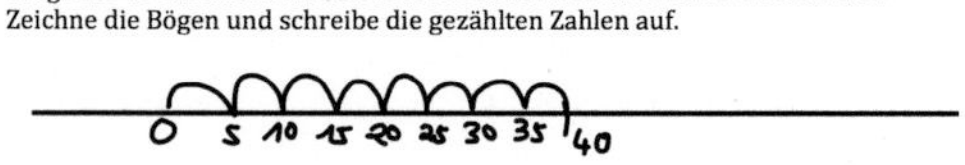

Zu beachten: Sollte sich diese Aufgabe zunächst als zu abstrakt erweisen, kann mit der Hunderterkette bzw. dem leeren Zahlenstrahl visualisiert werden.

c) Bei welchen Zahlen kannst du starten, wenn du in Zwanzigerschritten zählen und die Zahl 87 treffen willst? vorwärts: 7, 27, 47, 67
rückwärts: 107, 127, 147, 167...

Methode: Aufgabengenerator zur weiteren Festigung mentaler Vorstellungen.

d) Eine Person nennt eine Startzahl und die Größe der Schritte.
Die andere Person nennt die Zielzahl nach drei Schritten.
Wechselt euch ab.

3 Zahlenreihen

3.1 **Erarbeiten (20 - 25 Minuten)**

Ziel: Formales Zählen in Schritten

Material: KV: Zahlenreihen (optional)

Umsetzung: a) EA; b) UG; c) EA

Methode: Die Lernenden sollen ermitteln, in welchen Schrittgrößen die Zahlenreihen angegeben sind, dies kann durch die Bestimmung der Differenz erfolgen.

3.1 Zahlenreihen finden

a) Ergänze die Zahlenreihen.

0	500	1 000	1500	2000	2500	3000	3500
401	501	601	701	801	901	1 001	1 101
1 001	1 011	1021	1031	1041	1051	1061	1071
8987	8997	9007	9017	9027	9037	9 047	9 057
20	40	60	80	100	120	140	160
96	98	100	102	104	106	108	110

Hintergrund: Sind nur Start- und Endzahl angegeben oder finden sich Lücken in den Zahlenreihen, kann das Ermitteln entweder operativ erfolgen (verschiedene Schrittgrößen werden ausprobiert) oder durch Bestimmung der Differenz zwischen Start- und Zielzahl, die dann durch die entsprechende Anzahl an leeren Kästchen dividiert werden muss.

b) Erkläre, wie man die Schritte bestimmt, in denen gezählt worden ist. Wie gehst du vor, wenn nur die Start und Endzahl angeben ist?

Methode: Hier Eigenproduktionen der Lernenden anregen und gemäß ihrer individuellen Fähigkeiten kleinere, aber auch größere Zahlräume wählen lassen. Zusätzliche Zahlenreihen für die Weiterarbeit finden sich in den Kopiervorlagen im Anhang der Förderbausteine.

c) Überlege dir, in welchen Schritten man noch zählen kann und erfinde eigene Zahlenreihen.

3.2 **Üben (3 - 5 Minuten)**

Ziel: Ermitteln von Fehlern in Zahlenreihen

Material: -

Umsetzung: UG

Hintergrund: Besonders die Beschäftigung mit Fehlern in Zahlenfolgen kann Lernende dazu anregen, Einsichten in den Strukturaufbau zu gewinnen.

Weiterführende Aufgabe: Berichtige die Zahlenfolge.

Impuls: Welche Fehler können beim Fortführen von Zahlenfolgen noch passieren?

3.2 Einen Fehler finden

An welcher Stelle hat sich bei den Zahlenfolgen ein Fehler eingeschlichen? Kreise die Zahl ein und begründe.

1 250	2 250	3 250	4 250	5 550	6 250	7 250	8 250
1 008	1 016	1 024	1 032	1 040	1 058	1 066	1 074

3.3	**Üben (10 - 15 Minuten zzgl. Aufgabengenerator)**
Ziel:	Weiterführung von Zahlenfolgen mit verschiedenem Aufbau
Material:	KV: Zahlenreihen (optional)
Umsetzung:	a), b), c) UG; d) Aufgabengenerator (PA)

Zu beachten: Die in dieser Aufgabe vorgestellten Zahlenreihen unterscheiden sich von der zuvor vorgestellten Struktur, da hier die Zahlen jeweils verdoppelt bzw. halbiert werden.

Zu beachten: In diesem Aufgabenteil werden in der Zahlenreihe zwei verschiedene Sprünge vollzogen: zunächst + 100, dann - 20.

Mehode: Aufgabengenerator bildet zeitlich flexiblen Abschluss dieser Fördereinheit. Zusätzliche Zahlenreihen für die Weiterarbeit finden sich in den Kopiervorlagen im Anhang der Förderbausteine.

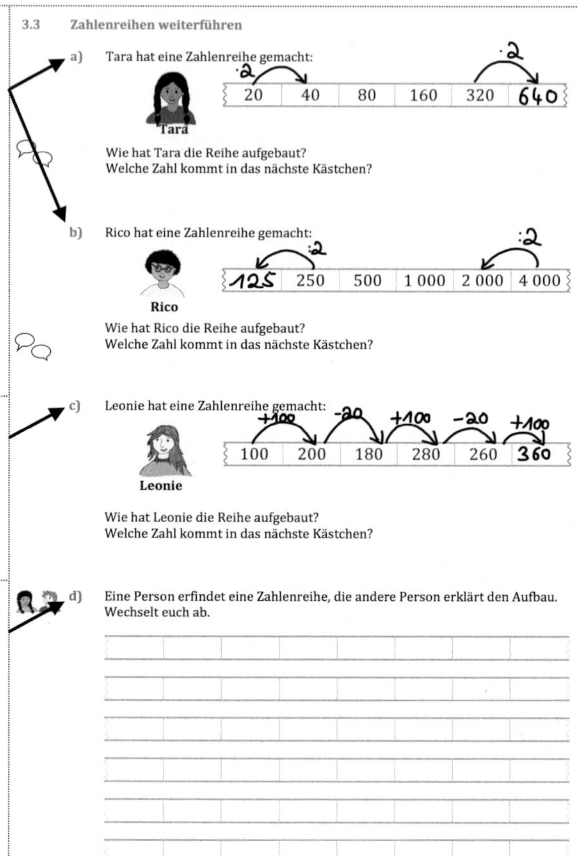
3.3 Zahlenreihen weiterführen

a) Tara hat eine Zahlenreihe gemacht:

20	40	80	160	320	640

Tara

Wie hat Tara die Reihe aufgebaut?
Welche Zahl kommt in das nächste Kästchen?

b) Rico hat eine Zahlenreihe gemacht:

125	250	500	1 000	2 000	4 000

Rico

Wie hat Rico die Reihe aufgebaut?
Welche Zahl kommt in das nächste Kästchen?

c) Leonie hat eine Zahlenreihe gemacht:

100	200	180	280	260	360

Leonie

Wie hat Leonie die Reihe aufgebaut?
Welche Zahl kommt in das nächste Kästchen?

d) Eine Person erfindet eine Zahlenreihe, die andere Person erklärt den Aufbau. Wechselt euch ab.

N3 A Additions- und Subtraktions-Aufgaben zu Situationen finden und umgekehrt – Didaktischer Hintergrund

Lerninhalt

Ziel der Förderung ist die Entwicklung inhaltlicher Vorstellungen zur Addition und Subtraktion. Hierzu werden die zwei Operationen weitgehend parallel behandelt, um sie als Umkehroperationen deutlich zu machen. Bei der Addition werden die Vorstellungen des *Hinzufügens* und *Vereinigens* und bei der Subtraktion die des *Wegnehmens (Abziehens)* und *Ergänzens* thematisiert. Tragfähige Vorstellungen sind erst dann aufgebaut, wenn es den Schülerinnen und Schülern gelingt, zwischen verschiedenen Darstellungsformen der Operationen zu wechseln. Das heißt insbesondere, eine Aufgabe in eine mathematische Handlung an Material, ein Bild oder eine Rechengeschichte übertragen bzw. umgekehrt, eine Handlung, ein Bild oder eine Rechengeschichte in eine Aufgabe übersetzen zu können. Die Kompetenzformulierung „Ich kann Additions- und Subtraktions-Aufgaben zu Situationen finden und umgekehrt" macht dieses Ziel deutlich.

Durchgeführt werden die Operationen im Zahlenraum bis Tausend, weshalb ein entsprechendes Zahlverständnis (Bausteine **N1** und **N2**) Voraussetzung ist. Zur Vertiefung des Operationsverständnisses und im Sinne des flexiblen Rechnens werden die Lernenden in diesem Baustein zum Ausprobieren verschiedener Rechenwege angeregt.

Veranschaulichung und Material

Auf dem Weg zu tragfähigen Vorstellungen der Addition und Subtraktion werden die Operationen zunächst an Material visualisiert. Das *Würfelmaterial* und der *Zahlenstrahl* bieten den Schülerinnen und Schülern jeweils eine Hilfestellung bei der Darstellung und Durchführung der Rechenoperationen. Zudem erleichtern sie später den Einstieg in das halbschriftliche Addieren und Subtrahieren (Baustein **N5**), welches ebenfalls mit diesen Materialien veranschaulicht wird.

Während sich das Würfelmaterial auf das kardinale Zahlverständnis bezieht (bei der Addition wird z.B. einer Menge eine weitere Menge hinzugefügt), fokussiert der Zahlenstrahl auf das ordinale Zahlverständnis (bei der Addition wird beispielsweise ausgehend von einer Position in der Zahlenreihe zu einer neuen Position gesprungen). Beide Zahlaspekte sind gerade für Lernende mit Schwierigkeiten wichtig, um ihnen verschiedene Zugänge und ein flexibles Verständnis von der Addition und Subtraktion zu ermöglichen.

Hinweise zum Einsatz des (gezeichneten) Würfelmaterials und des Zahlenstrahls sind in den Handreichungen der Bausteine **N1** und **N2** zu finden. Im Folgenden sei zusätzlich auf einige Besonderheiten beim Operieren mit diesen Materialien hingewiesen.

Rechnen mit Würfelmaterial

Beim Legen der Rechnungen mit Würfelmaterial werden die Zahlen als Mengen sowie ihre operativen Veränderungen sichtbar. Bei der Aufgabe 65 - 42 sind beispielsweise folgende Rechenschritte möglich:

- Separate Betrachtung der Zehner und Einer in beliebiger Reihenfolge (z.B. Abziehen: 6 Zehner minus 4 Zehner; 5 Einer minus 2 Einer; Ergänzen: 4 Zehner bis 6 Zehner; 2 Einer bis 5 Einer)
- Vom Minuenden werden die Zehner und Einer in beliebiger Reihenfolge nacheinander abgezogen (z.B. 65 minus 4 Zehner; minus 2 Einer)
- Vom Subtrahenden werden die Zehner und Einer in beliebiger Reihenfolge nacheinander zum Minuenden ergänzt (z.B. 42 plus 3 Einer; plus 2 Zehner).

Rechnen am Zahlenstrahl

Während beim skalierten Zahlenstrahl aufgrund seiner Markierung und der damit verbundenen Möglichkeit des Abzählens der Einheitsstriche die Gefahr besteht, dass die Lernenden auf Dauer zum zählenden Rechnen verleitet werden, regt der unskalierte Zahlenstrahl (im Folgenden nur *Zahlenstrahl* genannt) zur Verwendung von Rechenstrategien an. Hierbei tragen die Lernenden die Operationsschritte (mittels beschrifteter Pfeile) sowie die Startzahl, Zwischenergebnisse und das Endergebnis an ihren ungefähren Positionen am Zahlenstrahl ein. Dabei können sich unterschiedliche Rechenwege ergeben. Die Aufgabe 53 - 27 kann unter anderem auf folgende Weisen gelöst werden:

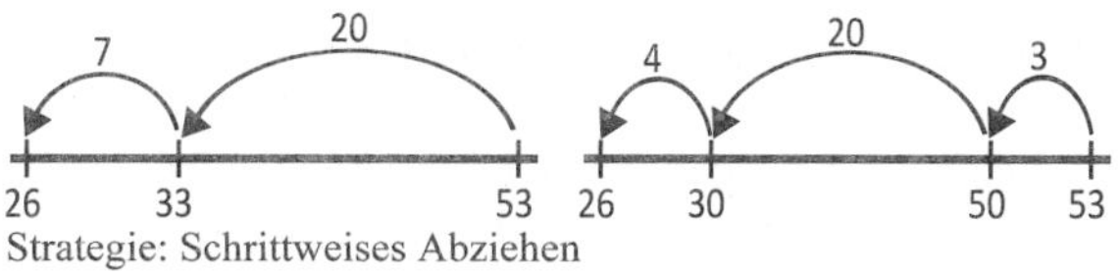

Strategie: Schrittweises Abziehen

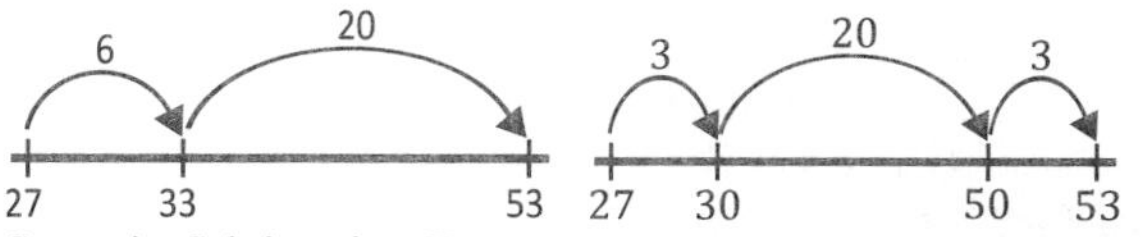

Strategie: Schrittweises Ergänzen

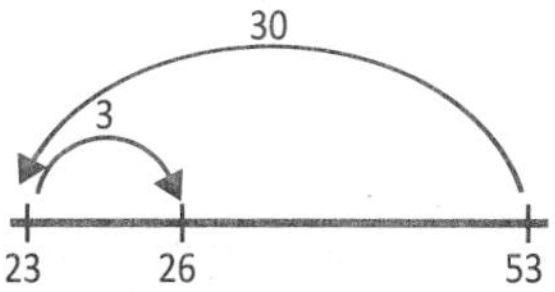

Strategie: Hilfsaufgabe

Das *Stellenweise Rechnen* (separate Betrachtung der Zehner und Einer) lässt sich am Zahlenstrahl nicht darstellen.

Aufbau der Förderung

Die Förderung besteht aus fünf Fördereinheiten:

1 Additions- und Subtraktions-Aufgaben mit Würfelmaterial
2 Additions- und Subtraktions-Aufgaben mit gezeichnetem Würfelmaterial
3 Additions- und Subtraktions-Aufgaben im Kopf
4 Additions- und Subtraktions-Aufgaben am Zahlenstrahl
5 Additions- und Subtraktions-Rechengeschichten

Die ersten drei Fördereinheiten greifen auf ein kardinales Zahlverständnis zurück, bei dem mit Mengen (veranschaulicht durch Würfelmaterial) operiert wird.

In Fördereinheit 1 werden die Addition und die Subtraktion durch Handlungen am Material (dazulegen / wegnehmen) als Umkehroperationen eingeführt (Aufgabe 1.1). Der für Schülerinnen und Schüler oftmals schwierige Zehnerübergang wird darauf aufbauend thematisiert (Aufgabe 1.2). Hier ein Beispiel zur Aufgabe 27 + 5:

Zehnerübergang mit Bündeln (Endzustand)

Der zweite Summand 5 wird zum Bündelungszweck in zwei Teilmengen (3 und 2) zerlegt. Mit der 3 wird zunächst zum vollen Zehner aufgefüllt, die zwei übrigen Einerwürfel werden in die nächste Zeile gelegt, so dass die Summe 32 gut sichtbar ist. Optional können die zehn Einerwürfel auch durch eine Zehnerstange ersetzt werden, um die Bündelung noch deutlicher hervorzuheben.

Ähnlich ist es bei der Subtraktion. Im Folgenden ein Beispiel zur passenden Umkehraufgabe 32 - 5:

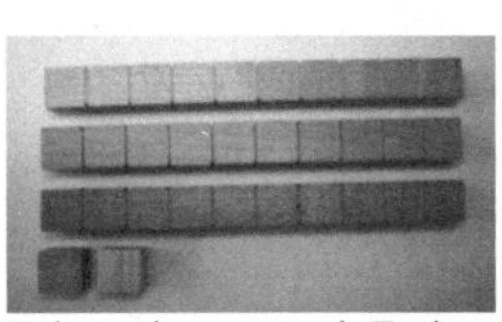

Zehnerübergang mit Entbündeln (Ausgangszustand)

Um vom Minuenden 32 den Subtrahenden 5 wegnehmen zu können, muss ein Zehner entbündelt werden. Dies geschieht, indem eine Zehnerstange durch 10 Einerwürfel ersetzt wird. Im Anschluss können die 5 Einer (erst 2, dann 3) weggenommen werden.
Zum Üben werden in dieser und der folgenden Fördereinheit (Aufgaben 1.2 und 2.2) Entdeckerpäckchen eingesetzt.

41 - 2 =
43 - 4 =
45 - 6 =
 - =

Entdeckerpäckchen zur Subtraktion

Entdeckerpäckchen liefern nicht nur weitere Übungsaufgaben, mit ihnen können auch strukturelle Zusammenhänge zwischen den beiden Summanden und der Summe bzw. zwischen dem Minuenden, dem Subtrahenden und der Differenz vertieft werden (vgl. Wittmann / Müller 2000; PIK o.J.a).

In Fördereinheit 2 und 3 findet eine zunehmende Ablösung vom konkreten Material statt. Zunächst wird das Würfelmaterial in Zusammenhang mit der jeweiligen Operation gezeichnet. Danach werden sich die Handlungen mit dem Material mental vorgestellt und die Aufgaben weitestgehend im Kopf gelöst.

Für weitere Übungen zur Automatisierung der Addition und Subtraktion sei auf die Blitzrechenkartei (auch als Blitzrechensoftware erhältlich) aus dem Programm *mathe 2000* (vgl. Wittmann / Müller 2007), die Kartensätze aus dem Projekt *PIK AS* (o.J.b) sowie auf Häsel-Weide et al. (2013) zur Ablösung vom zählenden Rechnen verwiesen.

Fördereinheit 4 nutzt den Zahlenstrahl als Anschauungsmittel und spricht damit das ordinale Zahlverständnis an. Die Darstellung der Rechenwege am Zahlenstrahl ermöglicht den Lernenden nicht nur, ihre Rechenschritte selbständig zu strukturieren, darzustellen und gegebenenfalls begleitend zu verbalisieren, sondern auch verschiedene Vorgehensweisen beim Addieren und Subtrahieren zu vergleichen und unterschiedliche Rechenwege auszuprobieren und zu bewerten. In diesem Zusammenhang erarbeiten die Schülerinnen und Schüler das Ergänzen als eine weitere Vorgehensweise bei der Subtraktion (Aufgaben 4.5 und 4.6). Inhaltliche Vorstellungen zum Ergänzen werden durch Kontexte aufgebaut, in welche die Aufgaben eingebettet sind.

Die Verknüpfung von Operationen mit Situationen, die in Sachkontexte eingebettet sind, wird in Fördereinheit 5 aufgegriffen. Hier sollen die Lernenden zu Rechengeschichten passende Additions- und Subtraktions-Aufgaben finden und zu unterschiedlichen Aufgaben eigene Rechengeschichten erfinden.

Weiterführende Literatur

Häsel-Weide, U. / Nührenbörger, M. / Moser Opitz, E. / Wittich, C. (2013): Ablösung vom zählenden Rechnen. Fördereinheiten für heterogene Lerngruppen. Seelze: Kallmeyer.

PIK AS (o.J.a): Entdeckerpäckchen. http://www.pikas.tu-dortmund.de/161

PIK AS (o.J.b): 1+1 richtig üben. http://www.pikas.tu-dortmund.de/146

Wittmann, E. Ch. / Müller, G. N. (2000): Handbuch produktiver Rechenübungen. Band 1. 2. Auflage. Leipzig: Klett.

Wittmann, E. Ch. / Müller, G. N. (2007): Blitzrechenoffensive! Anregungen für eine intensive Förderung mathematischer Basiskompetenzen. Stuttgart: Klett.

N3 A – Durchführung und Auswertung der Standortbestimmung

Dauer: 20 - 25 Minuten

Hinweise zur Durchführung:

1 a): An der Tafel werden die Einerwürfel und Zehnerstangen vorgestellt: „Diese Würfel hier sind ‚Einer'. Wisst ihr, warum das hier *(die Zehnerstange wird gezeigt)* ein ‚Zehner' ist? ... Ich lege gleich eine Aufgabe und ihr sollt bei 1 a) aufschreiben, wie die Aufgabe heißt: Ich habe so viele *(3 Zehnerstangen und 5 Einerwürfel)* und lege diese *(1 Zehnerstange und 2 Einerwürfel)* daneben. Mit welcher Aufgabe kannst du ausrechnen, wie viele es jetzt hier *(alle Würfel werden mit dem Finger umkreist)* sind? Schreibe die Aufgabe auf und rechne aus." (35 + 12)

1 b): „Ich lege noch eine Aufgabe und ihr sollt bei 1b) aufschreiben, wie die Aufgabe heißt: Ich habe so viele *(2 Zehnerstangen und 8 Einerwürfel)* und lege diese *(1 Zehnerstange und 3 Einerwürfel)* daneben. Schreibe die Aufgabe auf und rechne aus." (28 + 13)

1 c): „Ich lege noch eine Aufgabe und ihr sollt bei 1c) aufschreiben, wie die Aufgabe heißt: Ich habe so viele *(4 Zehnerstangen und 5 Einerwürfel)* und nehme diese *(1 Zehnerstange und 3 Einerwürfel)* zur Seite. Mit welcher Aufgabe kannst du ausrechnen, wie viele es jetzt hier noch sind *(die restlichen Würfel werden mit dem Finger umkreist)*? Schreibe die Aufgabe auf und rechne aus." (45 - 13)

1 d): „Jetzt lege ich noch eine letzte Aufgabe und ihr sollt bei 1 d) aufschreiben, wie die Aufgabe heißt: Ich habe so viele *(5 Zehnerstangen und 1 Einerwürfel)*. Wie viele würden noch übrig bleiben, wenn ich 16 wegnehmen würde? Schreibe die Aufgabe auf und rechne aus." (51 - 16)

Kann ich Additions- und Subtraktions-Aufgaben zu Situationen finden und umgekehrt?

1 **Additions- und Subtraktions-Aufgaben mit Würfelmaterial**

Notiere die Aufgaben, die du mit dem Würfelmaterial gezeigt bekommst. Rechne sie aus.

a) 35+12=47 b) 28+13=41 c) 45-13=32 d) 51-16=35

2 **Additions- und Subtraktions-Aufgaben mit gezeichnetem Würfelmaterial**

a) Welche Plus-Aufgabe wurde hier gezeichnet?

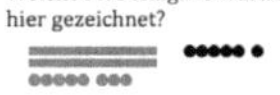

28 + 6 = 34

b) Welche Minus-Aufgabe wurde hier gezeichnet?

32 - 5 = 27

3 **Additions- und Subtraktions-Aufgaben im Kopf**

a) 46 + 13 = 59 b) 72 + 19 = 91 c) 38 - 15 = 23 d) 61 - 58 = 3

4 **Additions- und Subtraktions-Aufgaben am Zahlenstrahl**

Welche Aufgaben passen zu dem Zahlenstrahl? Schreibe auf.

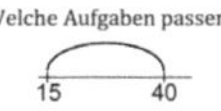

a) Plus-Aufgabe: 15 + 25 = 40
b) Minus-Aufgabe: 40 - 25 = 15

5 **Additions- und Subtraktions-Rechengeschichten**

Rechts siehst du eine Rechengeschichte zur **Plus-Aufgabe 53 + 26.**

Erfinde eine eigene Rechengeschichte zur **Minus-Aufgabe 68 - 41.**

Rechengeschichte: *Tara hat 53 Sticker. Zum Geburtstag bekommt sie 26 Sticker geschenkt.*
Frage: *Wie viele Sticker hat Tara dann insgesamt?*
Plus-Aufgabe: *53 + 26 = 79*
Antwort: *Tara hat dann insgesamt 79 Sticker.*

z.B. Meine Rechengeschichte: Für ihr Grillfest hat die Klasse 5b 68 Bratwürste gekauft. 41 davon wurden schon gegessen.
Frage: Wie viele Bratwürste sind noch übrig?
Minus-Aufgabe: 68 - 41 = 27
Antwort: Es sind noch 27 Bratwürste übrig.

Hinweise zur Auswertung:

Diagnoseaufgabe 1: Additions- und Subtraktions-Aufgaben mit Würfelmaterial

Typische Fehler		Mögliche Ursache	Förderung
a) - d)	Keine Bearbeitung.	Die Übersetzung der Materialhandlung in eine mathematische Operation, die als Rechnung notiert werden kann, ist unklar.	Inhaltliche Vorstellung der Addition als *Dazulegen* und der Subtraktion als *Wegnehmen* erarbeiten (1.1).
c), d)	Es wird konsequent addiert: c) 45 + 13, 32 + 13 d) 51 + 16	Der Unterschied zwischen dem Dazulegen als additive Handlung und dem Wegnehmen als subtraktive Handlung ist unklar.	
a) - c)	a) 35 + 47 b) 28 + 41 c) 45 - 32	Die Summe wird als 2. Summand bzw. die Differenz als Subtrahend gedeutet. Dabei wird nicht gerechnet, sondern die gelegten Zahlganzheiten werden erfasst und notiert.	Zusammenhang zwischen 1. Summand, 2. Summand und Summe bzw. Minuend, Subtrahend und Differenz erarbeiten (1.1; 1.2).
b), d)	b) 28 + 13 = 35 d) 51 - 16 = 45	Schwierigkeiten mit dem Zehnerübergang; die Einer werden bei der Addition subtrahiert anstatt addiert bzw. es wird bei der Subtraktion konsequent die kleinere von der größeren Ziffer abgezogen.	Den Zehnerübergang mithilfe des Bündelns und Entbündelns am Würfelmaterial erarbeiten und üben (1.2).

Diagnoseaufgabe 2: Additions- und Subtraktions-Aufgaben mit gezeichnetem Würfelmaterial

Typische Fehler		Mögliche Ursache	Förderung
a), b)	Keine Bearbeitung.	Die Darstellung von Additions- bzw. Subtraktionsaufgaben mit gezeichnetem Würfelmaterial ist unklar.	Die Darstellung der Addition und Subtraktion mit gezeichnetem Würfelmaterial erarbeiten und üben (2.1; 2.2).
a)	28 + 6 = 22	Schwierigkeiten mit dem Zehnerübergang, die Einer werden subtrahiert anstatt addiert. Das gezeichnete Würfelmaterial wird nicht zur Ergebnisermittlung genutzt.	Zehnerübergang bei der ikonischen Darstellung mittels Bündeln erarbeiten und üben (2.2).
b)	32 - 2 = 30	Die 3 Einer, die entbündelt werden, werden nicht erkannt bzw. ignoriert, da ggf. der Zehnerübergang unklar ist.	Zehnerübergang bei der ikonischen Darstellung mittels Entbündeln erarbeiten und üben (2.2).

Diagnoseaufgabe 3: Additions- und Subtraktions-Aufgaben im Kopf

Typische Fehler		Mögliche Ursache	Förderung
a) - d)	Keine Bearbeitung.	Das mentale Operieren mit Zahlen (Kopfrechnen) ist unklar.	Durch die zunehmende Ablösung vom Material eine mentale Vorstellung der Operationen erarbeiten (3.1; 4.4).
b), d)	72 + 19 = 87 oder 811 61 - 58 = 17	Es wird nicht mit Zahlganzheiten operiert, sondern ziffernweise gerechnet.	Das mentale Operieren mit Zahlganzheiten mit Würfelmaterial (3.1) und am Zahlenstrahl üben (4.4).

Diagnoseaufgabe 4: Additions- und Subtraktions-Aufgaben am Zahlenstrahl

Typische Fehler		Mögliche Ursache	Förderung
a), b)	Keine Bearbeitung.	Die Darstellung von Additions- und Subtraktionsaufgaben am Zahlenstrahl ist unklar.	Das Addieren als *Vorgehen* und das Subtrahieren als *Zurückgehen* und Bestimmen einer neuen Position am Zahlenstrahl erarbeiten und üben (4.1 - 4.6).
	15 + 40 40 - 15	Die 40 wird als 2. Summand bzw. die 15 als Subtrahend gedeutet. Die Darstellung von Additions- und Subtraktionsaufgaben am Zahlenstrahl ist unklar.	
	15 + 35 = 40 40 - 35 = 15	Die Operationsvorstellung am Zahlenstrahl ist vorhanden, die Durchführung der Rechnung jedoch unsicher.	Rechnen am Zahlenstrahl üben (4.2 - 4.6).

Diagnoseaufgabe 5: Additions- und Subtraktions-Rechengeschichten

Typische Fehler		Mögliche Ursache	Förderung
	Keine Bearbeitung bzw. es wird eine Rechengeschichte zur Aufgabe 68 + 41 erfunden.	Die Übersetzung einer Aufgabe in eine Rechengeschichte ist unklar, ggf. wird sich an den Wortlaut der Additions-Rechengeschichte gehalten.	Die Darstellung von Additions- und Subtraktionsaufgaben als Rechengeschichten erarbeiten und üben (5.1; 5.2).
	Die Rechengeschichte erlaubt keine Rechnung.	Unklarheit über die Beziehung der Zahlangaben und des Kontexts in Rechengeschichten.	Kriterien, wann sich eine Geschichte zum Rechnen eignet, erarbeiten lassen (5.2)

1 Additions- und Subtraktions-Aufgaben mit Würfelmaterial

1.1 Erarbeiten und Üben (15 - 20 Minuten)

Ziel: Addition und Subtraktion mithilfe von operativen Handlungen am Würfelmaterial als Umkehroperationen verstehen und durchführen

Material: MB: Würfelmaterial (Einerwürfel, Zehnerstangen, Hunderterplatten)

Umsetzung: a), b) jeweils ggf. PA, dann UG; c) EA, dann PA oder UG

Hintergrund: Handlungen des *Dazulegens* und *Wegnehmens* mit den mathematischen Operationen *plus* und *minus* verbinden. Begriffe *Plus-Aufgabe* und *Minus-Aufgabe* einführen.

Hilfestellung: Das Sprachvorbild aus a) zur Verbalisierung der Handlungen heranziehen. Das mehrfach abwechselnde Legen der Aufgaben hilft bei der Einsicht in die Umkehrung der Operationen.

Impuls: Begriff ‚Umkehraufgabe' einführen und inhaltlich füllen lassen: Das Ergebnis einer Aufgabe ist Ausgangspunkt einer anderen Aufgabe, welche die Operation wieder umkehrt:
60 + 18 = **78 → 78** - 18 = 60

1.1 Dazulegen und wegnehmen

Tim rechnet mit Würfelmaterial:

(1)  30+10=40 „Ich lege 3 Zehner. Dann lege ich 1 Zehner dazu."

(2)  40-10=30 „Von den 4 Zehnern nehme ich 1 Zehner weg."

a) Lege mit Würfelmaterial nach. Welche zwei Aufgaben rechnet Tim? Erkläre.

b) Lege die Aufgaben 40 + 20 und 60 - 20. Warum passen die Aufgaben zusammen?

c) Immer eine Plus- und eine Minus-Aufgabe passen zusammen.
Zeige mit dem Würfelmaterial, warum die Aufgaben zusammenpassen.

60 + 18 8 + 40 8 - 2 78 - 18
6 + 2 160 + 10 170 - 10 48 - 40

1.2 Erarbeiten und Üben (40 - 45 Minuten)

Ziel: Zehnerübergang am Würfelmaterial verstehen und durchführen; Zusammenhänge zwischen erstem und zweitem Summanden und Summe bzw. Minuend, Subtrahend und Differenz herstellen und beschreiben

Material: MB: Würfelmaterial (Einerwürfel, Zehnerstangen, Hunderterplatten)

Umsetzung: a), b) jeweils ggf. PA, dann UG; c) EA; d) UG, dann EA; e) EA, dann PA

Impuls: Warum legt Jonas genau 3 Würfel in die Reihe? Warum hilft das vollständige Füllen der Reihe beim Rechnen?

Lösung: Die Zehnerstange wird in 10 Einerwürfel eingetauscht (die Lernenden vergewissern sich gegebenenfalls, dass ein Zehner zehn Einern entspricht), dann können weitere Einerwürfel weggenommen und die Differenz abgelesen werden.

Hilfestellung: Auffälligkeiten erst mit Farben markieren und dann erklären lassen, z.B. bei 1): Die erste Zahl bleibt immer gleich, die zweite Zahl erhöht sich immer um 2, das Ergebnis erhöht sich deswegen auch immer um 2.

Lösung: Die Aufgaben heißen Entdeckerpäckchen, weil man Zusammenhänge zwischen den Zahlen und Ergebnissen finden und beim Rechnen nutzen kann.

1.2 Zehnerübergang

a) Jonas rechnet die Aufgabe 27 + 5 :
Was meint Jonas?
Lege mit Würfelmaterial nach und rechne aus.

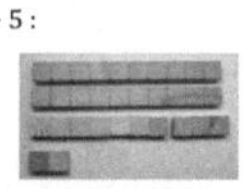

b) Dilara und Leonie rechnen die Aufgabe 32 - 5 :

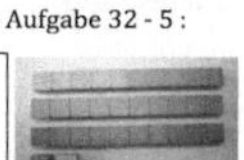

Was meint Leonie? Zeige das Tauschen mit dem Würfelmaterial und rechne aus.

c) Rechne mit Würfelmaterial. Was fällt dir auf? Wie gehen die Päckchen weiter?

(1)	(2)	(3)	(4)
28 + 2 = 30	46 + 15 = 61	41 - 2 = 39	120 - 10 = 110
28 + 4 = 32	47 + 14 = 61	43 - 4 = 39	120 - 20 = 100
28 + 6 = 34	48 + 13 = 61	45 - 6 = 39	120 - 30 = 90
28 + 8 = 36	49 + 12 = 61	47 - 8 = 39	120 - 40 = 80

d) Erkläre, wieso man die Päckchen in c) Entdeckerpäckchen nennt.
Erfinde selbst Entdeckerpäckchen und schreibe sie in dein Heft. Rechne aus.

e) Tauscht eure Päckchen. Was fällt dir auf? Wie gehen die Päckchen weiter?

2 Additions- und Subtraktions-Aufgaben mit gezeichnetem Würfelmaterial

2.1 Erarbeiten und Üben (20 - 25 Minuten)

Ziel: Addition und Subtraktion am gezeichneten Würfelmaterial verstehen und durchführen (Ablösung vom konkreten Material)

Material: MB: Ggf. Würfelmaterial (Einerwürfel, Zehnerstangen)

Umsetzung: a) ggf. PA, dann UG; b) EA

Hilfestellung: Die Aufgaben mit Würfelmaterial nachlegen und mit den Zeichnungen vergleichen lassen.

Hintergrund: Die Zehner werden immer oben in der Zeichnung weggenommen, damit der Zehner unten bei Bedarf entbündelt werden kann.

Hilfestellung: Anstatt die Fachbegriffe zu nutzen, kann auch von der *ersten Zahl*, der *zweiten Zahl* und dem *Ergebnis* gesprochen werden.

Hilfestellung: Den Begriff *Umkehraufgabe* durch das Legen von Aufgaben mit Würfelmaterial wiederholen. Zum Überprüfen der Zeichnungen ebenfalls das Würfelmaterial heranziehen.

2.1 Umkehraufgaben zeichnen

Jonas zeichnet für eine Plus- und eine Minus-Aufgabe das Würfelmaterial.

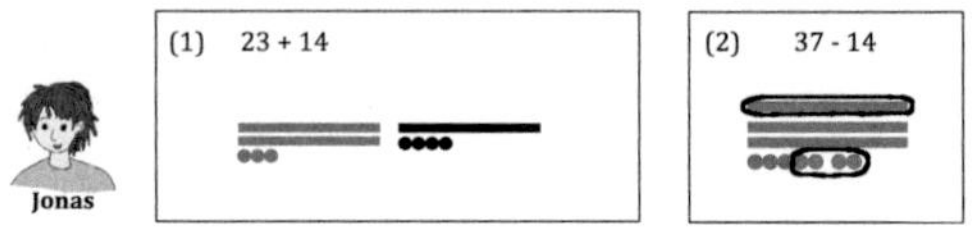

a) Wozu nutzt Jonas die zwei Farben? Wo siehst du das Ergebnis in den Bildern?

b) Zeichne die Plus- und Minus-Aufgaben wie Jonas. Notiere jeweils das Ergebnis.
Tipp: Es sind immer Umkehraufgaben.

(1) 21 + 15 = 36 (3) 64 + 23 = 87 (5) 42 + 37 = 79
(2) 36 - 15 = 21 (4) 87 - 23 = 64 (6) 79 - 37 = 42

2.2 Erarbeiten und Üben (35 - 40 Minuten)

Ziel: Bündeln und Entbündeln beim Addieren und Subtrahieren am gezeichneten Würfelmaterial verstehen und anwenden

Material: MB: Ggf. Würfelmaterial (Einerwürfel, Zehnerstangen)

Umsetzung: a), b) jeweils PA, dann UG; c) EA, dann UG

Zu beachten: Bei den zwei Operationen bedeutet das Einkreisen jeweils etwas anderes:
Addition: Die Einer, die beim Zusammenfügen zu einem Zehner *gebündelt* werden, werden eingekreist.
Subtraktion: Der Subtrahend, also das, was *weggenommen* wird, wird eingekreist.

Voraussetzung: Sichere Beherrschung der Zerlegung der Zahl 10.
Hilfestellung: Die Aufgaben mit Material nachlegen und mit den Zeichnungen vergleichen lassen.

Hilfestellung: Auffälligkeiten zunächst mit Farben markieren und dann erklären lassen. Bei (1) wird die Spalte der ersten Summanden beispielsweise rot umkreist und beschrieben: „Die erste Zahl / der erste Summand wird immer um eins größer."

2.2 Bündeln und entbündeln

a) Emily rechnet die Aufgabe 28 + 6.

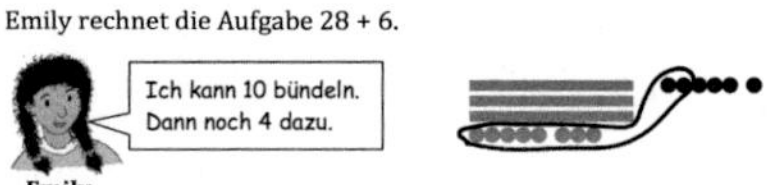

Was meint Emily? Warum hilft ihr das Bündeln, um das Ergebnis herauszufinden?

b) Maurice rechnet die Aufgabe 34 - 6.

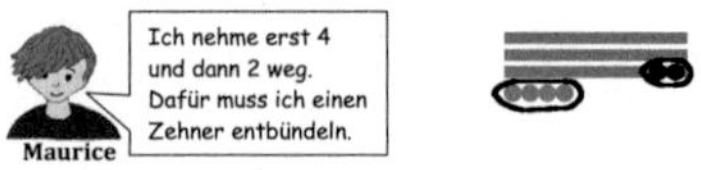

Was meint Maurice? Wo siehst du das Ergebnis in seiner Zeichnung?

c) Zeichne die Aufgabe und notiere das Ergebnis. Was fällt dir auf? Erkläre.

(1)	(2)	(3)	(4)
26 + 14 = 40	38 + 14 = 52	43 - 13 = 30	25 - 16 = 9
27 + 14 = 41	37 + 15 = 52	43 - 14 = 29	26 - 17 = 9
28 + 14 = 42	36 + 16 = 52	43 - 15 = 28	27 - 18 = 9

3 Additions- und Subtraktions-Aufgaben im Kopf

3.1 Üben (Aufgabengeneratoren)

Ziel: Festigung des mentalen Addierens und Subtrahierens

Material: MB: Würfelmaterial (Einerwürfel, Zehnerstangen, Hunderterplatten), Trennwand, Aufgabenpool (Schülermaterial S. 38)

Umsetzung: a), b) Aufgabengenerator (PA)

Hintergrund: Die Ablösung vom Operieren mit Material hin zu mentalen Vorstellungen der Operationen wird durch die beschränkte Zugänglichkeit des Würfelmaterials angeregt. Während die Materialhandlung die Vorstellung der Zahlen (erster und zweiter Summand bzw. Minuend und Subtrahend) und der Operationen (dazulegen bzw. wegnehmen) stützt, muss die Übertragung in eine Aufgabe sowie die Rechnung an sich im Kopf vollzogen werden.

Hilfestellung: Zur Sicherung des Aufgabenverständnisses Aufgaben anfangs ohne Trennwand legen und rechnen lassen.
Zu Beginn die jeweils zuerst gelegte Zahl, also den ersten Summanden bzw. den Minuenden, als Gedankenstütze notieren lassen.
Zur Überprüfung des Ergebnisses die Trennwand entfernen bzw. die Rechnung ein weiteres Mal ohne Trennwand durchführen.

Zu beachten: Derjenige, der die Aufgabe stellt, sollte zum einen darauf achten, dass er das Würfelmaterial seinem Partner in strukturierter Weise vorlegt → erst Hunderter, dann Zehner, dann Einer (neben- bzw. untereinander), zum anderen sollte dem, der rechnet, genügend Zeit gegeben werden, sich die Zahlen einzuprägen.
Die Schülerinnen und Schüler sollen im Laufe der Übung abwechselnd legen und rechnen.

Hilfestellung: Für Lernende stellt das *Wechseln* (Entbündeln) im Kopf bei der Subtraktion eine besondere Hürde dar. Zur Hilfe sollte gemeinsam ein Beispiel gerechnet werden, bei dem für beide Lernenden beide Seiten der Trennwand sichtbar sind. Es muss deutlich werden, was beim Entbündeln genau passiert – insbesondere, dass sich hierbei nicht der Wert des Minuenden verändert.

3.1 Trennwand-Aufgaben

Stellt die Trennwand zwischen euch auf den Tisch.

a) 1. Wähle eine Plus-Aufgabe aus dem Aufgabenpool (S. 38), aber verrate sie nicht.
2. Zeige deinem Partner die erste Zahl und lege sie hinter die Trennwand.

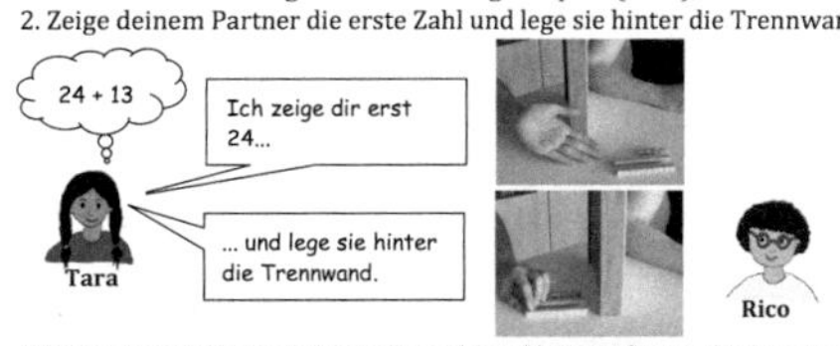

3. Zeige deinem Partner die zweite Zahl und lege sie hinter die Trennwand.

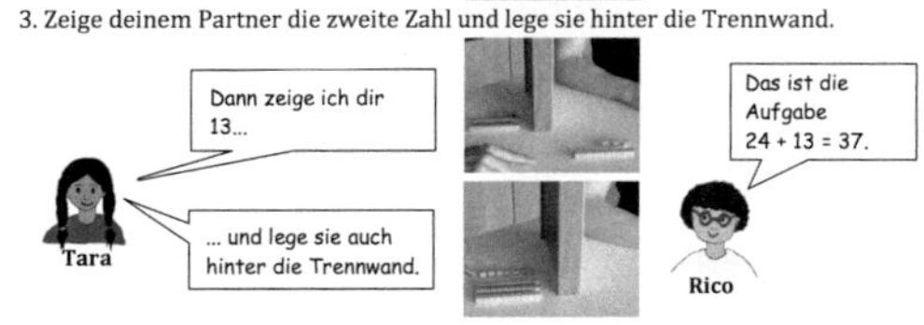

b) 1. Wähle eine Minus-Aufgabe aus dem Aufgabenpool, aber verrate sie nicht.
2. Zeige deinem Partner die erste Zahl und lege sie hinter die Trennwand.

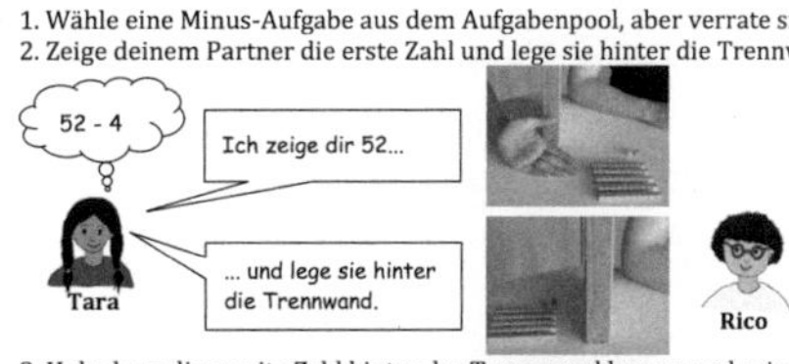

3. Hole dann die zweite Zahl hinter der Trennwand hervor und zeige sie deinem Partner.

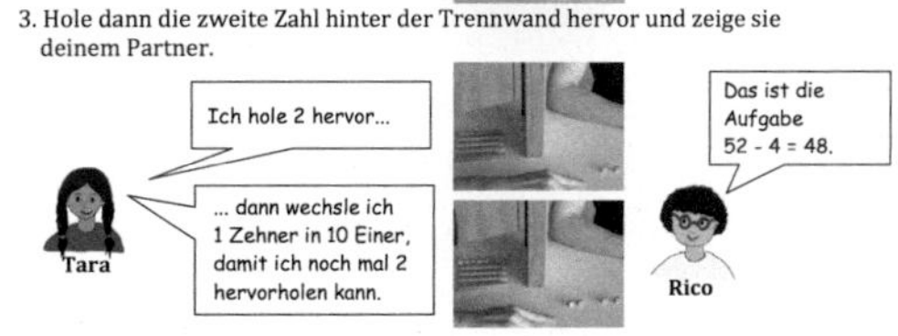

4 Additions- und Subtraktions-Aufgaben am Zahlenstrahl

4.1 Erarbeiten (10 - 15 Minuten)

Ziel: Addition und Subtraktion mittels ihrer Darstellung am Zahlenstrahl verstehen

Material: -

Umsetzung: a), b) jeweils ggf. PA, dann UG

Hintergrund: Den Lernenden soll das Addieren als Vorgehen und das Subtrahieren als Zurückgehen und Bestimmen einer neuen Position in der Zahlenreihe deutlich werden (ordinaler Zahlaspekt).

Impuls: Die vorgegebenen Wörter sind nicht selbsterklärend und sollten bei der Beschreibung des Rechenwegs mit Inhalt gefüllt werden, z.B. Was bedeutet ein *Sprung*? Warum nennen wir die Zahl 45 *Zwischenergebnis*?

4.1 Vor- und Zurückspringen

a) Tara rechnet die Aufgabe 35 + 18 am Zahlenstrahl. Erkläre ihren Rechenweg. Die Wörter können dir helfen.

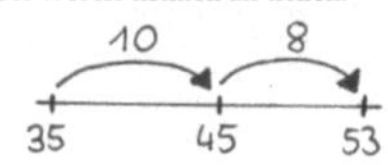

Startzahl | Zwischenergebnis | Sprung | Endergebnis

b) Rico springt am Zahlenstrahl zurück? Wie heißt die Aufgabe und der Rechenweg?

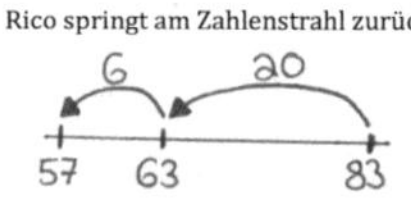

4.2 Erarbeiten und Üben (20 - 25 Minuten)

Ziel: Additions- und Subtraktionsaufgaben am Zahlenstrahl mit verschiedenen Rechenwegen lösen

Material: -

Umsetzung: a) EA; b) ggf. PA, dann UG; c) EA

Hintergrund: Das eigene Vorgehen und die Rechenwege anderer Schülerinnen und Schüler vergleichen und bewerten, um den Zahlenstrahl als Hilfsmittel zum (flexiblen) Rechnen zu erarbeiten.
Es gibt nicht nur einen richtigen Rechenweg am Zahlenstrahl. Vielmehr eignet sich der Zahlenstrahl gerade auch bei individuellen Rechenwegen dazu, den Überblick über die einzelnen Rechenschritte zu behalten und diese nachvollziehbar zu dokumentieren.
Der Schwierigkeitsgrad der Aufgaben ist relativ hoch gewählt, damit der Zahlenstrahl als nützliches Hilfsmittel für die Orientierung beim Rechnen wahrgenommen wird.

Methode: Die Lernenden können ihre Rechenwege auf DIN-A4 Blättern notieren, um die Lösungswege in der Lerngruppe besser vergleichen zu können.
Impuls: Wer hat wie Tara / Kenan / Leonie gerechnet? Wer hat noch einen anderen Rechenweg gefunden?

Weitere Aufgabe: Die Lernenden rechnen weitere Additions- und Subtraktions-Aufgaben aus dem Aufgabenpool (Schülermaterial S. 38) am Zahlenstrahl.

4.2 Rechenwege am Zahlenstrahl

a) Rechne die Aufgabe 97 + 46 am Zahlenstrahl in deinem Heft.

b) So haben andere Kinder die Aufgabe 97 + 46 gerechnet.
Vergleiche die Rechenwege: Welcher gefällt dir besonders gut? Warum?

Tara rechnet so: | Kenan rechnet so: | Leonie rechnet so:

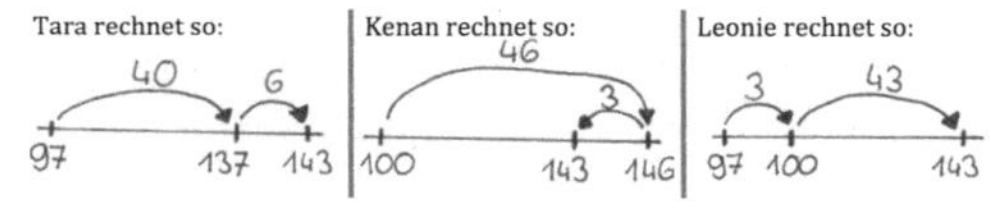

c) Löse die Aufgaben mit zwei verschiedenen Rechenwegen am Zahlenstrahl.

(1) 199 + 38 =

Rechenweg 1:

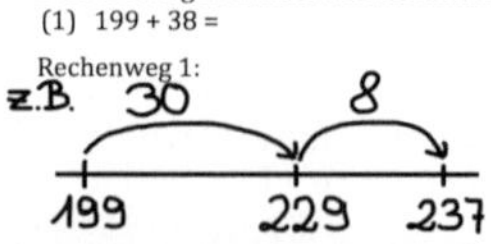

Rechenweg 2:

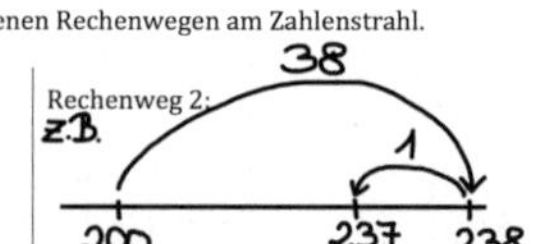

(2) 102 - 56 =

Rechenweg 1:

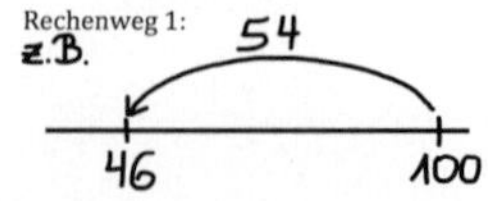

Rechenweg 2:

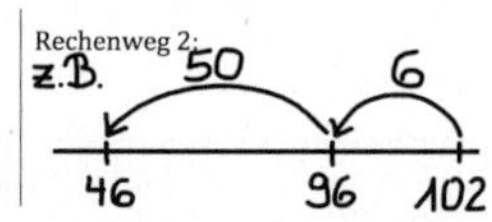

4.3	**Erarbeiten und Üben (25 - 30 Minuten)**
Ziel:	Additions- und Subtraktionsaufgaben am Zahlenstrahl in die passenden Umkehraufgaben übersetzen
Material:	-
Umsetzung:	a) EA, dann UG; b) EA; c) EA, dann PA

Typische Schwierigkeit: Die Fehlvorstellung, die zwei Bögen müssten nebeneinander gezeichnet werden, berücksichtigt nicht, dass die Zahlen 26 und 36 jeweils nur einem Platz am Zahlenstrahl zugeordnet werden dürfen. Es werden demnach ein Bogen mit unterschiedlicher Pfeilrichtung bzw. zwei übereinanderliegende Bögen mit unterschiedlicher Pfeilrichtung eingezeichnet.

Zu beachten: Die Verbindungen zwischen den Kästchen und den Aufgaben sollen noch nicht in Aufgabenteil b) eingezeichnet werden.

Hilfestellung: Die Lernenden anregen, bei ihren Erklärungen die Wörter aus Aufgabe 4.1 (Startzahl, Sprung, Zwischenergebnis, Endergebnis) zu verwenden, gegebenenfalls Wörter auf Plakat zur Verfügung stellen.

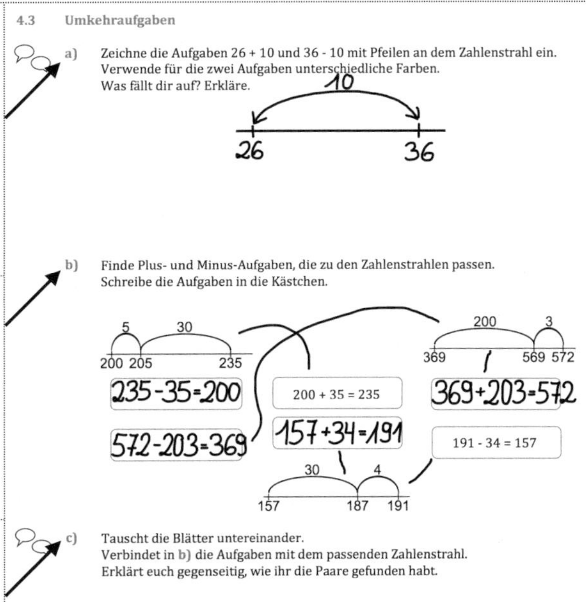
4.3 Umkehraufgaben

a) Zeichne die Aufgaben 26 + 10 und 36 - 10 mit Pfeilen an dem Zahlenstrahl ein.
Verwende für die zwei Aufgaben unterschiedliche Farben.
Was fällt dir auf? Erkläre.

b) Finde Plus- und Minus-Aufgaben, die zu den Zahlenstrahlen passen.
Schreibe die Aufgaben in die Kästchen.

c) Tauscht die Blätter untereinander.
Verbindet in b) die Aufgaben mit dem passenden Zahlenstrahl.
Erklärt euch gegenseitig, wie ihr die Paare gefunden habt.

4.4	**Üben (Aufgabengenerator)**
Ziel:	Rechenwege am Zahlenstrahl mental vorstellen und beschreiben; Anhand von Beschreibungen Rechenwege am Zahlenstrahl darstellen und die entsprechenden Additions- und Subtraktions-Aufgaben nennen
Material:	Aufgabenpool (Schülermaterial S. 38)
Umsetzung:	Aufgabengenerator (PA)

Zu beachten: Die Schülerinnen und Schüler sollen ihre Rollen (beschreiben und zeichnen) gelegentlich wechseln.

Hilfestellung: Die Lernenden anregen, bei ihren Erklärungen die Wörter aus Aufgabe 4.1 (Startzahl, Sprung, Zwischenergebnis, Endergebnis) zu verwenden, gegebenenfalls Wörter auf Plakat zur Verfügung stellen.

Differenzierung: Dadurch, dass die Schülerinnen und Schüler sich selbst die Aufgaben auswählen, können sie für sich und ihren Partner das konkrete Anforderungsniveau bestimmen.

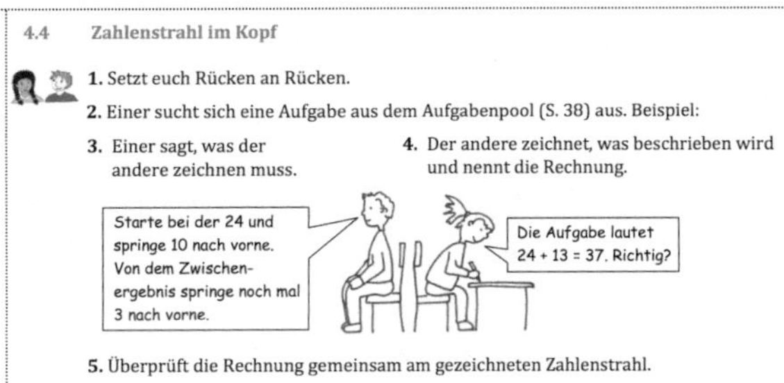
4.4 Zahlenstrahl im Kopf

1. Setzt euch Rücken an Rücken.
2. Einer sucht sich eine Aufgabe aus dem Aufgabenpool (S. 38) aus. Beispiel:
3. Einer sagt, was der andere zeichnen muss.
4. Der andere zeichnet, was beschrieben wird und nennt die Rechnung.

5. Überprüft die Rechnung gemeinsam am gezeichneten Zahlenstrahl.

4.5 **Erarbeiten (10 - 15 Minuten)**

Ziel: Abziehen und Ergänzen als zwei Grundvorstellungen der Subtraktion in Verbindung mit der jeweiligen Darstellung am Zahlenstrahl verstehen

Material: -

Umsetzung: a) EA; b), c) jeweils ggf. PA, dann UG

Impuls: Die Besonderheit hervorheben, dass *dieselbe* Aufgabe sowohl durch Vor- als auch durch Zurückspringen gelöst werden kann.
Die Rechenwege in ihrer Notation (insbesondere Sprungrichtung) und ihrer inhaltlichen Bedeutung (Abziehen / Ergänzen) vergleichen:
Warum darf Emily von der Startzahl 40 und Leonie von der Startzahl 38 ausgehen?
Warum springt Emily zurück und Leonie nach vorne?

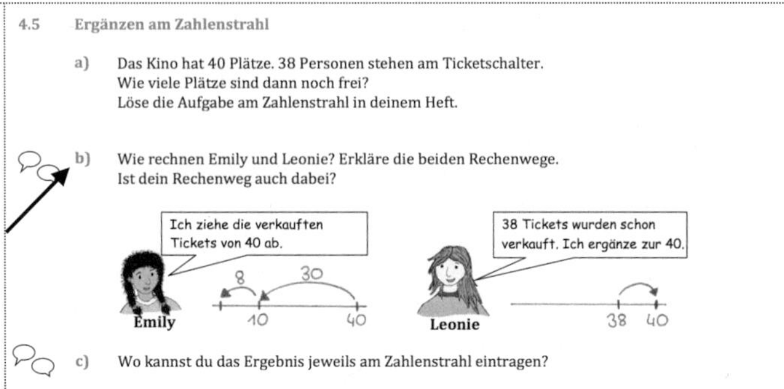
4.5 Ergänzen am Zahlenstrahl

a) Das Kino hat 40 Plätze. 38 Personen stehen am Ticketschalter.
Wie viele Plätze sind dann noch frei?
Löse die Aufgabe am Zahlenstrahl in deinem Heft.

b) Wie rechnen Emily und Leonie? Erkläre die beiden Rechenwege.
Ist dein Rechenweg auch dabei?

c) Wo kannst du das Ergebnis jeweils am Zahlenstrahl eintragen?

4.6 **Üben (25 - 30 Minuten)**

Ziel: Abziehen und Ergänzen am Zahlenstrahl durchführen, vergleichen und sich begründet für einen Rechenweg entscheiden

Material: -

Umsetzung: a), b) EA; c) UG; d) EA, dann UG; e) EA

Hilfestellung: Die Vorgehensweisen von Emily und Leonie (Notation und Beschreibung) in Aufgabe 4.5 b) dienen als Orientierung.

Lösung: In a) wird ein flexibler Rechner eher auf die Grundvorstellung des Ergänzens zurückgreifen, da Minuend und Subtrahend sehr nah beieinander liegen. In b) eignet sich hingegen eher das Abziehen, da der Subtrahend recht klein ist.

Hintergrund: Beide Rechenwege führen zum Ergebnis und insbesondere Lernende mit Schwierigkeiten sollten sich auf Dauer für die Rechenwege entscheiden dürfen, die sie am besten verstehen und durchführen können. Bei Aufgabenteil d) sollten die Lernenden dennoch erst einmal zum Reflektieren über die beiden Rechenwege angehalten werden.

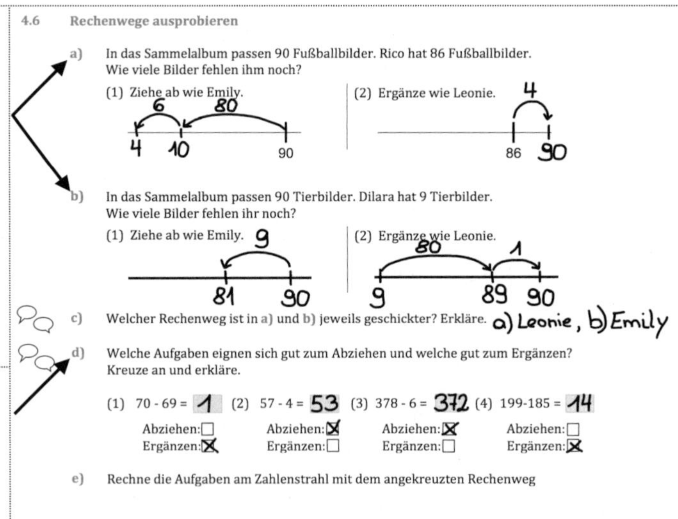
4.6 Rechenwege ausprobieren

a) In das Sammelalbum passen 90 Fußballbilder. Rico hat 86 Fußballbilder.
Wie viele Bilder fehlen ihm noch?
(1) Ziehe ab wie Emily. (2) Ergänze wie Leonie.

b) In das Sammelalbum passen 90 Tierbilder. Dilara hat 9 Tierbilder.
Wie viele Bilder fehlen ihr noch?
(1) Ziehe ab wie Emily. (2) Ergänze wie Leonie.

c) Welcher Rechenweg ist in a) und b) jeweils geschickter? Erkläre. a) Leonie, b) Emily

d) Welche Aufgaben eignen sich gut zum Abziehen und welche gut zum Ergänzen?
Kreuze an und erkläre.

(1) 70 - 69 = 1 (2) 57 - 4 = 53 (3) 378 - 6 = 372 (4) 199-185 = 14

(1)	(2)	(3)	(4)
Abziehen: ☐	Abziehen: ☒	Abziehen: ☒	Abziehen: ☐
Ergänzen: ☒	Ergänzen: ☐	Ergänzen: ☐	Ergänzen: ☒

e) Rechne die Aufgaben am Zahlenstrahl mit dem angekreuzten Rechenweg

5 Additions- und Subtraktions-Rechengeschichten

5.1 Erarbeiten (5 - 10 Minuten)

Ziel: Rechengeschichten begründet der entsprechenden Additions- bzw. Subtraktions-Aufgabe zuordnen

Material: MB: Ggf. Würfelmaterial

Umsetzung: EA, dann UG

Hilfestellung: Lernende auffordern, wichtige Textstellen zu markieren; Markierungen helfen beim Erklären, an welchen Textstellen (i. d. R. Verben) man erkennt, um welche Operation es sich handelt und wie die Zahlen zusammenhängen.
Bei Schwierigkeiten mit der Entnahme relevanter Informationen Situationen nachspielen lassen (das Würfelmaterial repräsentiert die Sammelbilder). Hierdurch wird die operative Handlung sowie der Zusammenhang der Zahlen verdeutlicht.

Lösung: Bei der rechten Rechengeschichte passen die Aufgaben 20 + _ = 35 (Ergänzen) und 35 - 20 (Abziehen) gleichermaßen, je nach aktivierter Grundvorstellung.

5.1 Plus- und Minus-Situationen

Welche Rechengeschichte und welche Aufgabe passen zusammen?
Verbinde und erkläre.

Pauls Vater hat 20 Sammelbilder. Am 35. Geburtstag bekommt er noch 15 Bilder geschenkt.	35 - 20	Miriam hat 20 Sammelbilder. Ihr Bruder hat 35 Bilder. Wie viele Bilder fehlen Miriam, damit sie gleich viele hat wie ihr Bruder?
	20 + 35	
	20 + 15	

5.2 Erarbeiten und Üben (30 - 35 Minuten)

Ziel: Kriterien für lösbare Rechengeschichten entwickeln und eigene Rechengeschichten zu vorgegebenen Additions- und Subtraktions-Aufgaben erfinden

Material: MB: Ggf. Würfelmaterial

Umsetzung: a) EA oder PA, dann UG; b) EA; c) EA, dann PA

Lösung: Aus der Situation muss die Operation deutlich werden und die Zahlen müssen in einem kontextuellen Zusammenhang miteinander und mit der Operation stehen.

Impuls: Aus den Situationen *Autorennen* und *Eisdiele* Rechengeschichten entwickeln, bei denen gerechnet werden kann.

Hilfestellung: Die ausgewählten Situationen von den Schülerinnen und Schülern nachspielen und überprüfen lassen, welche Informationen wichtig sind und in der Rechengeschichte gegeben werden müssen.

Hilfestellung: Die Schülerinnen und Schüler relevante Textstellen markieren lassen, auf die sie sich anschließend in den Erklärungen beziehen möchten.

5.2 Rechengeschichten finden

a) Bei welchen Geschichten kannst du rechnen? Verbinde und erkläre.

Auf dem Flohmarkt: Marie hat 50 Bücher. 18 Bücher verkauft sie.	50 + 18	Eisdiele: Es gibt 50 Gäste und 18 Eissorten.
Autorennen: Es sind 50 Zuschauer. Die Autos müssen 18 Runden fahren.	50 - 18	Im Kino: In der Pause bleiben 50 Personen im Kinosaal und 18 Personen gehen raus.
	Hier kann ich nicht rechnen!	

b) Erfinde zu jeder Aufgabe eine Rechengeschichte. Die Bilder können dir helfen, eine Situation zu finden. Zeichne noch keine Verbindung zu den Aufgaben ein.

Paul macht am ersten Urlaubstag 28 Fotos und am zweiten Urlaubstag 16 Fotos.	28 + 16	Lisa hat 28 €. Sie kauft sich einen Wecker für 16 €.
	28 - 16	
Oma hat 43 Gummibärchen. 12 isst sie auf.	43 + 12	Lena hat 43 Sammelbilder. Zum Geburtstag bekommt sie noch 12 Sammelbilder geschenkt.
	43 - 12	

c) Tauscht die Blätter untereinander.
Verbinde die Rechengeschichten mit den passenden Aufgaben.
Erklärt euch gegenseitig, wie ihr herausgefunden habt, was zusammen passt.

N4 A – Durchführung und Auswertung der Standortbestimmung

Dauer: 20 - 30 Minuten

Hinweise zur Durchführung:

Sollten während der Durchführung bei Aufgabe 1 oder 2 ungewöhnliche bzw. nicht verständliche Lösungen auftreten, werden die Lernenden gebeten, auf der Rückseite oder auf einem weißen Blatt Begründungen ihrer Terme zu formulieren bzw. auch ihre Strukturierungen in das Bild (insbesondere der Schokolade) zu zeichnen.

Bei Schwierigkeiten zum Begriff ‚Rechengeschichte' kann ein Verweis auf das Beispiel helfen: Hier oben im Beispiel ist eine Rechengeschichte. Jetzt sollst du zu der Aufgabe 6 · 5 eine eigene Rechengeschichte erfinden.
Bei Abgabe des Blattes sollte die Lehrkraft kontrollieren, ob Aufgabe 4 verstanden wurde. Ggf. werden die Lernenden um eine weitere Bearbeitung auf der Rückseite oder auf einem weißen Blatt gebeten.

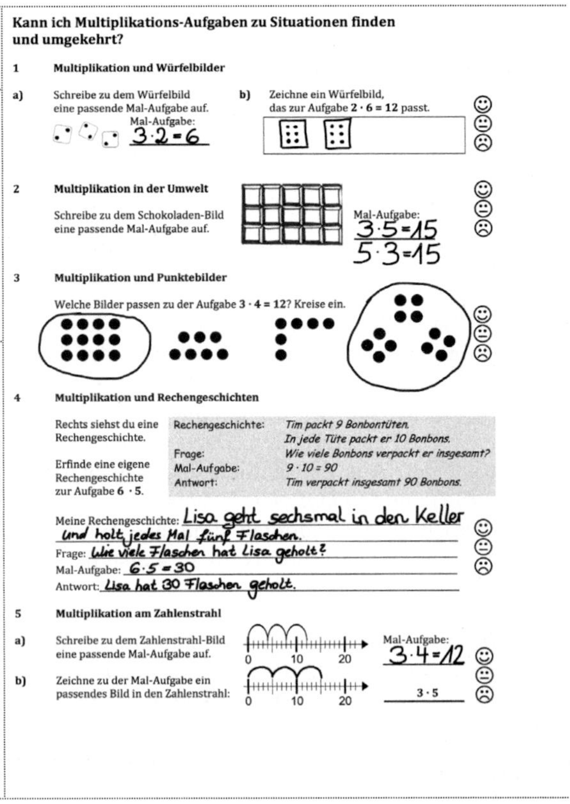
Kann ich Multiplikations-Aufgaben zu Situationen finden und umgekehrt?

1 Multiplikation und Würfelbilder

a) Schreibe zu dem Würfelbild eine passende Mal-Aufgabe auf.
Mal-Aufgabe: 3·2=6

b) Zeichne ein Würfelbild, das zur Aufgabe **2 · 6 = 12** passt.

2 Multiplikation in der Umwelt

Schreibe zu dem Schokoladen-Bild eine passende Mal-Aufgabe auf.
Mal-Aufgabe: 3·5=15
5·3=15

3 Multiplikation und Punktebilder

Welche Bilder passen zu der Aufgabe **3 · 4 = 12**? Kreise ein.

4 Multiplikation und Rechengeschichten

Rechts siehst du eine Rechengeschichte.

Erfinde eine eigene Rechengeschichte zur Aufgabe **6 · 5**.

Rechengeschichte: *Tim packt 9 Bonbontüten. In jede Tüte packt er 10 Bonbons.*
Frage: *Wie viele Bonbons verpackt er insgesamt?*
Mal-Aufgabe: *9 · 10 = 90*
Antwort: *Tim verpackt insgesamt 90 Bonbons.*

Meine Rechengeschichte: Lisa geht sechsmal in den Keller und holt jedes Mal fünf Flaschen.
Frage: Wie viele Flaschen hat Lisa geholt?
Mal-Aufgabe: 6·5=30
Antwort: Lisa hat 30 Flaschen geholt.

5 Multiplikation am Zahlenstrahl

a) Schreibe zu dem Zahlenstrahl-Bild eine passende Mal-Aufgabe auf.
Mal-Aufgabe: 3·4=12

b) Zeichne zu der Mal-Aufgabe ein passendes Bild in den Zahlenstrahl:
3 · 5

Hinweise zur Auswertung:

Diagnoseaufgabe 1: Multiplikation und Würfelbilder

Typische Fehler		Mögliche Ursache	Förderung
a)	4 · 2 oder 2 · 4	Zwei Zweien werden verknüpft, um zwei Zahlen zu erhalten, die für die Bildung einer Aufgabe notwendig sind.	Multiplikation als Zusammenfassung gleichmächtiger Teilmengen (gruppierte Darstellungen) erarbeiten (1.1 - 1.3).
	2 · 2 · 2	Alle sichtbaren Zahlen werden verwendet.	
b)	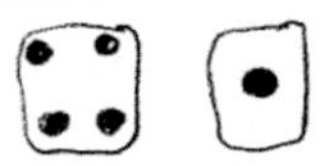	Die Lernenden übersetzen die einzelnen Symbole der Aufgabe in eine bildliche Darstellung anstelle der Struktur.	Oftmals übersetzen die Lernenden auf diese Weise trotz eines vorhandenen Verständnisses der Multiplikation: Darstellungswechsel thematisieren (1.1 - 1.3).
		In Anlehnung an den Fehler ‚4·2' bei 1a) stellen die Lernenden den Faktor 4 durch zwei Zweien dar.	

Diagnoseaufgabe 2: Multiplikation in der Umwelt

Typische Fehler		Mögliche Ursache	Förderung
	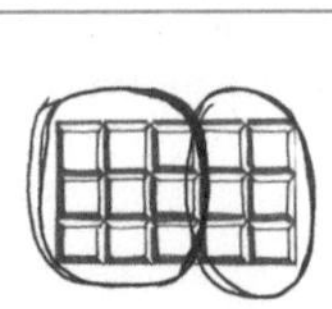 9 · 6	Das Feld wird additiv zerlegt und die Summanden dann als Faktoren genutzt.	Nur wenn Verständnis der Multiplikation als Zusammenfassung gleichmächtiger Teilmengen gesichert ist (1.1 - 1.3), Darstellungswechsel der Multiplikation an lebensweltlichen Situationen erarbeiten (2.1).
	z.B. 3 · 15 oder 5 · 5 · 5	Auf verschiedene Weisen werden Zahlen konstruiert (hier 1) Anzahl der Reihen und Gesamtanzahl; 2) Stücke pro Reihe) und diese als Faktoren genutzt.	

5 Additions- und Subtraktions-Rechengeschichten

5.1 Erarbeiten (5 - 10 Minuten)

Ziel: Rechengeschichten begründet der entsprechenden Additions- bzw. Subtraktions-Aufgabe zuordnen

Material: MB: Ggf. Würfelmaterial

Umsetzung: EA, dann UG

Hilfestellung: Lernende auffordern, wichtige Textstellen zu markieren; Markierungen helfen beim Erklären, an welchen Textstellen (i. d. R. Verben) man erkennt, um welche Operation es sich handelt und wie die Zahlen zusammenhängen.
Bei Schwierigkeiten mit der Entnahme relevanter Informationen Situationen nachspielen lassen (das Würfelmaterial repräsentiert die Sammelbilder). Hierdurch wird die operative Handlung sowie der Zusammenhang der Zahlen verdeutlicht.

Lösung: Bei der rechten Rechengeschichte passen die Aufgaben 20 + _ = 35 (Ergänzen) und 35 - 20 (Abziehen) gleichermaßen, je nach aktivierter Grundvorstellung.

5.1 Plus- und Minus-Situationen

Welche Rechengeschichte und welche Aufgabe passen zusammen? Verbinde und erkläre.

Pauls Vater hat 20 Sammelbilder. Am 35. Geburtstag bekommt er noch 15 Bilder geschenkt.	35 - 20	Miriam hat 20 Sammelbilder. Ihr Bruder hat 35 Bilder. Wie viele Bilder fehlen Miriam, damit sie gleich viele hat wie ihr Bruder?
	20 + 35	
	20 + 15	

5.2 Erarbeiten und Üben (30 - 35 Minuten)

Ziel: Kriterien für lösbare Rechengeschichten entwickeln und eigene Rechengeschichten zu vorgegebenen Additions- und Subtraktions-Aufgaben erfinden

Material: MB: Ggf. Würfelmaterial

Umsetzung: a) EA oder PA, dann UG; b) EA; c) EA, dann PA

Lösung: Aus der Situation muss die Operation deutlich werden und die Zahlen müssen in einem kontextuellen Zusammenhang miteinander und mit der Operation stehen.

Impuls: Aus den Situationen *Autorennen* und *Eisdiele* Rechengeschichten entwickeln, bei denen gerechnet werden kann.

Hilfestellung: Die ausgewählten Situationen von den Schülerinnen und Schülern nachspielen und überprüfen lassen, welche Informationen wichtig sind und in der Rechengeschichte gegeben werden müssen.

Hilfestellung: Die Schülerinnen und Schüler relevante Textstellen markieren lassen, auf die sie sich anschließend in den Erklärungen beziehen möchten.

5.2 Rechengeschichten finden

a) Bei welchen Geschichten kannst du rechnen? Verbinde und erkläre.

Auf dem Flohmarkt: Marie hat 50 Bücher. 18 Bücher verkauft sie.	50 + 18	Eisdiele: Es gibt 50 Gäste und 18 Eissorten.
Autorennen: Es sind 50 Zuschauer. Die Autos müssen 18 Runden fahren.	50 - 18	Im Kino: In der Pause bleiben 50 Personen im Kinosaal und 18 Personen gehen raus.
	Hier kann ich nicht rechnen!	

b) Erfinde zu jeder Aufgabe eine Rechengeschichte. Die Bilder können dir helfen, eine Situation zu finden. Zeichne noch keine Verbindung zu den Aufgaben ein.

Paul macht am ersten Urlaubstag 28 Fotos und am zweiten Urlaubstag 16 Fotos.	28 + 16	Lisa hat 28 €. Sie kauft sich einen Wecker für 16 €.
	28 - 16	
Oma hat 43 Gummibärchen. 12 isst sie auf.	43 + 12	Lena hat 43 Sammelbilder. Zum Geburtstag bekommt sie noch 12 Sammelbilder geschenkt.
	43 - 12	

c) Tauscht die Blätter untereinander.
Verbinde die Rechengeschichten mit den passenden Aufgaben.
Erklärt euch gegenseitig, wie ihr herausgefunden habt, was zusammen passt.

N4 A Multiplikations-Aufgaben zu Situationen finden und umgekehrt – Didaktischer Hintergrund

Lerninhalt

Ein tragfähiges Operationsverständnis der Multiplikation ist von besonderer Bedeutung für das weitere Lernen in der Sekundarstufe. Einerseits stellt es die Grundlage für das Verstehen von Rechenwegen und -gesetzen dar. Andererseits wird es benötigt, um multiplikative Situationen als solche (auch im Alltag) erkennen und nutzen zu können. Studien zeigen jedoch auf, dass gerade schwächere Lernende kein ausreichendes Verständnis der Multiplikation besitzen (Bönig 1995). Stattdessen fokussieren sie sich auf das Auswendig-Wissen von Einmaleins-Aufgaben ohne zu hinterfragen, was Multiplikation überhaupt bedeutet.

In diesem Baustein geht es um den Erwerb der Kompetenz, multiplikative Strukturen in verschiedenen Darstellungen zu deuten und ineinander zu übersetzen. Im Vordergrund stehen dabei immer Begründungen der Lernenden zu der Frage „Warum passen Multiplikations-Aufgabe und Bild (bzw. Rechen-geschichte) zusammen?". Die Lernenden übersetzen zwischen Würfelbildern, lebenswirklichen Bildern, Punktefeldern, Rechengeschichten und Zahlenstrahl-Darstellungen. Dabei lernen sie, die multiplikative *Relation* zwischen Term und Bild abzugleichen (Das Bild passt zur Aufgabe 3 · 5, wenn ich drei Fünfer erkennen kann), anstatt sich auf *Einzelelemente* zu beschränken (Das Bild passt, wenn ich eine 3 und eine 5 sehen kann) oder ausschließlich auf das *Ergebnis* zu achten (Das Bild passt, wenn ich 15 erkennen kann) (Kuhnke 2013).

In Punktefeldern lässt sich das Kommutativgesetz und seine Allgemeingültigkeit erkennen. In gruppierten und linearen Darstellungen (z.B. Würfelbilder und Zahlenstrahlabbildungen) besitzen Multiplikator und Multiplikand hingegen grundsätzlich verschiedene Rollen. Diese zu verstehen, ist für das Verständnis der Multiplikation bedeutsam, weshalb die Bedeutung der einzelnen Faktoren durchgängig thematisiert und hinterfragt werden sollte.

ACHTUNG: Oftmals lernen die Schülerinnen und Schüler im Mathematikunterricht der Grundschule, dass der erste Faktor die Rolle des Multiplikators (wie viele Gruppen?) und der zweite Faktor die Rolle des Multiplikanden (wie viele Elemente in jeder Gruppe?) besitzt. Insbesondere Lernende mit anderen Erstsprachen (z.B. türkisch) können ggf. an andere Konventionen gewöhnt sein. Solche Konventionen müssen erneut besprochen werden.

Veranschaulichung und Material

Flächige Darstellungen und Punktefelder

Punktefelder sind die wichtigsten Darstellungen der Multiplikation, insbesondere durch ihre Nutzungsmöglichkeit für die Veranschaulichung von Rechengesetzen und für multiplikative Strukturen in anderen Zahlbereichen und der Algebra (Wittmann / Müller 1990, S. 110 - 116). Bei der Thematisierung von multiplikativen Deutungen in Punktefeldern ist zu erarbeiten, warum in einem rechteckigen Punktefeld eine Multiplikation gesehen werden kann. Ohne dieses Verständnis orientieren sich die Lernenden leicht ausschließlich daran, beim Punktefeld die Randpunkte zu zählen, um eine passende Aufgabe zu finden.

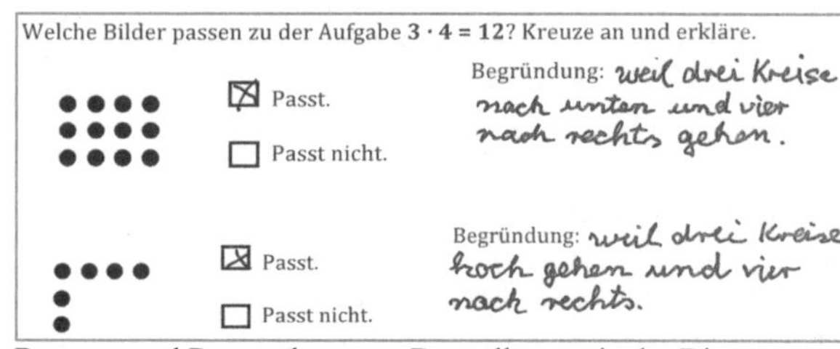

Deutung und Begründung von Darstellungen in der Diagnose zur Multiplikation

In Grundschulbüchern wird meist einheitlich die Konvention genutzt, dass die Anzahl der Zeilen durch den Multiplikator, die Anzahl der Spalten des Punktefeldes durch den Multiplikanden angegeben wird. Den Lernenden sollte verdeutlicht werden, dass es sich hierbei nur um eine Vereinbarung zur einheitlichen Kommunikation über die Punktefelder handelt, während grundsätzlich flexible Strukturierungen des Punktefeldes wünschenswert sind (vgl. Aufgabe 3.1).

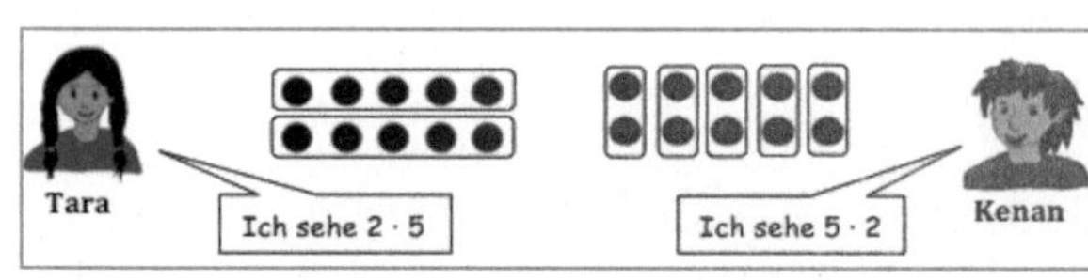

Mögliche multiplikative Strukturierungen von Punktefeldern

Um den Lernenden das Arbeiten mit Punktefeldern zu erleichtern, wird das Hunderterpunktefeld in Verbindung mit dem Malwinkel genutzt (vgl. Aufgabe 3.1 und 3.3). Eine Beschreibung des Materials findet sich in Baustein **N6 B**.

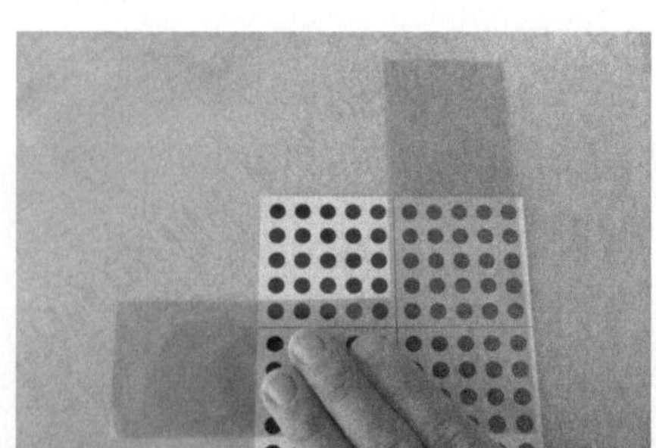

Das Hunderterpunktefeld mit Malwinkel

Gruppierte Darstellung und Würfelbilder

Die Multiplikation in gruppierten Darstellungen zu erkennen, fällt einigen Lernenden besonders schwer, da nicht beide Faktoren als Objekte sichtbar sind, sondern der Multiplikator (1. Faktor) nur als Anzahl von Gruppen vorliegt (vgl. Abbildung: drei Vierergruppen).

Deutung und Begründung einer Darstellung in der Diagnose zur Multiplikation

Gruppierte Darstellungen werden in der Fördereinheit 1 genutzt, um das grundlegende Verständnis der Multiplikation als Zusammenfassung gleichmächtiger Gruppen (bzw. rechnerisch als wiederholte Addition gleicher Summanden) zu erarbeiten. Dazu werden Würfelbilder verwendet. Aus der zeitlich-sukzessiven Handlung des Würfelns (*einmal vier*, *zweimal vier*, *dreimal vier* würfeln) wird das räumlich-simultane Würfelbild *dreimal vier* und der passende Term 3 · 4 erstellt.

Lineare Darstellung

Für die Erarbeitung linearer Vorstellungen zur Multiplikation wird in diesem Baustein der Zahlenstrahl genutzt, an welchem sich die Multiplikation als eine Reihe gleichgroßer Sprünge darstellen lässt (vgl. Wittmann / Müller 2012, S. 72 - 77; Schipper 2009, S. 148). Dieses Verständnis ist beispielsweise auch bei der Multiplikation von Dezimalzahlen bedeutsam und wird dort wieder aufgegriffen (Bausteine **D4 A** und **D4 B**, Förderbausteine Brüche, Prozente, Dezimalzahlen). Für die Erarbeitung ist ein grundlegendes Verständnis des Zahlenstrahls Voraussetzung (Baustein **N2**).

Sachsituationen in Wort und Bild

Gerade bei Lernenden, deren Verständnis der Multiplikation bislang auf das Faktenwissen von Einmaleins-Auf-gaben beschränkt war, ist es notwendig, einfache Umweltbezüge in Bildern (Fördereinheit 2) oder Rechengeschichten (Fördereinheit 4) mit Mal-Aufgaben in Beziehung zu setzen, um die Multiplikation für verschiedene Sachsituationen anwendbar zu machen. Die Fördereinheiten fordern Begründungen ein, weshalb ein Bild oder eine Rechengeschichte zu einer Multiplikation passt (bzw. sich mit dieser berechnen lässt).

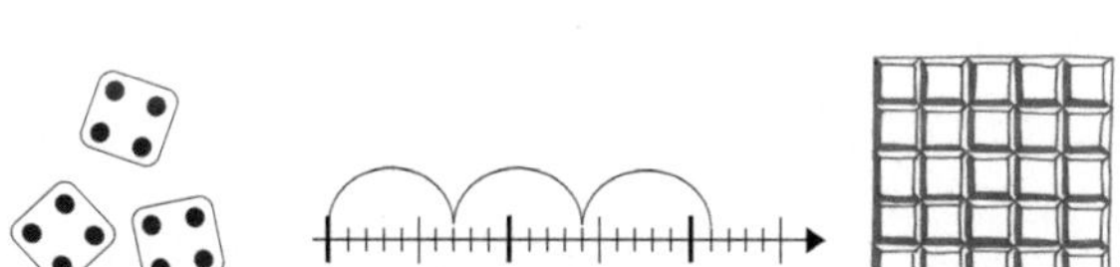

Verschiedene Darstellungen der Aufgabe 3 · 4 – Würfelbild, Zahlenstrahl und Sachsituation

Aufbau der Förderung

Die Förderung besteht aus fünf Fördereinheiten:

1 Multiplikation und Würfelbilder
2 Multiplikation in der Umwelt
3 Multiplikation und Punktebilder
4 Multiplikation und Rechengeschichten
5 Multiplikation am Zahlenstrahl

Dieser Baustein beginnt in Fördereinheit 1 mit der Erarbeitung eines Verständnisses von gruppierten Darstellungen und Würfelbildern. Durch ein Würfelspiel steht zunächst das zeitlich-sukzessive Herstellen von multiplikativen Strukturen im Vordergrund, das anschließend mit statischen Würfelbildern in Beziehung gesetzt wird.

In Fördereinheit 2 werden Darstellungswechsel zwischen bildlichen Darstellungen mit alltagsweltlichem Bezug und Termen erarbeitet. Bei der Arbeit mit Punktefeldern setzen sich die Lernenden in Fördereinheit 3 mit Übersetzungsprozessen zwischen Multiplikations-Aufgaben und flächigen Darstellungen auseinander. Durch die Nutzung eines Hunderterpunktefeldes und eines Malwinkels vertiefen und automatisieren die Lernenden in dieser Fördereinheit das Finden eines passenden Punktebildes zum Term und andersrum.

In Fördereinheit 4 erstellen die Lernenden eigene Rechengeschichten zu vorgegebenen Bildern oder Termen und bewerten, ob eine gegebene Rechengeschichte zu einer Multiplikationsaufgabe passt.

Fördereinheit 5 erarbeitet anhand des Zahlenstrahls lineare Vorstellungen zur Multiplikation und vertieft diese durch verschiedene Übungsformate.

Literatur

Bönig, D. (1995): Multiplikation und Division. Empirische Untersuchung zum Operationsverständnis bei Grundschülern. Münster: Waxmann.

Kuhnke, K. (2013): Vorgehensweisen von Grundschulkindern beim Darstellungswechsel: Eine Untersuchung am Beispiel der Multiplikation im 2. Schuljahr. Springer Spektrum: Wiesbaden.

Schipper, W. (2009): Handbuch für den Mathematikunterricht an Grundschulen. Braunschweig: Westermann Schroedel.

Wittmann, E. Ch. / Müller, G.N. (1990): Handbuch produktiver Rechenübungen. Band 1 – Vom Einspluseins zum Einmaleins. Stuttgart: Klett.

Wittmann, E. / Müller, G.N. (2012): Das Zahlenbuch 2. Stuttgart: Klett.

N4 A – Durchführung und Auswertung der Standortbestimmung

Dauer: 20 - 30 Minuten

Hinweise zur Durchführung:

Sollten während der Durchführung bei Aufgabe 1 oder 2 ungewöhnliche bzw. nicht verständliche Lösungen auftreten, werden die Lernenden gebeten, auf der Rückseite oder auf einem weißen Blatt Begründungen ihrer Terme zu formulieren bzw. auch ihre Strukturierungen in das Bild (insbesondere der Schokolade) zu zeichnen.

Bei Schwierigkeiten zum Begriff ,Rechengeschichte' kann ein Verweis auf das Beispiel helfen: Hier oben im Beispiel ist eine Rechengeschichte. Jetzt sollst du zu der Aufgabe 6 · 5 eine eigene Rechengeschichte erfinden.
Bei Abgabe des Blattes sollte die Lehrkraft kontrollieren, ob Aufgabe 4 verstanden wurde. Ggf. werden die Lernenden um eine weitere Bearbeitung auf der Rückseite oder auf einem weißen Blatt gebeten.

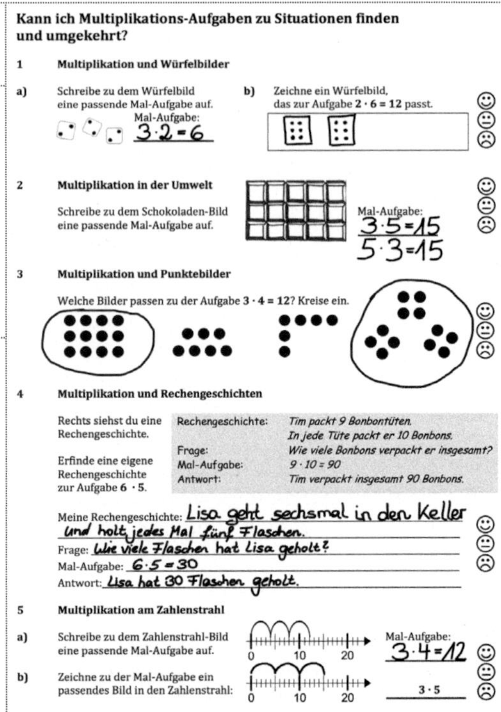

Kann ich Multiplikations-Aufgaben zu Situationen finden und umgekehrt?

1 Multiplikation und Würfelbilder

a) Schreibe zu dem Würfelbild eine passende Mal-Aufgabe auf.
Mal-Aufgabe: 3·2=6

b) Zeichne ein Würfelbild, das zur Aufgabe **2 · 6 = 12** passt.

2 Multiplikation in der Umwelt

Schreibe zu dem Schokoladen-Bild eine passende Mal-Aufgabe auf.
Mal-Aufgabe: 3·5=15
5·3=15

3 Multiplikation und Punktebilder

Welche Bilder passen zu der Aufgabe **3 · 4 = 12**? Kreise ein.

4 Multiplikation und Rechengeschichten

Rechts siehst du eine Rechengeschichte.

Erfinde eine eigene Rechengeschichte zur Aufgabe **6 · 5**.

Rechengeschichte: *Tim packt 9 Bonbontüten. In jede Tüte packt er 10 Bonbons.*
Frage: *Wie viele Bonbons verpackt er insgesamt?*
Mal-Aufgabe: *9 · 10 = 90*
Antwort: *Tim verpackt insgesamt 90 Bonbons.*

Meine Rechengeschichte: Lisa geht sechsmal in den Keller und holt jedes Mal fünf Flaschen.
Frage: Wie viele Flaschen hat Lisa geholt?
Mal-Aufgabe: 6·5=30
Antwort: Lisa hat 30 Flaschen geholt.

5 Multiplikation am Zahlenstrahl

a) Schreibe zu dem Zahlenstrahl-Bild eine passende Mal-Aufgabe auf.
Mal-Aufgabe: 3·4=12

b) Zeichne zu der Mal-Aufgabe ein passendes Bild in den Zahlenstrahl:
3 · 5

Hinweise zur Auswertung:

Diagnoseaufgabe 1: Multiplikation und Würfelbilder

Typische Fehler		Mögliche Ursache	Förderung
a)	4 · 2 oder 2 · 4	Zwei Zweien werden verknüpft, um zwei Zahlen zu erhalten, die für die Bildung einer Aufgabe notwendig sind.	Multiplikation als Zusammenfassung gleichmächtiger Teilmengen (gruppierte Darstellungen) erarbeiten (1.1 - 1.3).
	2 · 2 · 2	Alle sichtbaren Zahlen werden verwendet.	
b)	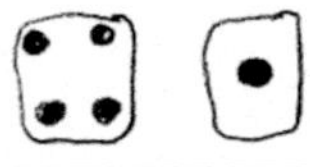	Die Lernenden übersetzen die einzelnen Symbole der Aufgabe in eine bildliche Darstellung anstelle der Struktur.	Oftmals übersetzen die Lernenden auf diese Weise trotz eines vorhandenen Verständnisses der Multiplikation: Darstellungswechsel thematisieren (1.1 - 1.3).
		In Anlehnung an den Fehler ,4·2' bei 1a) stellen die Lernenden den Faktor 4 durch zwei Zweien dar.	

Diagnoseaufgabe 2: Multiplikation in der Umwelt

Typische Fehler		Mögliche Ursache	Förderung
	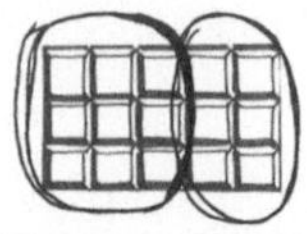 9 · 6	Das Feld wird additiv zerlegt und die Summanden dann als Faktoren genutzt.	Nur wenn Verständnis der Multiplikation als Zusammenfassung gleichmächtiger Teilmengen gesichert ist (1.1 - 1.3), Darstellungswechsel der Multiplikation an lebensweltlichen Situationen erarbeiten (2.1).
	z.B. 3 · 15 oder 5 · 5 · 5	Auf verschiedene Weisen werden Zahlen konstruiert (hier 1) Anzahl der Reihen und Gesamtanzahl; 2) Stücke pro Reihe) und diese als Faktoren genutzt.	

Diagnoseaufgabe 3: Multiplikation und Punktbilder

Typische Fehler		Mögliche Ursache	Förderung
1)	 ☐ Passt. ☒ Passt nicht. Begründung: weil es zu wenig Kreise sind.	Falsche Lösung beruht auf einem Verzählen beim Bestimmen der Anzahl der Punkte.	Verständnis mdl. überprüfen. Multiplikation in flächigen Darstellungen thematisieren (3.1 - 3.3).
2)	 ☒ Passt. ☐ Passt nicht. Weil hier sieben Punkte giebt 3punkte oben und 4 Punkte unten.	Die einzelnen Faktoren werden als Anzahlen in dem Bild interpretiert, die multiplikative Struktur wird ignoriert.	Oftmals übersetzen die Lernenden auf diese Weise trotz eines vorhandenen Verständnisses der Multiplikation: Darstellungswechsel thematisieren (3.2).
3)	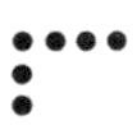 ☒ Passt. ☐ Passt nicht. Begründung: Dieses Bild passt weil da die gleiche Aufgabeist wie oben.	Rechteckskonvention: Winkel eines Rechtecks wird mit Multiplikation identifiziert.	Multiplikation in flächigen Darstellungen (3.2) thematisieren und Begründungen für multiplikative Deutungen erarbeiten.
4)	 ☐ Passt. ☒ Passt nicht.	Gruppierte Darstellungen sind nicht bekannt.	Verständnis gruppierter Darstellungen überprüfen und ggf. erarbeiten (1.1 - 1.3).

Diagnoseaufgabe 4: Multiplikation und Rechengeschichten

Typische Fehler		Mögliche Ursache	Förderung
	Ich habe 6 Bombons und esse 5 6 · 5 = 30	Geschichte passt zu einer anderen Operation (vorwiegend Subtraktion).	Wechselseitige Übersetzungen von multiplikativen Handlungen und Termen erarbeiten (4.1 - 4.4).
	Anna hat heute Geburtstag. Sie wird 6 Jahre alt. Sie hat 5 Freundinnen eingeladen. 6 · 5 = 30	Geschichte lässt keine mathematische Operation zu.	
	Meine Rechengeschichte: In 3 Autos fahren immer 5 Leute. Frage: Wie viele fahren? Mal-Aufgabe: 3 · 5 = 15 Antwort: 15 Leute fahren mit.	Die Operation ist richtig, jedoch werden die Zahlen verändert.	Verständnis überprüfen. Meist kein Förderbedarf vorhanden, nicht selten Flüchtigkeitsfehler.

Diagnoseaufgabe 5: Multiplikation am Zahlenstrahl

Typische Fehler		Mögliche Ursache	Förderung
a)	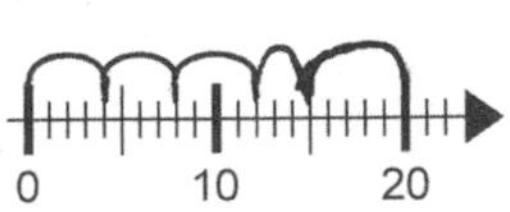 Mal-Aufgabe: 3 · 2 = 6	Nur die Anzahl der Bögen wird betrachtet, nicht die Länge. Oftmals werden Bögen bis zur 20 ergänzt.	Oftmals kein Verständnis des Zahlenstrahls vorhanden (Baustein **N2**). Lineare Darstellungen der Multiplikation am Zahlenstrahl erarbeiten (5.1 - 5.3).
	5 · 4 = 20	Es werden Aufgaben zu den sichtbaren Zahlen 10 oder 20 konstruiert.	
	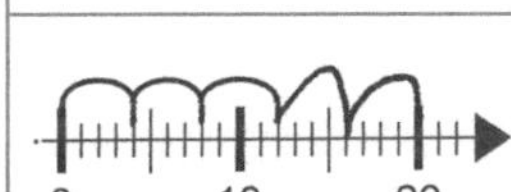 Mal-Aufgabe: 4 · 5 = 20	Die fehlenden Bögen werden ergänzt und dann multiplikativ betrachtet.	Aufgabenverständnis mündlich überprüfen. Oftmals kein Förderbedarf.
b)	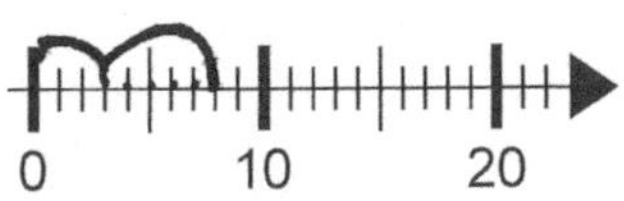	Die Faktoren 3 und 5 werden einzeln übersetzt und bildlich dargestellt.	Oftmals kein Verständnis des Zahlenstrahls vorhanden (Baustein **N2**). Lineare Darstellungen der Multiplikation am Zahlenstrahl erarbeiten (5.1 - 5.3).

1 Multiplikation und Würfelbilder

1.1 Erarbeiten (35 - 45 Minuten)

Ziel: Multiplikation als effizienten Rechenweg bei der Berechnung von Würfelpunkten verstehen; Zusammenhang zwischen Addition und Multiplikation erkennen und erklären

Material: MB: a) 5 Würfel pro Schüler, b, d) ggf. 10 Würfel pro Gruppe

Umsetzung: a) Spiel (GA), dann UG; b) EA; c) UG; d) EA

Impuls: Begriffe *Multiplikation* und *Mal-Aufgabe* als Synonyme thematisieren.

Hintergrund: Spiel mündlich erklären. Jeder Spieler würfelt dreimal hintereinander. Nach dem 1. Wurf entscheidet er sich für eine Augenzahl, die er sammelt (i.d.R. eine Zahl, die im 1. Wurf oft vorkommt) und legt Würfel mit dieser Augenzahl beiseite. Beim 2. und beim 3. Wurf mit den restlichen Würfeln legt er jeweils weitere Würfel mit dieser Augenzahl beiseite. Am Ende zählen nur die Augen der Würfel mit gleicher Augenzahl. (Vereinfachte Form des Spiels *Kniffel*)

Hilfestellung: Begriffe der ersten zwei Spalten (Anzahl, Augenzahl) klären.

Reflexion: Rechnungen (Addition, Multiplikation) vergleichen lassen. Erklärungen einfordern: Wieso kannst du hier 3 · 5 rechnen?

1.1 Ein Würfelspiel

a) Protokolliert euer Spiel in der Tabelle, jeder seine Würfe auf seinem Blatt.

z.B.

	Anzahl der Würfel	Gesammelte Augenzahl	Rechnung	Punkte	Gewinner
1.	4	3	4 · 3 = 12	12	Emily
2.					
3.					
4.					
5.					

b) Jonas holt sich 10 Würfel aus der Würfelkiste. Damit legt er lauter Dreien. Wie viele Punkte sind das?

30 

Methode: Aufgabe c) muss abgedeckt oder Aufgabe b) mündlich gestellt werden (z.B. mit 10 Würfeln auf dem Tisch).

Impuls: Welcher Rechenweg ist eurem am ähnlichsten? Wie findest du Jonas Rechenweg? Wieso kann Jonas so rechnen?

c) Emily, Jonas und Kenan haben die Punkte so bestimmt:

Emily:	Kenan:
 15 15 15 + 15 = 30	10 Dreien: 3+3+3+3+3 +3+3+3+3+3 = 30
	Jonas: 10 · 3 = 30

Beschreibe, wie die Kinder rechnen.
Welche Unterschiede gibt es zwischen den Rechenwegen?

Reflexion: Rechenwege vergleichen. Rechne so wie Jonas.

d) Jonas überlegt:

Jonas

Wenn ich mit zehn Würfeln Fünfen lege, wie viele Punkte wären das dann insgesamt?

50

Wie rechnest du diese Aufgabe? Schreibe deinen Rechenweg auf.

1.2 **Erarbeiten (15 - 20 Minuten)**

Ziel: Beziehungen zwischen Addition und Multiplikation verstehen; Zwischen gruppierten Darstellungen und Termen wechseln und Darstellungswechsel erklären

Material: -

Umsetzung: a) EA; b) UG; c) EA, dann UG

Impuls: Wenn Beispiele genutzt werden: Warum klappt das *immer*?

Hintergrund: Rolle des Multiplikators und Multiplikanden klären. Woher weiß ich, wie viele Summanden die Plus-Aufgabe hat?

Impuls: Wie findest du die passende Mal-Aufgabe? Typische Schwierigkeit: bei (1) 6 · 6 · 6 (sichtbare Einzelelemente verwendet). Besprochener Zusammenhang zwischen Addition und Multiplikation hilft bei der Klärung, dass 6 · 6 · 6 nicht passt.

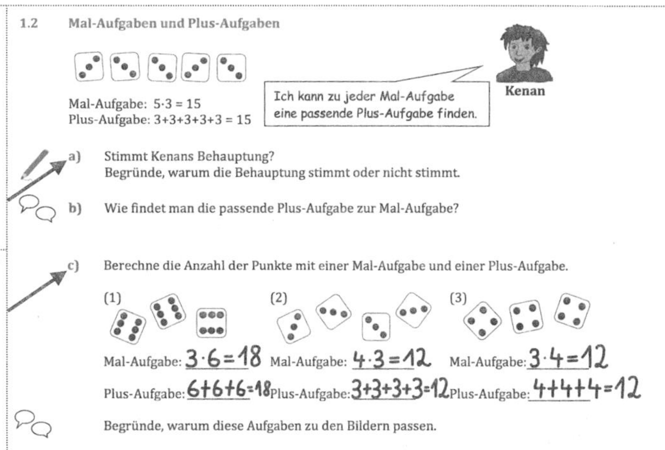
1.2 Mal-Aufgaben und Plus-Aufgaben

Mal-Aufgabe: 5·3 = 15
Plus-Aufgabe: 3+3+3+3+3 = 15

a) Stimmt Kenans Behauptung?
Begründe, warum die Behauptung stimmt oder nicht stimmt.

b) Wie findet man die passende Plus-Aufgabe zur Mal-Aufgabe?

c) Berechne die Anzahl der Punkte mit einer Mal-Aufgabe und einer Plus-Aufgabe.

(1) Mal-Aufgabe: 3·6=18 Plus-Aufgabe: 6+6+6=18
(2) Mal-Aufgabe: 4·3=12 Plus-Aufgabe: 3+3+3+3=12
(3) Mal-Aufgabe: 3·4=12 Plus-Aufgabe: 4+4+4=12

Begründe, warum diese Aufgaben zu den Bildern passen.

1.3 **Üben (5 - 10 Minuten zzgl. Aufgabengeneratoren)**

Ziel: Erarbeitete Darstellungswechsel zwischen Bildern und Termen automatisieren

Material: MB: 5 Würfel (ggf. auch 10 Würfel)

Umsetzung: a), b) Aufgabengenerator (PA); c) EA, PA, dann UG

Hintergrund: Ist der Multiplikand größer als 6, lässt sich die Aufgabe mit Würfeln nicht darstellen. Dies wird von den Lernenden erkannt und kann thematisiert werden. Gleiches gilt für den Multiplikator je nach verwendeter Würfelanzahl.

Typische Schwierigkeit: Die einzelnen Faktoren werden dargestellt. Zum Term 4 · 5 legen die Lernenden eine vier, eine fünf und teilweise sogar eine eins als Mal-Zeichen. Verweis auf Aufgabe 1.2 oder 1.3a) kann bei der Klärung helfen.

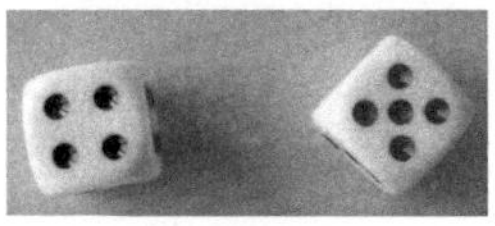

Weitere Aufgabe: Bei beiden Teilaufgaben auf zehn Würfel erweitern.

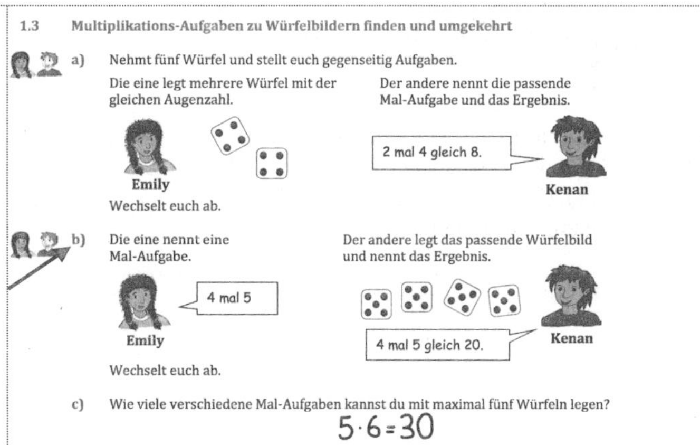
1.3 Multiplikations-Aufgaben zu Würfelbildern finden und umgekehrt

a) Nehmt fünf Würfel und stellt euch gegenseitig Aufgaben.
Die eine legt mehrere Würfel mit der gleichen Augenzahl.
Der andere nennt die passende Mal-Aufgabe und das Ergebnis.

Wechselt euch ab.

b) Die eine nennt eine Mal-Aufgabe.
Der andere legt das passende Würfelbild und nennt das Ergebnis.

Wechselt euch ab.

c) Wie viele verschiedene Mal-Aufgaben kannst du mit maximal fünf Würfeln legen?
5·6=30

2 Multiplikation in der Umwelt

2.1 Erarbeiten (20 - 30 Minuten)

Ziel: Zwischen Multiplikation in lebensweltlichen Bildern und Termen wechseln und Darstellungswechsel erklären

Material: -

Umsetzung: a) UG; b) EA, dann UG; c) EA; d) EA, dann UG

Impuls: Wie wärst du vorgegangen?
Wie hättest du noch rechnen können?

Weitere Aufgabe: Schaut euch im Klassenraum (in der Schule o.Ä.) um. Findet ihr Gegenstände, zu denen ihr auch eine passende Mal-Aufgabe finden könnt?

Impuls: Unterschiede und Gemeinsamkeiten zwischen Aufgabe (2) und (3) klären, die trotz Termgleichheit bestehen.

Impuls: Räumliche Vorstellung einer Multiplikation im Rechteckfeld thematisieren, wenn Lernende diese bei der Erklärung nutzen („Ich habe geguckt, wie viele nach unten und wie viele nach rechts gehen.“).

Impuls: Unterschied zwischen Rechteck und Winkel klären. Wie kann ich herausfinden, wie viele Puzzleteile *jetzt* schon liegen? Wieso rechne ich *jetzt* Plus und für das *fertige* Puzzle mal?

Methode: Bilder auf Blätter zeichnen lassen. Diese an der Tafel / in der Tischmitte sortieren und den Termen aus (1), (2), (3) zuordnen lassen. Welche Bilder passen zur Aufgaben 3 · 8?

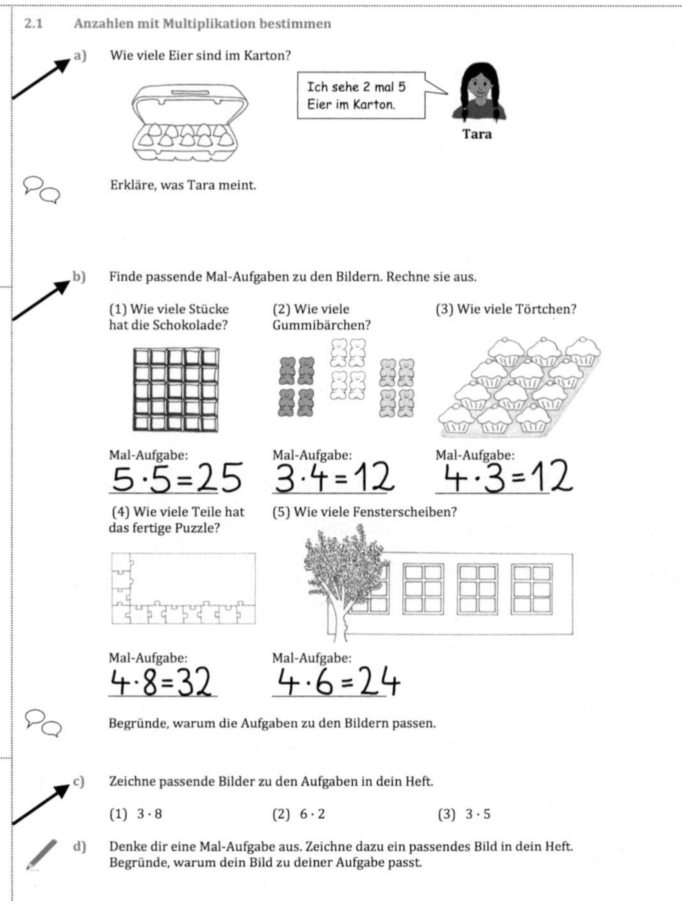
2.1 Anzahlen mit Multiplikation bestimmen

a) Wie viele Eier sind im Karton?

Erkläre, was Tara meint.

b) Finde passende Mal-Aufgaben zu den Bildern. Rechne sie aus.

(1) Wie viele Stücke hat die Schokolade?
Mal-Aufgabe: 5 · 5 = 25

(2) Wie viele Gummibärchen?
Mal-Aufgabe: 3 · 4 = 12

(3) Wie viele Törtchen?
Mal-Aufgabe: 4 · 3 = 12

(4) Wie viele Teile hat das fertige Puzzle?
Mal-Aufgabe: 4 · 8 = 32

(5) Wie viele Fensterscheiben?
Mal-Aufgabe: 4 · 6 = 24

Begründe, warum die Aufgaben zu den Bildern passen.

c) Zeichne passende Bilder zu den Aufgaben in dein Heft.

(1) 3 · 8 (2) 6 · 2 (3) 3 · 5

d) Denke dir eine Mal-Aufgabe aus. Zeichne dazu ein passendes Bild in dein Heft. Begründe, warum dein Bild zu deiner Aufgabe passt.

3 Multiplikation und Punktebilder

3.1 **Erarbeiten und Üben (20 - 30 Minuten zzgl. Aufgabengenerator)**

Ziel: Flächige Vorstellung der Multiplikation entwickeln; Punktefelder flexibel deuten

Material: MB: Hunderter-Punktefeld, kleiner Malwinkel

Umsetzung: a), b) PA oder GA, dann UG; c) Aufgabengenerator (PA); d), e) PA oder EA, dann UG

Impuls: Rechteckskonventionen besprechen. Wieso passt zu Kenans Bild die Aufgabe 2 mal 5?

Impuls: Kommutativität thematisieren. $2 \cdot 5$ und $5 \cdot 2$ sind Tauschaufgaben. Kannst du zu jedem Punktebild zwei Tauschaufgaben finden?

Weitere Aufgabe: Findest du alle Mal-Aufgaben zu dem Bild? Wieso sind das alle?

Weitere Aufgabe: Wie viele Mal-Aufgaben gibt es? Wieso sind das alle? Wie viele Plus-Aufgaben gibt es?

Hintergrund: Einführung des Hunderterpunktefeldes: Klären, dass Punktefeld Fünfer-Struktur besitzt, damit die Punkte nicht abgezählt werden müssen.

Reflexion: Die notierten Aufgaben können sortiert werden. Welche Mal-Aufgaben und Plus-Aufgaben gehören zusammen? Zu welchen Plus-Aufgaben gibt es keine Mal-Aufgaben?

Weitere Aufgabe: Finde verschiedene Aufgaben bzw. finde alle Aufgaben. Begründe, warum das alle sind.

Weitere Augabe: Aufgabe mit Punkteanzahl 23 stellen. Wieso findest du keine Aufgaben (außer $1 \cdot 23$ im $23 \cdot 1$)?

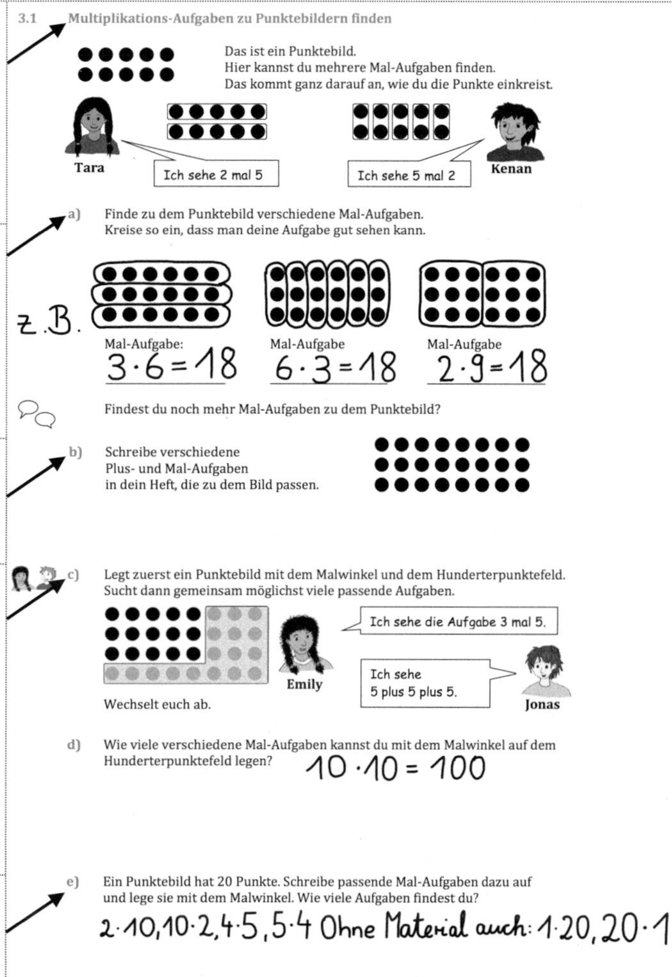
3.1 Multiplikations-Aufgaben zu Punktebildern finden

Das ist ein Punktebild.
Hier kannst du mehrere Mal-Aufgaben finden.
Das kommt ganz darauf an, wie du die Punkte einkreist.

a) Finde zu dem Punktebild verschiedene Mal-Aufgaben.
Kreise so ein, dass man deine Aufgabe gut sehen kann.

z. B.
Mal-Aufgabe: 3·6=18
Mal-Aufgabe 6·3=18
Mal-Aufgabe 2·9=18

Findest du noch mehr Mal-Aufgaben zu dem Punktebild?

b) Schreibe verschiedene Plus- und Mal-Aufgaben in dein Heft, die zu dem Bild passen.

c) Legt zuerst ein Punktebild mit dem Malwinkel und dem Hunderterpunktefeld.
Sucht dann gemeinsam möglichst viele passende Aufgaben.

Wechselt euch ab.

d) Wie viele verschiedene Mal-Aufgaben kannst du mit dem Malwinkel auf dem Hunderterpunktefeld legen? 10·10 = 100

e) Ein Punktebild hat 20 Punkte. Schreibe passende Mal-Aufgaben dazu auf und lege sie mit dem Malwinkel. Wie viele Aufgaben findest du?
2·10, 10·2, 4·5, 5·4 Ohne Material auch: 1·20, 20·1

3.2 **Erarbeiten (15 - 20 Minuten)**

Ziel: Zwischen Multiplikation in Punktefeld und Termen wechseln und Darstellungswechsel erklären

Material: -

Umsetzung: Jeweils EA oder PA, dann UG

Impuls: Feld mit Hunderter-Punktefeld und Malwinkel nachlegen. Kreise so ein, dass man die Aufgabe in dem Punktebild gut sehen kann.

Zu beachten: Die Lernenden sollten nicht nur über das Ergebnis argumentieren („Die Aufgabe passt, weil das Ergebnis 24 ist."), sondern es sollte auch die Struktur der Terme thematisiert werden, wie im Bild 4 · 6 gesehen werden kann.

3.2 Was passt zusammen?

a) Welche Aufgaben passen zu dem Punktebild? Kreise die passenden Aufgaben ein.

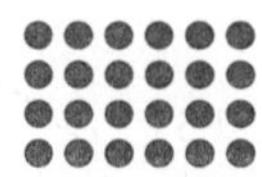

4 + 6   4 + 4 + 4 + 4 + 4 + 4   6 · 4
6 + 4   4 · 6   6 + 6 + 6 + 6

Begründe, warum die Aufgaben passen, die du eingekreist hast. Warum passen die anderen nicht?

b) Bei welchen Bildern kannst du **3 · 5 = 15** rechnen, um herauszufinden, wie viele Punkte das Bild hat? Kreise ein.

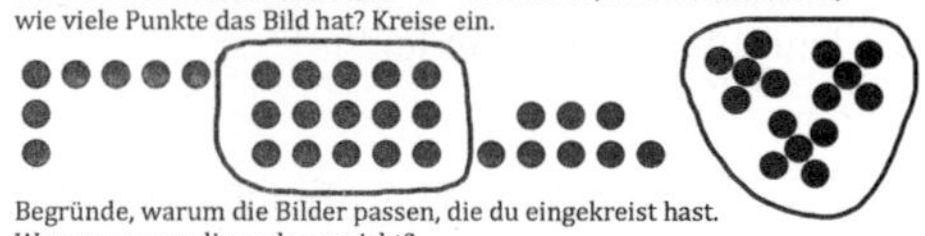

Begründe, warum die Bilder passen, die du eingekreist hast. Warum passen die anderen nicht?

Typische Schwierigkeit: Lerndende akzeptieren auch das 1. oder 3. Bild und begründen ihren Standpunkt mit dem Vorkommen der 3 und der 5 in Bild und Term. In diesem Fall kann der Verweis auf die Aufgabenstellung helfen „... um herauszufinden, wie viele Punkte das Bild hat."

c) Zeichne verschiedene Bilder, die zu der Aufgabe **2 · 6** passen.

Weitere Aufgabe: Zeichne auch ein Bild, das nicht zu der Aufgabe 2 · 6 passt, aber in dem die Zahlen 2 und 6 vorkommen. Tauscht eure Bilder aus und findet heraus, welche Bilder zu 2 · 6 passen und welche nicht.

3.3 **Üben (Aufgabengenerator)**

Ziel: Erarbeitete Übersetzungsprozesse automatisieren;
Punktefelder operativ verändern – Beziehungen zwischen Mal-Aufgaben erkennen

Material: MB: Hunderter-Punktefeld, kleiner Malwinkel

Umsetzung: Aufgabengenerator (PA)

Hintergrund: Diese Aufgabe kann bei der halbschriftlichen Multiplikation wieder aufgegriffen werden (Baustein **N6 B**). Sie bereitet die Verwendung von Hilfsaufgaben vor.

Weitere Aufgabe: Festen Startpunkt vorgeben (z.B. 5 · 5, 10 · 10). Welche Aufgaben kannst du mit einmaligem Verschieben erreichen?

3.3 Punktebilder verändern

Stellt euch gegenseitig Aufgaben.
Eine Person legt ein Punktebild mit dem Malwinkel und dem Hunderterpunktefeld.
Die andere nennt die Mal-Aufgabe und das Ergebnis.

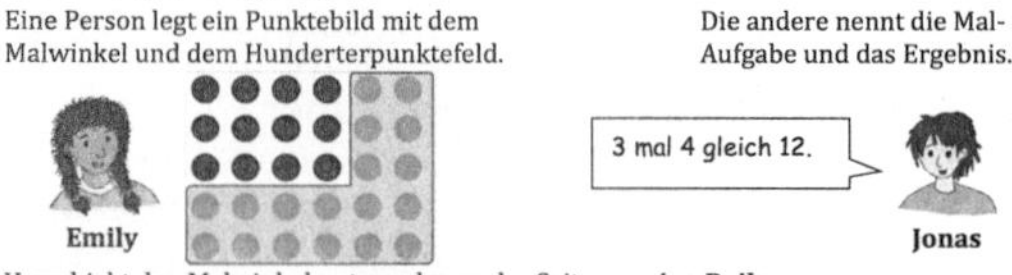

Verschiebt den Malwinkel unten oder an der Seite um **eine Reihe.**

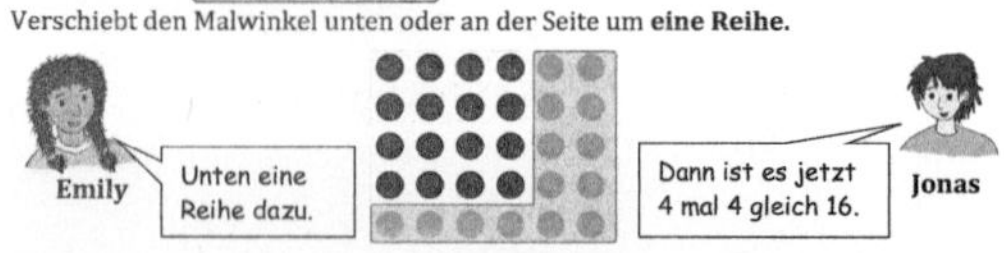

Überlegt gemeinsam: Wie viele Punkte sind es durch das Verschieben mehr oder weniger geworden? Erklärt das mit dem Punktebild.

Nun darf die andere Person das Punktebild um eine Reihe verändern. Wechselt euch ab.

4 Multiplikation und Rechengeschichten

4.1 - 4.3 **Erarbeiten (30 - 45 Minuten)**

Ziel: Zwischen Rechengeschichten, lebenswirklichen Bildern und Termen wechseln und Darstellungswechsel erklären

Material: -

Umsetzung: 4.1, 4.2 EA oder PA, dann jeweils UG; 4.3 a) EA; b) PA oder GA, dann UG

Reflexion: Bei der Reflexion der Rechengeschichten kann eine von der Lehrkraft erstellte, nicht passende Geschichte unter die anderen gemischt werden. Die muss von den Lernenden gefunden werden, sodass die Aufmerksamkeit beim Überprüfen der Geschichten erhalten bleibt.

4.1 Multiplikations-Aufgaben und Bilder zu Rechengeschichten finden

Zeichne zu jeder Rechengeschichte ein passendes Bild ins Heft.
Schreibe dann die passende Mal-Aufgabe dazu.

a) Eine Schokoladentafel hat 6 Riegel. In jedem Riegel sind 4 Stücke. Wie viele Stücke sind es insgesamt? $6 \cdot 4 = 24$

b) Maurice packt 4 Bonbontüten. In jede Tüte packt er 10 Bonbons. Wie viele Bonbons verpackt er insgesamt? $4 \cdot 10 = 40$

4.2 Rechengeschichten und Multiplikations-Aufgaben zu Bildern finden

Schreibe zu jedem Bild eine passende Rechengeschichte in dein Heft.
Schreibe auch eine Frage und eine passende Mal-Aufgabe auf.

(1) 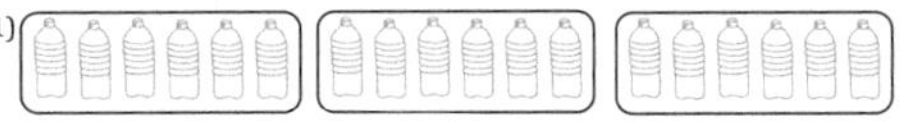 $3 \cdot 6 = 18$

(2)  $3 \cdot 5 = 15$

Hilfestellung: Der Kontext *Geld* hilft den Lernenden aufgrund seiner Nähe zum Alltag der Lernenden, wenn sie keine Ideen zur Anfertigung einer eigenen Geschichte haben.

4.3 Rechengeschichten und Bilder zu Multiplikations-Aufgaben finden

a) Schreibe zu der Aufgabe **3 · 7** eine passende Rechengeschichte in dein Heft. Schreibe auch eine Frage auf und zeichne ein passendes Bild.

Weitere Aufgabe: Zeichne auch ein Bild oder erfinde eine Geschichte, das bzw. die nicht zur Aufgabe 3 · 7 passt, in dem/r aber die Zahlen 3 und 7 vorkommen. Dann in b) nach passenden und nicht passenden Geschichten sortieren lassen.

b) Tauscht eure Rechengeschichten gegenseitig aus. Welche Rechengeschichten passen gut zu der Aufgabe?

4.4 **Erarbeiten (20 - 25 Minuten)**

Ziel: Rechengeschichten überprüfen und einschätzen

Material: -

Umsetzung: a) EA oder PA; b), c) EA; d) GA, dann UG

Impuls: Wie heißen die passenden Aufgaben zu Pauls Geschichten?

4.4 Passt die Rechengeschichte?

Zu der Aufgabe **6 · 5** hat Rico Rechengeschichten erfunden.

a) Passen Ricos Rechengeschichten zu der Aufgabe **6 · 5**? Begründe deine Entscheidung.

Zu beachten: Aufgabe b) nicht direkt gemeinsam reflektieren, da unbekannte Rechengeschichten noch in Aufgabe d) benötigt werden.

b) Erfinde eine eigene Rechengeschichte, die zu der Mal-Aufgabe passt.

c) Erfinde eine eigene Rechengeschichte mit den Zahlen 6 und 5, die **nicht** zu der Aufgabe **6 · 5** passt.

Reflexion: Erfundene Rechengeschichten der Lernenden in Beziehung zueinander setzen: Was ist bei den Geschichten gleich und was ist verschieden?

d) Tauscht eure Geschichten aus b) und c) miteinander. Erkennt dein Partner, welche deiner Geschichten passt und welche nicht?

5 Multiplikation am Zahlenstrahl

5.1 Erarbeiten (5 - 10 Minuten)

Ziel: Multiplikation in linearen und gruppierten Darstellungen erkennen und aufeinander beziehen

Material: -

Umsetzung: UG

Voraussetzung: Verständnis des Zahlenstrahls (ggf. mit Baustein **N2** erarbeiten).

Zu beachten: Lernende sollten nicht nur das Gesamtergebnis 12 oder die Einzelelemente 4, sondern ebenfalls die Relationen in den Bildern in den Blick nehmen: Beide Bilder zeigen drei Vierer.

Impuls: Unterschiedliche Rollen der 3 als Multiplikator und der 4 als Multiplikand thematisieren.

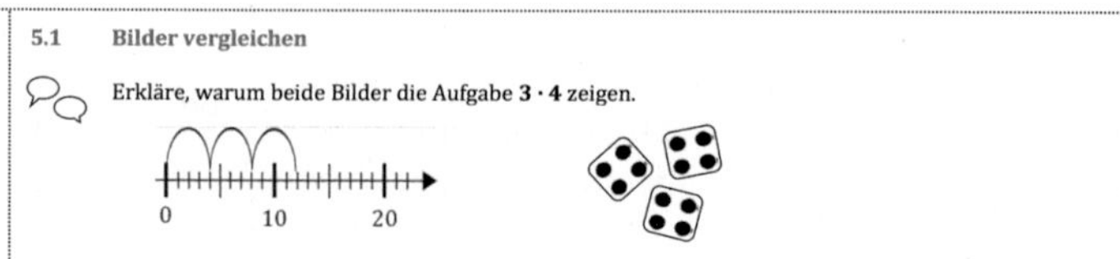

5.2 - 5.3 Üben (10 - 20 Minuten zzgl. Aufgabengenerator)

Ziel: Zwischen linearen Darstellungen und Termen wechseln und Darstellungswechsel erklären

Material: MB: Zahlenstrahlkarten, Folienstifte

Umsetzung: 5.2 EA, dann UG; 5.3 a), b) EA; c) Aufgabengenerator (PA)

Impuls: Rolle von Multiplikand und Multiplikator klären, ggf. Verweis auf Aufgabe 5.1. Kontrastierend kann die Tauschaufgabe mit einer anderen Farbe eingezeichnet und verglichen werden. Nur das Ergebnis bleibt gleich, die Rollen von Multiplikand und Multiplikator tauschen.

Reflexion: Bilder der Lernenden anschließend vergleichen. Auch hier ggf. die Rollen der Faktoren bei Tauschaufgaben klären.

Weitere Aufgabe: Diese Aufgabe kann auch umgedreht werden (ähnlich Aufgabe 5.2). Der eine zeichnet ein Bild. Der andere nennt die passende Mal-Aufgabe.

Weitere Aufgabe: Zeichnet ein Bild in den Zahlenstrahl, das zu einer Mal-Aufgabe mit dem Ergebnis 20 passt. Wie viele verschiedene Bilder findet ihr?

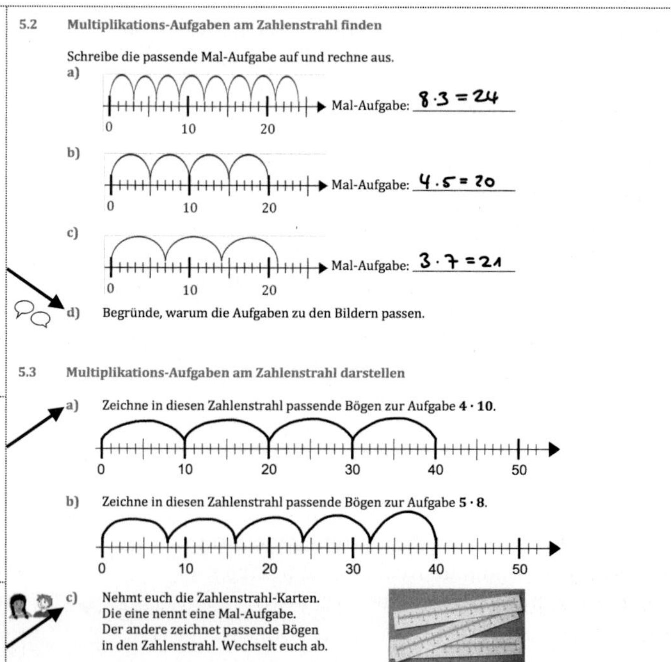

N4 B Divisions-Aufgaben zu Situationen finden und umgekehrt – Didaktischer Hintergrund

Lerninhalt

Ein tragfähiges Opearationsverständnis der Division beinhaltet zwei Grundvorstellungen: das Verstehen der Division als *Aufteilen* und als *Verteilen* (vgl. KIRA o.J.; Padberg / Benz 2011, S. 152 - 156; Hefendehl-Hebeker 1982). Beide Vorstellungen in verschiedenen Kontexten, wie beispielsweise bildlichen Darstellungen oder Sachsituationen flexibel heranziehen und mit Divisions-Aufgaben verbinden zu können, ist bedeutsam für das weitere Lernen in der Sekundarstufe.

Verteilen

Beispielaufgabe: 32 Karten werden an 4 Spieler verteilt. Wie viele Karten bekommt jeder Spieler?

Bekannt ist bei Verteil-Situationen die zu verteilende Gesamtmenge (hier Kartenanzahl) sowie die Anzahl der Gruppen, welchen die einzelnen Objekte zugeordnet werden (hier Anzahl der Spieler). Unbekannt ist hingegen, wie viele Objekte sich in einer Gruppe befinden. Wie bei dem Prozess des Karten-Verteilens kann eine Verteil-Situation gelöst werden, indem sukzessive die Objekte den Gruppen zugeordnet werden. Verteil-Prozesse lassen sich besonders gut mit Plättchen nachstellen und einüben (Fördereinheit 1 und 2).

Aufteilen

Beispielaufgabe: 32 Personen fahren mit Autos zu einem Ausflugsziel. Je 4 Personen passen in ein Auto. Wie viele Autos werden benötigt?

Bei Aufteil-Situationen ist neben der Gesamtmenge (Personenanzahl) die Anzahl der Objekte pro Gruppe (hier Personen pro Auto) bekannt, während nach der Anzahl der Gruppen gefragt ist.

Aufteil-Situationen entsprechen dem Messen (wie oft passt ... in ...) und können somit insbesondere durch wiederholte Subtraktion oder Addition gelöst werden, bei statischen Bildern auch durch sukzessives Einkreisen der gegebenen Objekt-Anzahl oder linear am Zahlenstrahl durch Zeichnen von Bögen mit gegebener Länge des Divisors (Fördereinheit 3 und 5).

Verteil- und Aufteil-Situationen sind in verschiedenen Kontexten bedeutsam. Für eine inhaltliche Interpretation der Aufgabe 4 : ½ = 8 ist beispielsweise eine Aufteil-Vorstellung notwendig (Wie oft passt ein halber Meter in 4 Meter?), da verteilende Vorstellungen hier nicht mehr tragfähig sind. Auch die Interpretation eines Restes oder einer Dezimalzahl tragen in verschiedenen Situationen ganz unterschiedliche Bedeutungen (Was würde ein Rest von einer Karte bzw. Person bei den obigen Aufgaben bedeuten?). Deshalb ist es wichtig, dass Lernenden beide Vorstellungen zur Verfügung stehen, ohne in der Lage sein zu müssen, beiden Vortellungen Aufgaben bzw. Situationen zuordnen zu können.

Veranschaulichung und Material

Plättchen und Spielfiguren für verteilende Lösungsprozesse

Mit Plättchen lassen sich verteilende Lösungsprozesse für einen ersten Zugang zum Divisions-Verständnis entwickeln. In Kontext-Aufgaben stellen die Lernenden die Verteil-Situation nach und verteilen die Plättchen Schritt für Schritt. Als Strukturierungshilfe können Spielfiguren genutzt werden, welche die in den Kontexten genutzten Personen repräsentieren (vgl. Abbildung).

Als Rest erfahren die Lernenden hier Plättchen, die bei einer gerechten Verteilung übrig bleiben. An diesen Plättchen können mögliche Interpretationen des Restes im jeweiligen Kontext vorgenommen werden.

Von Verteilprozessen zu Punktebildern

Um von sukzessiven Verteil-Prozessen abzulösen, wird in Fördereinheit 2 von Plättchen zu Punktefeldern hingeführt. Dies macht das Verständnis der Division als Umkehrung der Multiplikation möglich und erlaubt das Lösen von einfachen Geteilt-Aufgaben durch das Finden von passenden Multiplikationsaufgaben, z.B. mithilfe des Hunderterpunktefeldes und eines Malwinkels. Voraussetzung hierfür ist ein sicherer Umgang mit flächigen Darstellungen zur Multiplikation (Baustein **N4 A**).

3 Kinder teilen sich
12 Bonbons.
Wie viele Bonbons
bekommt jedes Kind?

Punktebilder zur Deutung von Multiplikation und Division

Punktefelder für aufteilende Lösungsprozesse

Aufteilende Strategien zur Lösung von Divisions-Aufgaben werden zunächst an lebensweltlichen Bildern und anschließend am Hunderterpunktefeld mit Abdeckstreifen erarbeitet. Die Lernenden bilden durch Einkreisen Gruppen von gegebener Größe. Dieses Vorgehen bereitet das halbschriftliche Dividieren in Baustein **N6 C** vor, da sich beispielsweise ein schrittweises Zerlegen des Dividenden auf diese Weise begründen lässt. In Baustein **N6 C** wird der Umgang mit dem Hunderterpunktefeld und dem Abdeckstreifen bei der Division beschrieben.

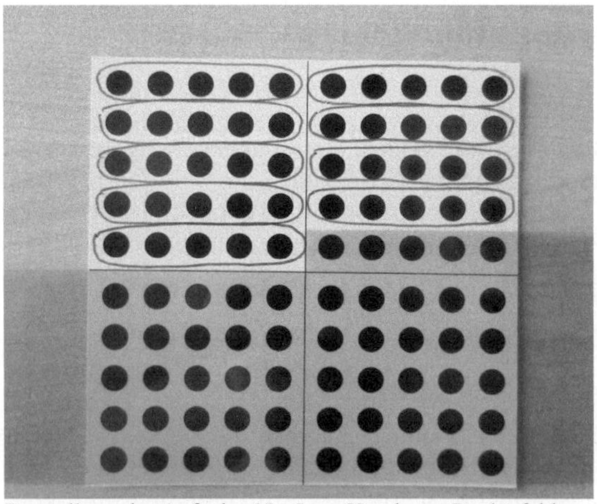
Darstellung der Aufgabe 45 : 5 am Hunderter-Punktefeld

Lineare Darstellung für aufteilende Lösungsprozesse

Weiterhin wird für die Erarbeitung linearer Vorstellungen zur Division in diesem Baustein der Zahlenstrahl genutzt. An diesem lassen sich aufteilende Strategien durch das Einzeichnen von Bögen mit Länge des Divisors entwickeln. Für die Erarbeitung ist ein grundlegendes Verständnis des Zahlenstrahls Voraussetzung (Baustein **N2**).

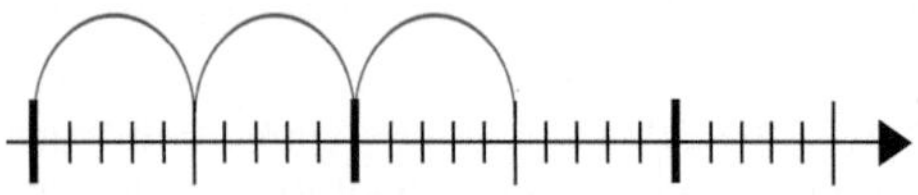

Darstellung der Aufgabe 15 : 5 am Zahlenstrahl

Aufbau der Förderung

Die Förderung besteht aus fünf Fördereinheiten:

1 Mit Division gerecht verteilen
2 Multiplikations- und Divisions-Aufgaben zu Punktebildern
3 Mit Division gleichmäßig aufteilen
4 Division und Rechengeschichten
5 Division am Zahlenstrahl

In Fördereinheit 1 wird anhand einfacher Kontexte zunächst der Zusammenhang zwischen Division und Verteil-Situationen erarbeitet. Die Lernenden finden passende Geteilt-Aufgaben zu den durchgeführten Verteil-Prozessen und erfinden passende Rechengeschichten zu Divisions-Aufgaben ohne und mit Rest.

Die sukzessive Handlung des Verteilens von Plättchen wird in Fördereinheit 2 zu einer Nutzung von Punktefeldern und dem Malwinkel hingeführt. Die Lernenden können durch die Verwendung des Hunderterpunktefeldes auf das bereits erarbeitete Verständnis der Multiplikation (Baustein **N4 A**) in flächigen Darstellungen zurückgreifen und den Zusammenhang von Multiplikation und Division zur Lösung von einfachen Divisions-Aufgaben nutzen.

In Fördereinheit 3 wird die Aufteil-Vorstellung der Division (und die Bedeutung des Rests) zunächst an statischen lebenswirklichen Darstellungen und anschließend am Hunderterpunktefeld erarbeitet. Letzteres bereitet die halbschriftlichen Strategien zur Lösung von komplexeren Divisions-Aufgaben vor.

Fördereinheit 4 greift beide Vorstellungen der Division auf. Die Lernenden erstellen eigene Rechengeschichten zu vorgegebenen Bildern oder Termen und bewerten, ob gegebene Rechengeschichten zu einer Divisions-Aufgabe passen.

In Fördereinheit 5 beziehen die Lernenden die in Fördereinheit 3 erarbeitete Aufteil-Vorstellung auf die lineare Darstellung der Division am Zahlenstrahl und vertiefen diese durch Übungsformate.

Weiterführende Literatur

Hefendehl-Hebeker, L. (1982): Zur Einteilung des Teilens in Aufteilen und Verteilen. Mathematische Unterrichtspraxis 3, 37 - 39.

KIRA (o.J.): Aufteilen und Verteilen. http://www.kira.tu-dortmund.de/148

Padberg, F. / Benz, C. (2011): Didaktik der Arithmetik für Lehrerausbildung und Lehrerfortbildung. Heidelberg: Spektrum.

N4 B – Durchführung und Auswertung der Standortbestimmung

Dauer: 20 - 30 Minuten

Hinweise zur Durchführung:

1): Bei der Durchführung sollte darauf geachtet werden, dass die Lernenden nicht nur das Ergebnis 4 notieren. Ggf. zur Notation der passenden Geteilt-Aufgabe auffordern.

Sollten während der Durchführung bei Aufgabe 1 oder 3 ungewöhnliche bzw. nicht verständliche Lösungen auftreten, werden die Lernenden gebeten, auf der Rückseite oder auf einem weißen Blatt Begründungen ihrer Terme zu formulieren beziehungsweise ihre Strukturierungen in das Bild zu zeichnen.

2): Aufgabenverständnis sichern: Es können auch mehrere Aufgaben passen und eingekreist werden.

Bei Schwierigkeiten zum Begriff *Rechengeschichte* kann ein Verweis auf das Beispiel helfen: „Hier oben im Beispiel ist eine Rechengeschichte. Jetzt sollst du zu der Aufgabe 48:6 eine eigene Rechengeschichte erfinden.“
Bei Abgabe des Blattes sollte die Lehrkraft kontrollieren, ob Aufgabe 4 verstanden wurde. Ggf. werden die Lernenden um eine weitere Bearbeitung auf der Rückseite oder auf einem weißen Blatt gebeten.

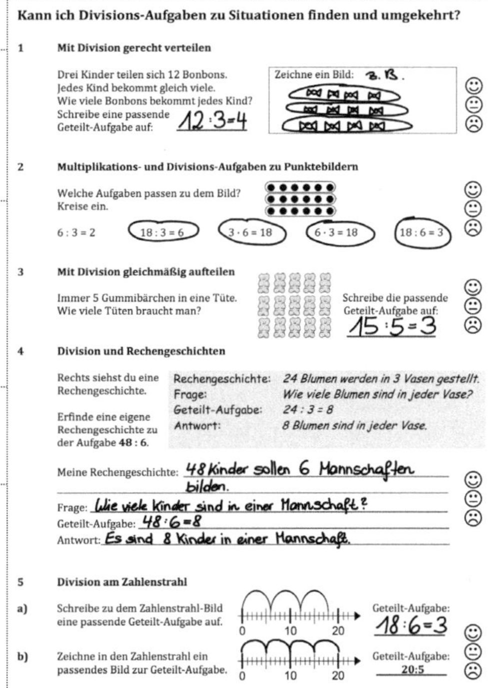

Kann ich Divisions-Aufgaben zu Situationen finden und umgekehrt?

1 **Mit Division gerecht verteilen**

Drei Kinder teilen sich 12 Bonbons.
Jedes Kind bekommt gleich viele.
Wie viele Bonbons bekommt jedes Kind?
Schreibe eine passende Geteilt-Aufgabe auf: 12 : 3 = 4

Zeichne ein Bild: z. B.

2 **Multiplikations- und Divisions-Aufgaben zu Punktebildern**

Welche Aufgaben passen zu dem Bild? Kreise ein.

6 : 3 = 2 18 : 3 = 6 3 · 6 = 18 6 · 3 = 18 18 : 6 = 3

3 **Mit Division gleichmäßig aufteilen**

Immer 5 Gummibärchen in eine Tüte.
Wie viele Tüten braucht man?

Schreibe die passende Geteilt-Aufgabe auf: 15 : 5 = 3

4 **Division und Rechengeschichten**

Rechts siehst du eine Rechengeschichte.

Erfinde eine eigene Rechengeschichte zu der Aufgabe **48 : 6**.

Rechengeschichte:	*24 Blumen werden in 3 Vasen gestellt.*
Frage:	*Wie viele Blumen sind in jeder Vase?*
Geteilt-Aufgabe:	*24 : 3 = 8*
Antwort:	*8 Blumen sind in jeder Vase.*

Meine Rechengeschichte: 48 Kinder sollen 6 Mannschaften bilden.
Frage: Wie viele Kinder sind in einer Mannschaft?
Geteilt-Aufgabe: 48 : 6 = 8
Antwort: Es sind 8 Kinder in einer Mannschaft.

5 **Division am Zahlenstrahl**

a) Schreibe zu dem Zahlenstrahl-Bild eine passende Geteilt-Aufgabe auf. Geteilt-Aufgabe: 18 : 6 = 3

b) Zeichne in den Zahlenstrahl ein passendes Bild zur Geteilt-Aufgabe. Geteilt-Aufgabe: 20:5

Hinweise zur Auswertung:

Diagnoseaufgabe 1: Mit Division gerecht verteilen

Typische Fehler		Mögliche Ursache	Förderung
	8 : 4 = 12, 12 : 8 = 4	Addition oder Subtraktion mit Verwendung eines Geteilt-Zeichens.	Divisions-Vorstellung zu Verteil-Situation erarbeiten (1.1 - 1.2).
	3 : 12 = 4	Dividend und Divisor werden vertauscht.	Bedeutung von Dividend und Divisor bei Verteil-Situationen erarbeiten (1.1 - 1.2).
	4	Trotz eines richtigen Ergebnisses wird keine Aufgabe notiert.	Aufgabenverständnis überprüfen. Zusammenhang der Verteil-Situation und Division erarbeiten (1.1 - 1.2).

Diagnoseaufgabe 2: Multiplikations- und Divisions-Aufgaben zu Punktebildern finden

Typische Fehler		Mögliche Ursache	Förderung
	(6 : 3 = 2) (6 : 6 = 1)	Die Lernenden fokussieren auf die vorhandenen Zahlen, ohne die Operation zu beachten.	Divisions-Verständnis bei Verteil-Situationen mündlich überprüfen. Ggf. Darstellungswechsel thematisieren (2.1 - 2.5).
	18 : 3 = 6	Verteil-Situation wird nicht erkannt.	Zusammenhang zwischen Division und Verteil-Situationen erarbeiten (1.1 - 1.2). Ggf. an Fördereinheit 1 anknüpfen.
	3 · 6 = 18	Multiplikation wird nicht erkannt. Achtung: Welches Verständnis der Multiplikation liegt vor? Vielleicht wird das Bild auch als 6 · 3 erkannt.	Multiplikationsverständnis überprüfen und ggf. erarbeiten (Baustein **N4 A**). Zusammenhang Multiplikation und Division erarbeiten (2.1 - 2.5).
	18 : 6 = 3	Aufteil-Situation wird nicht erkannt.	Zusammenhang zwischen Division und Aufteil-Situationen erarbeiten (3.1 - 3.5).

Diagnoseaufgabe 3: Mit Division gleichmäßig aufteilen

Typische Fehler		Mögliche Ursache	Förderung
	3 : 5 = 15, 15 : 10 = 5	Multiplikation, Addition oder Subtraktion Verwendung eines Geteilt-Zeichens.	Divisions-Vorstellung zu Verteil-Situation erarbeiten (3.1 - 3.5).
	5 : 15 = 3	Dividend und Divisor werden vertauscht.	Bedeutung von Dividend und Divisor bei Aufteil-Situationen erarbeiten (3.1 - 3.5).
	3	Trotz eines richtigen Ergebnisses wird keine Aufgabe notiert.	Aufgabenverständnis überprüfen. Zusammenhang zwischen Aufteil-Situation und Division erarbeiten (3.1 - 3.5).

Diagnoseaufgabe 4: Division und Rechengeschichten

Typische Fehler		Mögliche Ursache	Förderung
	Meine Rechengeschichte: 48 Autos werden verkauft und 6 sind übrich geblieben. Frage: Wie viele Autos muss ich verkaufen? Geteilt-Aufgabe: 48 : 6 = 8 Antwort: 8 muss ich verkaufen.	Geschichte passt zu einer anderen Operation (vorwiegend Subtraktion).	Wechselseitige Übersetzungen von multiplikativen Handlungen und Termen erarbeiten (4.1 - 4.4).
	Meine Rechengeschichte: 48 Autos fahren in 6 Autobahne Frage: Wv Schaffen sie Geteilt-Aufgabe: 48:6=8 Antwort: sie fahren durch 8autoßahne	Geschichte lässt keine mathematische Operation zu.	
	Meine Rechengeschichte: 50 Hunde werden in 2 große Käfige gesteckt ? Frage: Wie viele Hunde gehen in einen Käfig? Geteilt-Aufgabe: 50:2=25 Antwort: 25 Hunde gehen in einen Käfig rein.	Die Operation ist richtig, jedoch werden Zahlen verändert.	Verständnis überprüfen. Meist kein Förderbedarf vorhanden, da Flüchtigkeitsfehler.
	Meine Rechengeschichte: Mesut soll rausfinden wieviel 48 : 6 ist. Frage: Mesut muss 48 : 6 rechnen. Geteilt-Aufgabe: 48 : 6 = 8 Antwort: Mesut hat rausgefunden, dass 48 : 6 = 8.	Begriff der ‚Rechengeschichte' wird als eine Erzählung der Aufgabenbearbeitung interpretiert.	Aufgabenverständnis mdl. überprüfen und Aufgabe erneut lösen lassen. Meist kein Förderbedarf vorhanden.

Diagnoseaufgabe 5: Division am Zahlenstrahl

Typische Fehler		Mögliche Ursache	Förderung
a)	6 : 18 = 3	Dividend und Divisor werden vertauscht.	Bedeutung von Dividend und Divisor erarbeiten (5.1 - 5.3).
	3 · 6 = 18	Die Lernenden deuten das Bild als Multiplikation.	Zusammenhang zwischen Multiplikation und Division erarbeiten (5.1 - 5.3); Verbindung zu **N4 A** (5.1 - 5.3) herstellen.
	10 : 20, 20 : 10	Es werden Aufgaben zu den sichtbaren Zahlen 10 oder 20 konstruiert.	Oftmals kein Verständnis des Zahlenstrahls vorhanden (Voraussetzungen erarbeiten mit Baustein **N2**). Lineare Darstellungen der Division am Zahlenstrahl erarbeiten (5.1 - 5.3).
b)	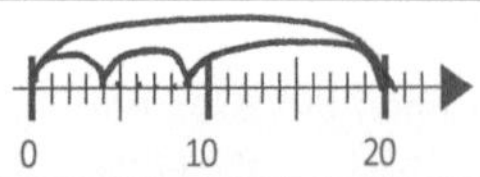	Die vorkommenden Zahlen werden einzeln berücksichtigt.	
	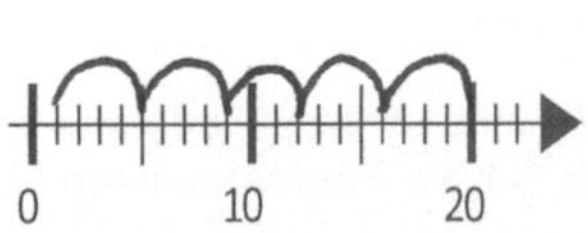	Bögen werden bis 20 ergänzt, besitzen aber ungleiche Längen, bzw. berücksichtigen nur einen Aspekt der Bögenlänge oder –anzahl.	

1 Mit Division gerecht verteilen

1.1 - 1.2 **Erarbeiten (35 - 45 Minuten)**

Ziel: Zusammenhang zwischen Divisions-Aufgaben und Verteilsituationen verstehen

Material: MB: Plättchen, Spielfiguren

Umsetzung: 1.1 EA, dann UG; 1.2 jeweils EA, dann UG

Impuls: Begriffe *Division* und *Geteilt-Aufgabe* als Synonyme thematisieren.

Hilfestellung: Zur Unterstützung des Verteilprozesses können Spielfiguren als Repräsentanten für die drei Kinder genutzt werden.

1.1 Bonbons gerecht verteilen

a) Drei Kinder teilen sich 24 Bonbons.
Jedes Kind bekommt gleich viele.
Verteile die Bonbons gerecht.
Wie viele Bonbons bekommt jedes Kind?

Nimm Plättchen zu Hilfe, wenn du möchtest.

Impuls: Warum passt die Geteilt-Aufgabe? Aufpassen, dass die Lernenden nicht nur über die Zahlen argumentieren („Weil 24 und 3 vorkommen"). Ggf.: Warum passt die Aufgabe 24 + 3 oder 24 - 3 nicht?

b) Vergleicht eure Lösungen zur Aufgabe a).
Schreibt eine passende Geteilt-Aufgabe auf.

Typische Schwierigkeit: Einige Kinder finden ggf. die Aufgabe 30 : 6 oder 60 : 12, verwenden also das Ergebnis als Divisor. Hier kann mit den Lernenden vereinbart werden, dass das Ergebnis die gesuchte Zahl ist.

c) Schreibe die passende Geteilt-Aufgabe auf und rechne sie aus.

(1) 25 Bonbons für 5 Kinder.
Geteilt-Aufgabe: 25 : 5 = 25

(2) 30 Bonbons für 5 Kinder.
Geteilt-Aufgabe: 30 : 5 = 6

(3) 60 Bonbons für 5 Kinder.
Geteilt-Aufgabe: 60 : 5 = 12

Erkläre dein Vorgehen bei den Aufgaben.

Impuls: Rest thematisieren. Was passiert mit dem einen Plättchen (Bonbon), das übrig bleibt? Z.B. wird ein Bonbon aufgehoben und beim nächsten Mal verteilt.

Impuls: Restschreibweise thematisieren: 25 : 3 = 8 R1. Diese sollte den Kindern erlaubt werden, auch wenn bereits mit Dezimalzahlen gearbeitet wird.

1.2 Bonbons verteilen mit Rest

a) Können sich drei Freunde 25 Bonbons gerecht teilen?
Wie viele Bonbons bekommt jedes Kind? 8 1 Bonbon bleibt übrig.
Nimm Plättchen zu Hilfe, wenn du möchtest.

b) Zu der Aufgabe a) passt die Geteilt-Aufgabe **25 : 3**. Warum passt diese Aufgabe?
Wie kann man das Ergebnis aufschreiben? 25 : 3 = 8 R1

c) Erfinde selbst eine Geschichte, in der Bonbons verteilt werden.
Finde dann eine passende Geteilt-Aufgabe und rechne sie anschließend aus.

d) Finde Geteilt-Aufgaben, bei denen genau ein Bonbon übrig bleibt.

Weitere Aufgabe: Finde mehrere Aufgaben. Wie kannst du sie finden?

d) Finde Geteilt-Aufgaben, bei denen genau ein Bonbon übrig bleibt.

2 Multiplikation in der Umwelt

2.1 **Erarbeiten (5 - 10 Minuten)**

Ziel: Eigenen Rechenweg zur Divisionsaufgabe finden und mit anderen vergleichen

Material: MB: Plättchen, Spielfiguren

Umsetzung: EA, dann UG

Hintergrund: Diese Aufgabe dient als Vorbereitung für die in Einführung der Punktefelder in Aufgabe 2.2. Die Lernenden entwickeln hier zunächst ihren eigenen Rechenweg. Deshalb darf Aufgabe 2.2 noch nicht sichtbar sein.

2.1 Divisions-Aufgaben mit Punktebildern lösen

Emily, Maurice und Jonas teilen sich 12 Bonbons.
Wie viele Bonbons bekommt jedes Kind? 4

Beschreibe deinen Rechenweg. 12 : 3 = 4

2.2 - 2.3 **Erarbeiten (20 - 30 Minuten)**

Ziel: Beziehungen zwischen Punktebildern und Division herstellen

Material: MB: Plättchen, Spielfiguren

Umsetzung: 2.2 UG; 2.3 a), b) EA; c) EA, dann UG

Impuls: Das Punktefeld von Emily in Beziehung zu den eigenen Lösungen von Aufgabe a) setzen. Elemente wie Plättchen und Spielfiguren aufeinander beziehen.

Impuls: Wie siehst du in dem Bild das Ergebnis der Aufgabe? Erkläre.

Hilfestellung: Alternativ Spielfiguren auf ein Blatt stellen, Punkte daneben zeichnen.

Reflexion: Wieso kann sowohl eine Multiplikation, als auch eine Division zu dem Bild gefunden werden? (vgl. Baustein **N4 A** für die Erarbeitung der Multiplikation).

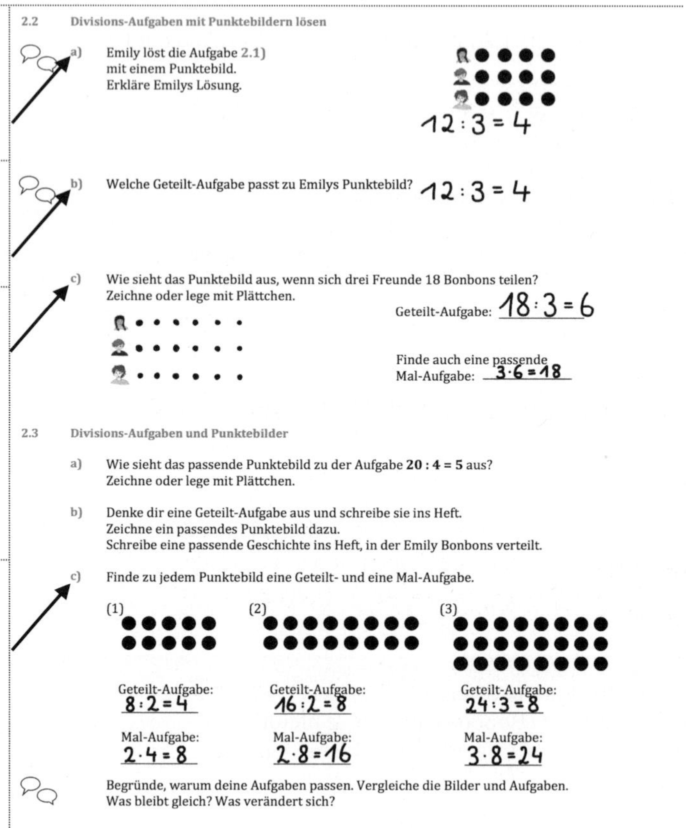
2.2 Divisions-Aufgaben mit Punktebildern lösen

a) Emily löst die Aufgabe 2.1) mit einem Punktebild. Erkläre Emilys Lösung.

12 : 3 = 4

b) Welche Geteilt-Aufgabe passt zu Emilys Punktebild? 12 : 3 = 4

c) Wie sieht das Punktebild aus, wenn sich drei Freunde 18 Bonbons teilen? Zeichne oder lege mit Plättchen.

Geteilt-Aufgabe: 18 : 3 = 6

Finde auch eine passende Mal-Aufgabe: 3 · 6 = 18

2.3 Divisions-Aufgaben und Punktebilder

a) Wie sieht das passende Punktebild zu der Aufgabe **20 : 4 = 5** aus? Zeichne oder lege mit Plättchen.

b) Denke dir eine Geteilt-Aufgabe aus und schreibe sie ins Heft. Zeichne ein passendes Punktebild dazu. Schreibe eine passende Geschichte ins Heft, in der Emily Bonbons verteilt.

c) Finde zu jedem Punktebild eine Geteilt- und eine Mal-Aufgabe.

(1) Geteilt-Aufgabe: 8 : 2 = 4 Mal-Aufgabe: 2 · 4 = 8

(2) Geteilt-Aufgabe: 16 : 2 = 8 Mal-Aufgabe: 2 · 8 = 16

(3) Geteilt-Aufgabe: 24 : 3 = 8 Mal-Aufgabe: 3 · 8 = 24

Begründe, warum deine Aufgaben passen. Vergleiche die Bilder und Aufgaben. Was bleibt gleich? Was verändert sich?

2.4 **Üben (Aufgabengenerator)**

Ziel: Beziehung zwischen Punktebildern und Divisions- und Multiplikationsaufgaben automatisieren

Material: MB: Hunderter-Punktefeld, kleiner Malwinkel

Umsetzung: Aufgabengenerator (PA)

Ggf. Einführung des Hunderter-Punktefelds und des Malwinkels, wenn noch nicht aus Baustein **N4 A** bekannt. Fünferstruktur des Punktefelds thematisieren, um zählendes Rechnen zu vermeiden.
Weitere Aufgabe: Aufgabengenerator kann auch umgedreht werden. Die eine nennt eine Mal-Aufgabe. Der andere legt das passende Punktebild mit dem Hunderter-Punktefeld und dem Malwinkel und nennt eine passende Geteilt-Aufgabe.

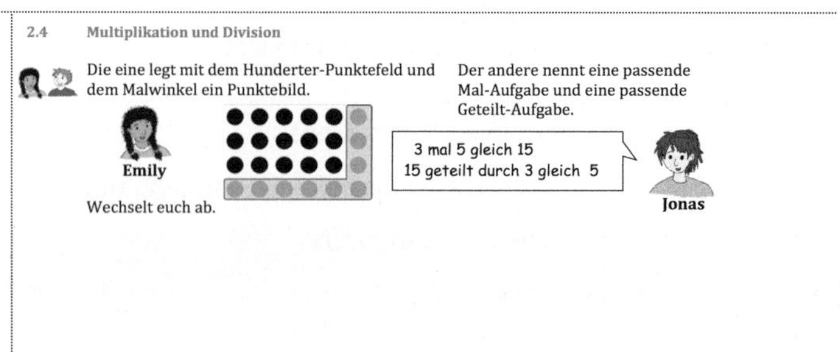
2.4 Multiplikation und Division

Die eine legt mit dem Hunderter-Punktefeld und dem Malwinkel ein Punktebild.

Der andere nennt eine passende Mal-Aufgabe und eine passende Geteilt-Aufgabe.

Wechselt euch ab.

2.5 **Erarbeiten (15 - 20 Minuten)**

Ziel: Beziehung zwischen Multiplikation und Division zum Berechnen von Divisionsaufgaben nutzen

Material: MB: Hunderter-Punktefeld, kleiner Malwinkel

Umsetzung: EA oder PA

Zu beachten: Das passende Punktebild kann nur mit dem Vorwissen zur Multiplikation gefunden werden. Vorgehen z.B. bei 1 · 7 starten und Winkel so lange nach rechts schieben, bis man bei 70 ankommt. Dann überprüfen, wie viele Spalten vorhanden sind. Oder direkt Multiplikation der 7er-Reihe mit Ergebnis 70 suchen.

2.5 **Divisions-Aufgaben mit Multiplikation lösen**

a) Löse die Aufgaben zuerst im Kopf, indem du eine passende Mal-Aufgabe suchst. Kontrolliere dann mit dem Hunderter-Punktefeld und dem Malwinkel.

(1) 70 : 7 = 10 (2) 35 : 7 = 5 (3) 28 : 7 = 4

(4) 24 : 2 = 12
24 : 4 = 6
24 : 8 = 3

(5) 18 : 9 = 2
45 : 9 = 5
54 : 9 = 6

Weitere Aufgabe: Wie viele findest du?

b) Schreibe Multiplikations- und Divisions-Aufgaben mit der Zahl 24 in dein Heft.

3 Mit Division gleichmäßig aufteilen

3.1 - 3.2 **Erarbeiten (20 - 30 Minuten)**

Ziel: Zusammenhang zwischen Divisions-Aufgaben und Aufteil-Situationen verstehen

Material: -

Umsetzung: jeweils EA, dann UG

Hintergrund: In dieser Fördereinheit sollten keine Plättchen verwendet werden, weil diese zu verteilenden Strategien führen, während in dieser Einheit das Aufteilen erarbeitet werden soll.

Hilfestellung: Durch Einkreisen kann der Weg veranschaulicht werden.

3.1 **Gleichmäßig aufteilen**

a) Finde eine passende Geteilt-Aufgabe.

(1) In jeder Gruppe sollen 2 Kinder sein. Wie viele Gruppen kann man bilden?

Geteilt-Aufgabe: 20 : 2 = 10

(2) In jeder Gruppe sollen 4 Kinder sein. Wie viele Gruppen kann man bilden?

Geteilt-Aufgabe: 24 : 4 = 6

Impuls: Was bedeuten die Zahlen 20 und 2 in der Aufgabe? Wie siehst du das Ergebnis in dem Bild (mit den eingezeichneten Kreisen)?

b) Begründe, warum die Aufgaben zu den Bildern passen.

Impuls: Rest thematisieren. Wie kann der Rest in der Situation inhaltlich gedeutet werden? (Es wäre ggf. eine Tüte mehr.)

Impuls: Schreibweise für Rest besprechen: 16 : 5 = 3 R1 Diese Schreibweise sollte den Lernenden erlaubt werden, auch wenn im Unterricht schon mit Dezimalzahlen gearbeitet wird.

3.2 **Aufteilen mit Rest**

a) Finde eine passende Geteilt-Aufgabe.

(1) Immer 5 in eine Tüte.
Wie viele Tüten?

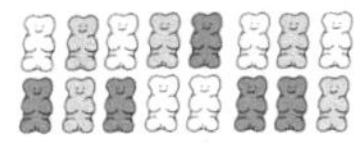

Geteilt-Aufgabe: 16 : 5 = 3 R1

(2) Immer 3 in eine Tüte.
Wie viele Tüten?

Geteilt-Aufgabe: 20 : 3 = 6 R2

Hilfestellung: Wie in 3.1) einkreisen lassen, um Division zu veranschaulichen und die Rollen von Dividend, Divisor und Ergebnis zu klären.

b) Begründe, warum die Aufgaben zu den Bildern passen.

3.3 - 3.5	**Erarbeiten und Üben (30 - 45 Minuten)**
Ziel:	Aufteil-Strategien zur Lösung von Divisionsaufgaben erarbeiten
Material:	MB: Hunderter-Punktefeld, großer Abdeckstreifen, Folienstifte
Umsetzung:	3.3 UG; 3.4 a) EA; b) EA oder PA, dann UG; c) UG; 3.5 EA oder PA

Hintergrund: Ggf. kurze Einführung des Hunderter-Punktefelds. Aufgabe entweder direkt auf dem Blatt oder mit nachgelegtem Hunderterpunktefeld lösen lassen.

Zu beachten: 45 : 5 und Aufteil-Vorstellung ansprechen. Falls die Lernenden 45 : 9 als Aufgabe aufstellen, Rolle von Divisor (als gegebener Zahl) und Quotient (als Ergebnis) klären, bzw. Aufgaben im Folgenden vor dem Lösen formulieren lassen.

3.3 Punkte aufteilen

Auf dem Hunderterpunktefeld sind 55 Punkte sichtbar.

a) Kreise immer 5 Punkte ein.
Wie viele Fünfergruppen kannst du zeichnen?

b) Finde eine passende Geteilt-Aufgabe zu dem Bild.

Geteilt-Aufgabe: 55 : 5 = 11

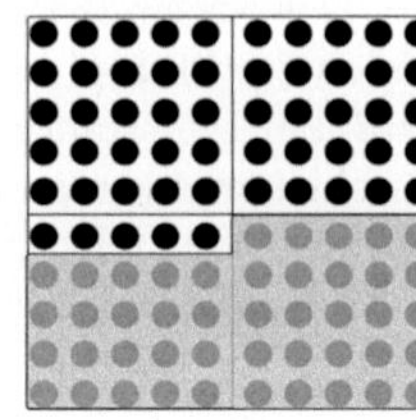

Impuls: Rolle von Dividend, Divisor und Quotient klären. Wie kannst du sie in dem Bild (mit den Einkreisungen) erkennen?

c) Begründe, warum die Aufgabe passt.

Impuls: Zusammenhänge zwischen den Aufgaben besprechen. Von (1) zu (2): Es sind doppelt so viele Punkte in einem Kreis, dafür halb so viele Kreise. Je mehr Punkte in einem Kreis, desto weniger Kreise.

3.4 Divisions-Aufgaben zur 24 finden

a) Stelle mit dem Hunderterpunktefeld die Zahl 24 dar.
Kreise ein und finde eine passende Geteilt-Aufgabe.

Immer 4 Punkte in einen Kreis.	Immer 8 Punkte in einen Kreis.	Immer 12 Punkte in einen Kreis.
Geteilt-Aufgabe: 24 : 4 = 6	Geteilt-Aufgabe: 24 : 8 = 3	Geteilt-Aufgabe: 24 : 12 = 2

Weitere Aufgabe: Finde alle Möglichkeiten für Einkreisungen.

b) Wie kannst du bei der Zahl 24 noch einkreisen?
Schreibe die passenden Geteilt-Aufgaben in dein Heft.

c) Erkläre dein Vorgehen bei den Aufgaben a) und b).

Methode: Entweder auf dem Blatt oder auf dem mit Material nachgelegten Hunderterpunktefeld lösen lassen.

3.5 Divisions-Aufgaben auf dem Hunderterpunktefeld

a) Emily will die Aufgabe **36 : 6** ausrechnen.
Sie hat die Zahl 36 schon mit dem Hunderterpunktefeld dargestellt.
Wie muss sie nun weiter vorgehen?

Erkläre und zeichne ein.

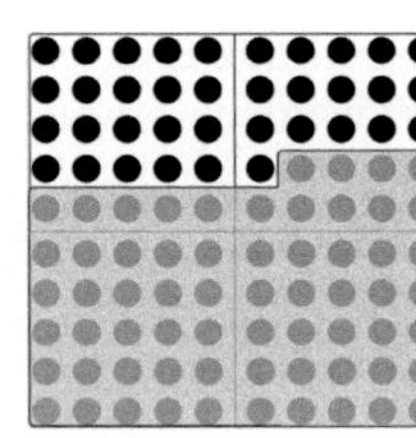

Reflexion: Zusammenhänge zwischen den Aufgaben besprechen. Dass Aufgabe (1) und (2) additiv zu Aufgabe (3) führen, bereitet das halbschriftliche Dividieren vor.

b) Löse die Geteilt-Aufgaben mit Hilfe des Hunderterpunktefelds.

(1) 60 : 6 = 10 (2) 24 : 6 = 4

(3) 84 : 6 = 14 (4) 86 : 6 = 14 R2

4 Division und Rechengeschichten

4.1 - 4.3 **Erarbeiten (30 - 45 Minuten)**

Ziel: Zwischen Rechengeschichten, lebenswirklichen Bildern und Termen wechseln und Darstellungswechsel erklären

Material: -

Umsetzung: 4.1, 4.2 jeweils EA oder PA, dann UG; 4.3 a) EA; b) UG

Reflexion: Bei der Reflexion der Rechengeschichten kann eine nicht passende Geschichte der Lehrkraft untergemischt werden, die gefunden werden muss, um die Aufmerksamkeit beim Überprüfen der Geschichten zu halten.

Weitere Aufgabe: Zeichne auch ein Bild oder erfinde eine Geschichte, das bzw. die nicht zur Aufgabe 15 : 3 passt, in dem/r aber die Zahlen 15 und 3 vorkommen. Dann in b) nach passenden und nicht passenden Geschichten sortieren lassen.

Hilfestellung: Der Kontext *Geld* hilft den Lernenden aufgrund seiner Nähe zum Alltag der Kinder, wenn sie keine Ideen zur Anfertigung einer eigenen Geschichte haben.

Impuls: Rolle des Rests im jeweiligen Kontext thematisieren.

4.1 **Divisions-Aufgaben und Bilder zu Rechengeschichten finden**

Zeichne zu jeder Rechengeschichte ein passendes Bild.
Schreibe dann die passende Geteilt-Aufgabe auf.

a) 20 Bonbons sollen verpackt werden. Es passen immer 4 in eine Tüte. Wie viele Tüten braucht man? 20 : 4 = 5

b) 18 Plätzchen sollen gleichmäßig auf 3 Teller verteilt werden. Wie viele Plätzchen kommen auf jeden Teller? 18 : 3 = 6

4.2 **Rechengeschichten und Divisions-Aufgaben zu Bildern finden**

Schreibe zu jedem Bild eine passende Rechengeschichte in dein Heft.
Schreibe auch eine Frage und eine passende Geteilt-Aufgabe auf.

(1)  (2) 

12 : 2 = 6 oder 12 : 6 = 2 9 : 3 = 3

4.3 **Rechengeschichten und Bilder zu Divisions-Aufgaben finden**

a) Schreibe zu jeder Aufgabe jeweils eine passende Rechengeschichte in dein Heft. Schreibe auch eine Frage auf und zeichne ein passendes Bild.

(1) 15 : 3 = 5 (2) 27 : 5 = 5 R 2

b) Tauscht eure Rechengeschichten gegenseitig aus. Welche Rechengeschichten passen gut zu den Aufgaben?

4.4 **Erarbeiten (20 - 25 Minuten)**

Ziel: Rechengeschichten überprüfen und einschätzen

Material: -

Umsetzung: a), b), c) EA oder PA; d) UG

Methode: Aufgabe b) nicht direkt gemeinsam reflektieren, da unbekannte Rechengeschichten noch in Aufgabe d) benötigt werden.

Reflexion: Erfundene Rechengeschichten der Lernenden in Beziehung zueinander setzen: Was ist bei den Geschichten gleich und was ist verschieden?

4.4 **Passt die Rechengeschichte?**

Zu der Aufgabe **48 : 6** hat Rico eine Rechengeschichte erfunden.

Es sind 48 Menschen im Zug. 6 davon sind Kinder.

a) Passt Ricos Rechengeschichte zu der Aufgabe **48 : 6**? Begründe deine Entscheidung.

b) Erfinde eine eigene Rechengeschichte, die zu der Aufgabe **48 : 6** passt.

c) Erfinde eine eigene Rechengeschichte mit den Zahlen 48 und 6, die **nicht** zu der Aufgabe **48 : 6** passt.

d) Tauscht eure Geschichten aus b) und c) miteinander. Erkennt dein Partner, welche deiner Geschichten passt und welche nicht?

5 Division am Zahlenstrahl

5.1 Erarbeiten (5 - 10 Minuten)

Ziel: Division auf Darstellung am Zahlenstrahl beziehen und Darstellungswechsel erklären

Material: -

Umsetzung: a) EA; b) UG

Hilfestellung: Begriff *Fünferbogen* klären: Alle Bögen müssen gleichgroß sein und sollen die Länge fünf haben.

Impuls: Rolle von Dividend und Divisor klären. Wo siehst du das Ergebnis?

Impuls: Wieso passen sowohl Divisions- als auch Multiplikationsaufgabe zu dem Bild. (Zur Multiplikation siehe Baustein **N4 A**.)

5.1 **Bögen auf dem Zahlenstrahl**

a) Zeichne Fünferbögen in den Zahlenstrahl bis du bei 20 ankommst.
Wie viele Bögen brauchst du? 4

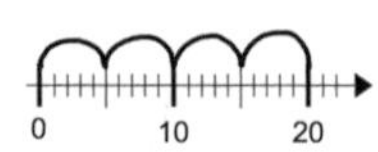

b) Zu dem Bild passen die Aufgaben **20 : 5** und **4 · 5**. Warum passen die Aufgaben?

5.2 - 5.3 Üben (10 - 20 Minuten zzgl. Aufgabengenerator)

Ziel: Zwischen linearen Darstellungen und Termen wechseln; Zusammenhang zwischen Multiplikation und Division üben

Material: MB: Zahlenstrahlkarten, Folienstifte

Umsetzung: 5.2 EA, dann UG; 5.3 a), b), c) EA; d) Aufgabengenerator (PA)

Hintergrund: Für das Rechnen am Zahlenstrahl wird die Aufteil-Vorstellung benötigt, d.h. bei Aufgabe a) Wie viele Dreierbögen passen in die 18?
18 : 3 = 6.
Eventuell schreiben die Lernenden die Aufgabe 18 : 6 = 3 auf. Dann thematisieren: Wie würde dann die Frage heißen? Was ist unbekannt? (Wie lang ist jeder Bogen, wenn du 6 Bögen bis zur 18 hast?)

Hintergrund: Zum Lösen von Geteilt-Aufgaben zeichnen die Lernenden Dreierbögen bis zur 18, um das Ergebnis zu bestimmen. D.h. hier hilft nur die Aufteil-Strategie.

5.2 **Aufgaben zu Zahlenstrahl-Bildern finden**

Schreibe eine passende Geteilt- und eine Mal-Aufgabe auf.

a)

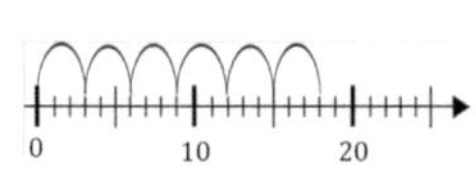

Geteilt-Aufgabe: 18 : 3 = 6
Mal-Aufgabe: 6 · 3 = 18

b)

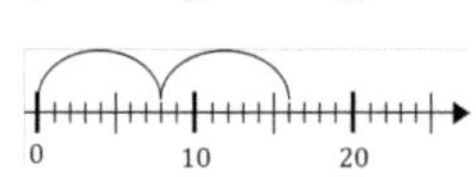

Geteilt-Aufgabe: 16 : 8 = 2
Mal-Aufgabe: 2 · 8 = 16

c)

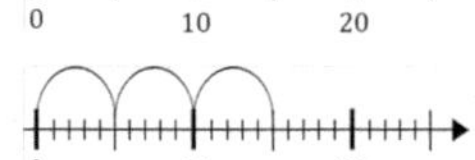

Geteilt-Aufgabe: 15 : 5 = 3
Mal-Aufgabe: 3 · 5 = 15

Reflexion: Bilder der Lernenden anschließend vergleichen lassen.

5.3 **Division am Zahlenstrahl darstellen**

a) Zeichne in diesen Zahlenstrahl passende Bögen zur Aufgabe **50 : 10**.

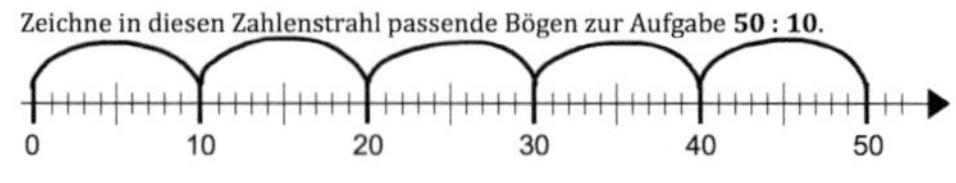

b) Zeichne in diesen Zahlenstrahl passende Bögen zur Aufgabe **35 : 7**.

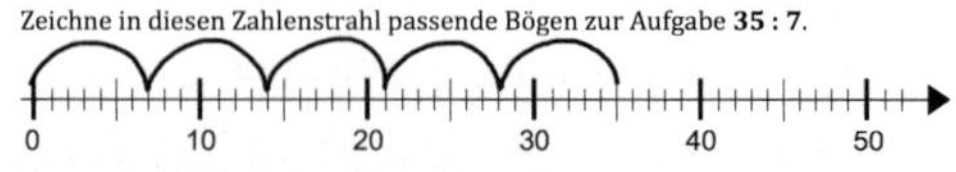

c) Finde auch jeweils eine passende Mal-Aufgabe zu deinen Zahlenstrahl-Bildern.

Weitere Aufgabe: Diese Aufgabe kann auch umgedreht werden (ähnlich Aufgabe 5.2). Der eine zeichnet ein Bild. Der andere nennt die passende Geteilt-Aufgabe.

d) Nehmt euch die Zahlenstrahl-Karten.
Die eine nennt eine Geteilt-Aufgabe.
Der andere zeichnet passende Bögen in den Zahlenstrahl. Wechselt euch ab.

N5 A Addieren und subtrahieren und Rechenwege erklären – Didaktischer Hintergrund

Lerninhalt

Das Addieren und Subtrahieren im Hunderterraum und darüber hinaus fällt Lernenden bisweilen deshalb schwer, weil mehrere Rechenschritte nötig sind. Die Einsicht in die verschiedenen *halbschriftlichen Rechenstrategien* ermöglicht es, den jeweiligen Rechenweg übersichtlich zu notieren.

In diesem Baustein werden die drei halbschriftlichen Strategien *Schrittweises Rechnen, Stellenweises Rechnen* und *Ergänzen* erarbeitet. Da sich diese Strategien einerseits jeweils für unterschiedliche Zahlenwerte eignen (flexibles Rechnen) und sich andererseits verschiedene mathematische Beziehungen mit ihnen vertiefen lassen, sollen möglichst alle drei Strategien thematisiert werden. Aber auch das Herausgreifen und Fördern einer Hauptstrategie, die beispielsweise in der Standortbestimmung von der Schülerin oder dem Schüle selbst gewählt wurde, ist denkbar. Für den weiteren Verlauf der Förderung ist allerdings zu berücksichtigen, dass das schriftliche Addieren und Subtrahieren (Baustein **N7**) auf Grundlage der halbschriftlichen Strategie *Stellenweises Rechnen* eingeführt wird.

Die Förderung bezieht sich auf die Addition und Subtraktion im Hunderter- und Tausenderraum, weshalb ein entsprechendes Zahl- (Bausteine **N1** und **N2**) und Operationsverständnis (Baustein **N3**) Voraussetzung ist.

Im Folgenden wird ein Überblick über die drei Strategien gegeben, wobei zu beachten ist, dass die Vorgehensweisen bezüglich der Reihenfolge und Anzahl der einzelnen Rechenschritte variieren können. Die halbschriftlichen Strategien stellen somit keine algorithmischen Verfahren dar, sondern können auf unterschiedliche Art und Weise notiert werden.

Schrittweises Rechnen

Beim schrittweisen Rechnen wird bei der Addition der zweite Summand bzw. bei der Subtraktion der Subtrahend zerlegt und schrittweise zum ersten Summanden addiert bzw. vom Minuenden subtrahiert. Die Zerlegung erfolgt nicht zwingend gemäß der Stellenwerte (also z.B. erst die Zehner, dann die Einer), sondern kann davon unabhängig den Zahlenwerten angepasst werden (siehe Beispiel zur Addition). Die Strategie *Schrittweises Rechnen* zeichnet sich insbesondere dadurch aus, dass sie bei der Subtraktion nicht so fehleranfällig ist wie die Strategie *Stellenweises Rechnen*.

165 + 375 = 540
165 + 35 = 200
200 + 300 = 500
500 + 40 = 540

Schrittweise Addition

458 - 397 = 61
458 - 300 = 158
158 - 90 = 68
68 - 7 = 61

Schrittweise Subtraktion

Stellenweises Rechnen

Beim stellenweisen Rechnen werden beide Zahlen, bei der Addition der erste und zweite Summand bzw. bei der Subtraktion der Minuend und Subtrahend, in ihre jeweiligen Stellenwerte zerlegt und stellenweise addiert bzw. subtrahiert. Das Endergebnis wird als Summe der Zwischenergebnisse ermittelt.

165 + 375 = 540
100 + 300 = 400
60 + 70 = 130
5 + 5 = 10

Stellenweise Addition

458 - 397 = 61
400 - 300 = 100
50 - 90 = -40
8 - 7 = 1

Stellenweise Subtraktion

Bei der Subtraktion erweist sich diese Strategie als besonders fehleranfällig, sobald bei den Zwischenrechnungen der Minuend kleiner als der Subtrahend ist. Da die Schülerinnen und Schüler meist noch keine negativen Zahlen kennen, trägt das Minuszeichen im Zwischenergebnis die Bedeutung: „Die 40 konnte ich nicht, muss ich aber noch abziehen". Die Zwischenergebnisse werden alternativ auch nur in der Ergebniszeile notiert.

458 - 397 = 100 - 40 + 1= 61
400 - 300
50 - 90
8 - 7

Stellenweise Subtraktion (alternative Notation)

Ergänzen

Das Ergänzen ist ausschließlich eine Rechenstrategie bei der Subtraktion. Sie basiert auf der gleichnamigen Grundvorstellung, welche den Schülerinnen und Schülern aus dem Baustein **N3** bekannt ist. Dabei wird vom Subtrahenden schrittweise (nicht zwingend stellengerecht, siehe Beispiel 2) zum Minuenden ergänzt. Die Differenz wird aus der Summe der jeweiligen Ergänzungsschritte ermittelt.

458 - 397 = 61
397 + 1 = 398
398 + 60 = 458

Ergänzen (Beispiel 1)

458 - 397 = 61
397 + 3 = 400
400 + 58 = 458

Ergänzen (Beispiel 2)

Das Ergänzen eignet sich insbesondere bei Aufgaben, bei denen Minuend und Subtrahend eng beieinander liegen bzw. der Subtrahend nah an einer Stufenzahl, d. h. beispielsweise nah an einem glatten Hunderter, liegt.

Veranschaulichung und Material

Der *Zahlenstrahl* und das *gezeichnete Würfelmaterial* ermöglichen, die Rechenschritte – parallel zu ihrer symbolischen Notation – zu veranschaulichen und dabei inhaltlich nachzuvollziehen.

Zahlenstrahl (Schrittweises Rechnen, Ergänzen)

Der unskalierte Zahlenstrahl, bekannt aus den Bausteinen **N2** und **N3**, wird zur Darstellung der halbschriftlichen Strategien *Schrittweises Rechnen* und *Ergänzen* genutzt. Hierbei werden sowohl die einzelnen Rechenschritte als auch die dazugehörigen Zwischenergebnisse und das Endergebnis dargestellt.

Um die grundsätzlich offenen und flexiblen Vorgehensweisen beim *schrittweisen Rechnen* zu betonen, werden mit den Lernenden verschiedene Rechenwege zu derselben Aufgabe betrachtet. Ziel ist es, die inhaltliche Bedeutung und den Zusammenhang der Rechenschritte, die Veranschaulichung am Zahlenstrahl sowie die symbolische Notation miteinander zu verknüpfen (Aufgabe 1.1 und 2.1).

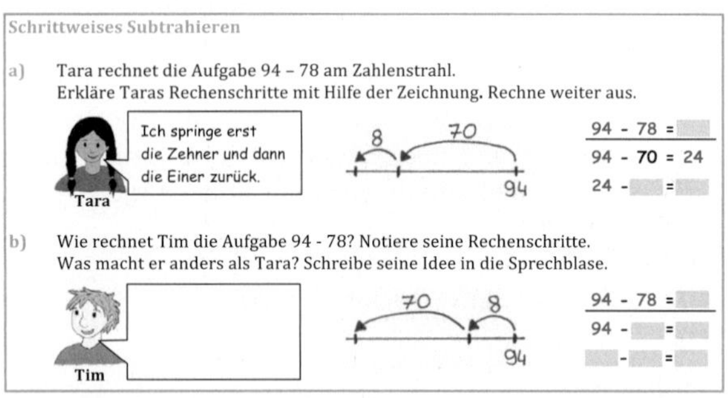

Veranschaulichung der Aufgabe 94 - 78 (*Schrittweises Rechnen*)

Der Unterschied zwischen dem *Schrittweisen Rechnen* und dem *Ergänzen* wird ebenfalls durch die Darstellung am Zahlenstrahl thematisiert und für die Lernenden veranschaulicht (Aufgabe 2.2).

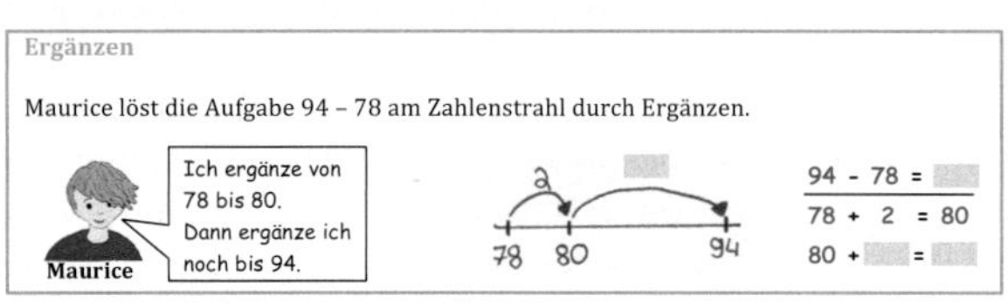

Veranschaulichung der Aufgabe 94 - 78 (*Ergänzen*)

Gezeichnetes Würfelmaterial (Stellenweises Rechnen)

Zur Veranschaulichung der Strategie *Stellenweises Rechnen* wird das aus den Bausteinen **N1** und **N3** bekannte gezeichnete Würfelmaterial aufgegriffen. Es stellt dar, warum die stellenweise Zerlegung der Aufgabe zulässig ist und warum das Endergebnis durch die Addition der Zwischenergebnisse (auch bei der Subtraktion!) ermittelt wird (Aufgabe 1.2 und 2.3).

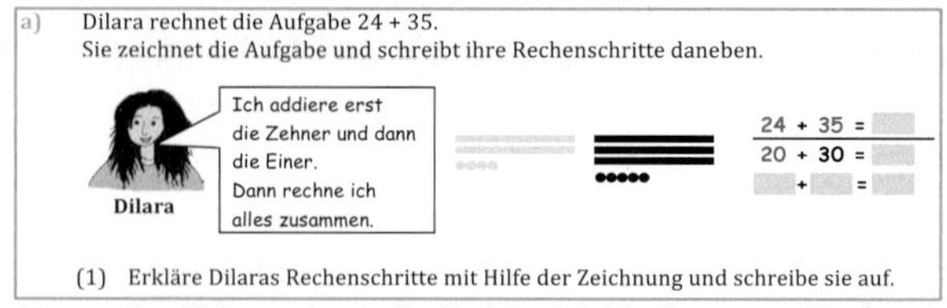

Veranschaulichung der Aufgabe 24 + 35 (*Stellenweises Rechnen*)

Beim stellenweisen Subtrahieren liegt ein Schwerpunkt auf dem Umgang mit Aufgaben, bei denen beispielsweise die Einerzahl des Minuenden kleiner ist als die des Subtrahenden. Auch hier wird das gezeichnete Würfelmaterial herangezogen, um die Rechenschritte an der Veranschaulichung nachvollziehbar zu machen (Aufgabe 2.4).

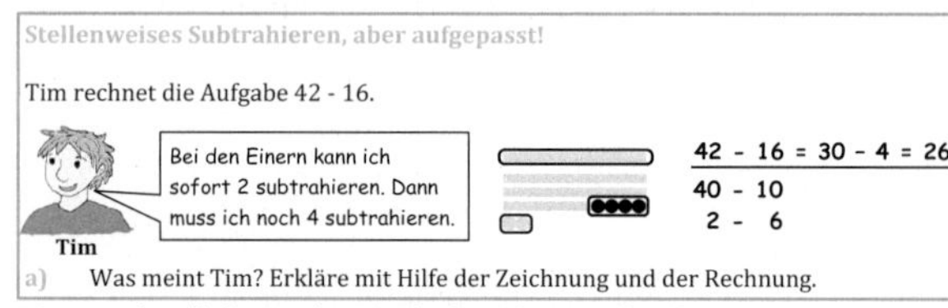

Veranschaulichung der Aufgabe 42 - 16 (*Stellenweises Rechnen)*

Aufbau der Förderung

Der Baustein setzt sich aus drei Fördereinheiten zusammen, die sich jeweils auf die verschiedenen halbschriftlichen Rechenstrategien beziehen:

1 Addieren
2 Subtrahieren
3 Addieren und Subtrahieren

Die **Fördereinheiten 1 und 2** bestehen aus einer Erarbeitung der jeweiligen Rechenstrategien beim Addieren und Subtrahieren. In **Fördereinheit 3** folgen Aufgaben zur Festigung des Verständnisses und zur Übung dieser Rechenstrategien.

Weiterführende Literatur

Häsel-Weide, U. / Nührenbörger, M. (2013). Fördern im Mathematikunterricht. In Bartnitzky, H. / Hecker, U. / Lassek, M. (Hrsg.). Individuell fördern – Kompetenzen stärken (ab Klasse 3). Vol. 135, Heft 2. Frankfurt am Main: Grundschulverband.

KIRA (o. J.): Halbschriftliche Addition. http://www.kira.tu-dortmund.de/061; Halbschriftliche Subtraktion. http://www.kira.tu-dortmund.de/062

PIK AS (o. J.): Halbschriftliches und schriftliches Rechnen. http://www.pikas.tu-dortmund.de/091

Schipper, W. (2009): Handbuch für den Mathematikunterricht an Grundschulen. Schroedel: Hannover, 130 - 142.

N5 A – Durchführung und Auswertung der Standortbestimmung

Dauer: 15 - 20 Minuten

Hinweise zur Durchführung:

Vor der Durchführung: Klären, dass die Aufgaben nicht mit schriftlichen Algorithmen gelöst werden sollen. Gegebenenfalls eine schriftliche Rechnung an die Tafel schreiben und durchstreichen.

Sofern sich einzelne Schülerinnen und Schüler bei der Notation des Rechenweges unsicher sind, kann es helfen, die Lernenden den Rechenweg kurz mündlich erklären zu lassen und sie daraufhin aufzufordern, die Rechnung genau so zu notieren.

Die Wahl der jeweiligen Rechenstrategien der Lernenden ist eine zentrale Information der Standortbestimmung. Daher sollte keine Strategie von der Lehrkraft als Hilfestellung vorgegeben werden.

Aufgabe 3 kann nicht mit der Strategie *Stellenweises Rechnen* bearbeitet werden. Ist der Anspruch der Förderung, ausschließlich das stellenweise Rechnen zu sichern, kann diese Aufgabe in der Auswertung unberücksichtigt bleiben. Dies kann den Lernenden gegebenenfalls auch bereits während der Standortbestimmung signalisiert werden.

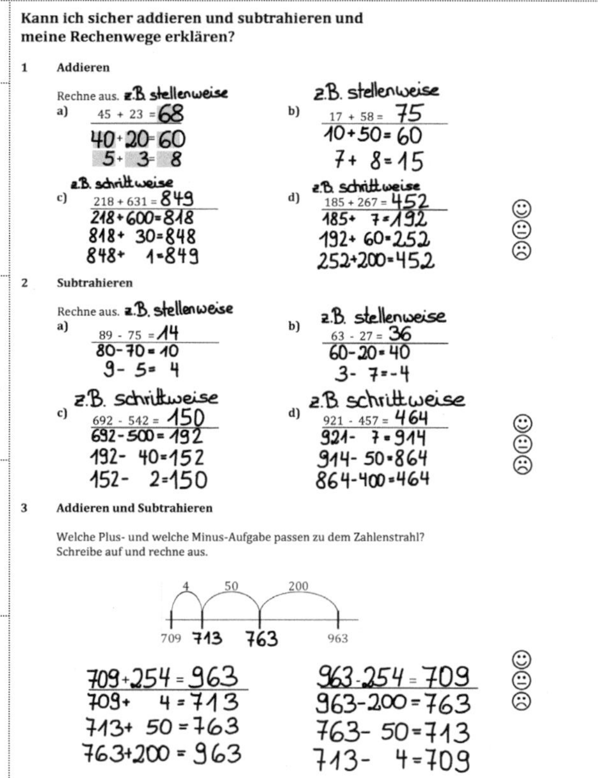
Kann ich sicher addieren und subtrahieren und meine Rechenwege erklären?

1 **Addieren**

Rechne aus. z.B. stellenweise
a) 45 + 23 = 68
40 + 20 = 60
5 + 3 = 8

z.B. stellenweise
b) 17 + 58 = 75
10 + 50 = 60
7 + 8 = 15

z.B. schrittweise
c) 218 + 631 = 849
218 + 600 = 818
818 + 30 = 848
848 + 1 = 849

z.B. schrittweise
d) 185 + 267 = 452
185 + 7 = 192
192 + 60 = 252
252 + 200 = 452

2 **Subtrahieren**

Rechne aus. z.B. stellenweise
a) 89 - 75 = 14
80 - 70 = 10
9 - 5 = 4

z.B. stellenweise
b) 63 - 27 = 36
60 - 20 = 40
3 - 7 = -4

z.B. schrittweise
c) 692 - 542 = 150
692 - 500 = 192
192 - 40 = 152
152 - 2 = 150

z.B. schrittweise
d) 921 - 457 = 464
921 - 7 = 914
914 - 50 = 864
864 - 400 = 464

3 **Addieren und Subtrahieren**

Welche Plus- und welche Minus-Aufgabe passen zu dem Zahlenstrahl? Schreibe auf und rechne aus.

709 + 254 = 963
709 + 4 = 713
713 + 50 = 763
763 + 200 = 963

963 - 254 = 709
963 - 200 = 763
763 - 50 = 713
713 - 4 = 709

Hinweise zur Auswertung:

Diagnoseaufgabe 1 und 2: Addieren / Subtrahieren

Typische Fehler		Mögliche Ursache	Förderung
	z.B. 17 + 58 = 82 17 + 50 = 67 7 + 8 = 15	Einzelne Rechenschritte werden vergessen bzw. entsprechen nicht konsequent der gewählten Strategie. Fehlendes inhaltliches Verständnis der Rechenschritte.	Einen oder mehrere Rechenwege zur Addition bzw. Subtraktion erarbeiten und üben: *Schrittweises Addieren* (1.1) *Stellenweises Addieren* (1.2) *Schrittweises Subtrahieren* (2.1) *Ergänzen* (2.2) *Stellenweises Subtrahieren* (2.3; 2.4)
	z.B. 89 - 75 = 6 80 - 70 = 10 9 - 5 = 4	Das Endergebnis wird nicht notiert oder fehlerhaft aus den Zwischenergebnissen ermittelt. Fehlendes inhaltliches Verständnis der Rechenschritte.	
	z.B. 63 - 27 = 44 60 - 20 = 40 3 - 7 = 4	Der Stellenwertübergang ist unklar bzw. kann nicht mit der gewählten Rechenstrategie umgesetzt werden.	*Schrittweises Rechnen* und *Ergänzen*: (Ent-)Bündeln in Baustein **N3** wiederholen; *Stellenweises Rechnen*: Rechenschritte verständnisbasiert erarbeiten (2.4).

Diagnoseaufgabe 3: Addieren und Subtrahieren

Typische Fehler		Mögliche Ursache	Förderung
	z.B. 709 + 963 oder 963 - 709	Das *Schrittweise Rechnen* ist inhaltlich nicht verstanden, die Veranschaulichung am Zahlenstrahl ist unklar.	Strategie *Schrittweises Rechnen* verständnisorientiert erarbeiten (1.1; 2.1) und üben (3.1).

1 Addieren

1.1 Erarbeiten und Üben (25 - 30 Minuten)

Ziel: Am Zahlenstrahl schrittweise addieren und die Rechenwege erklären und notieren

Material: Buntstifte

Umsetzung: a), b) jeweils EA oder PA, dann UG; c), d) jeweils EA

Hintergrund: Das Verständnis wird durch die Verknüpfung der inhaltlichen Deutung der Rechenschritte am Zahlenstrahl und an der Notation des Rechenweges aufgebaut.

Voraussetzung: Kenntnis der Darstellung der Addition am Zahlenstrahl. Ggf. Baustein **N3** (Aufgabe 4.1) wiederholen.

1.1 **Schrittweises Addieren**

a) Tara zeichnet die Aufgabe 62 + 34 am Zahlenstrahl. Ihre Rechenschritte notiert sie.

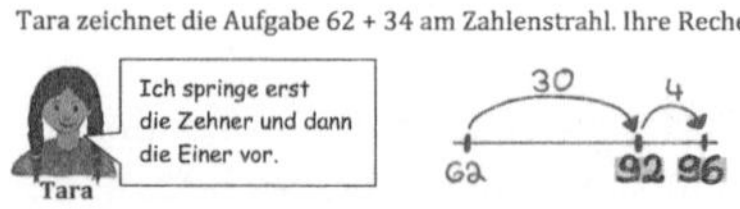

62 + 34 = 96
62 + 30 = 92
92 + 4 = 96

(1) Beschrifte den Zahlenstrahl und rechne weiter aus.

(2) Markiere mit Farben, was in der Zeichnung und Rechnung gleich ist. Erkläre Taras Rechenweg.

Zu beachten: Manche Schülerinnen und Schüler füllen die Felder der Rechnung ohne Betrachtung der Darstellung am Zahlenstrahl aus, da sie das Schema des Rechenweges kennen. In diesem Fall auch unbedingt das inhaltliche Verständnis bei den Lernenden sichern.

Impuls: Warum schreibst du das letzte Zwischenergebnis als Endergebnis auf?

Reflexion: Es gibt verschiedene (gleich gute) Möglichkeiten, wie am Zahlenstrahl schrittweise gerechnet werden kann.

b) Wie rechnet Tim die Aufgabe 62 + 34? Notiere seine Rechenschritte. Was macht er anders als Tara? Schreibe seine Idee in die Sprechblase.

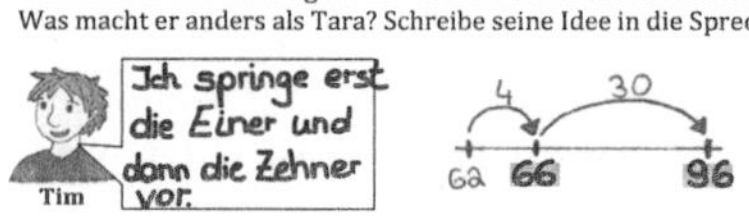

62 + 34 = 96
62 + 4 = 66
66 + 30 = 96

Impuls: Wie viele Sprünge brauchst du hier? Warum?

Reflexion: Den Unterschied zwischen den beiden Rechenwegen erklären lassen. Als Hilfestellung dienen die Formulierungen in den Sprechblasen.

c) Zeichne und rechne die Aufgabe 368 + 179 ...

(1) so wie Tara.

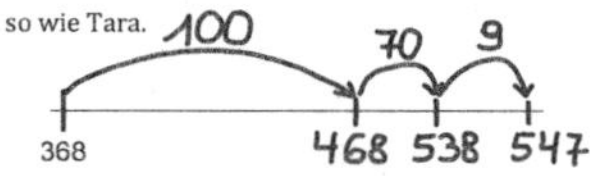

368 + 179 = 547
368 + 100 = 468
468 + 70 = 538
538 + 9 = 547

(2) so wie Tim.

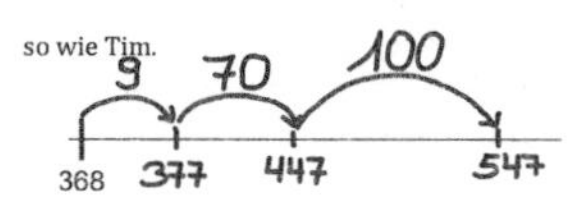

368 + 179 = 547
368 + 9 = 377
377 + 70 = 447
447 + 100 = 547

Weitere Aufgaben:
Die Schülerinnen und Schüler zeichnen weitere Zahlenstrahlen, zu denen ihre Partner die passende Plus-Aufgabe finden und rechnen sollen.
Die Schülerinnen und Schüler schreiben weitere Rechnungen auf, zu denen ihre Partner den passenden Zahlenstrahl zeichnen sollen.

d) Finde die passenden Plus-Aufgaben zu den Zahlenstrahlen. Rechne aus.

(1)

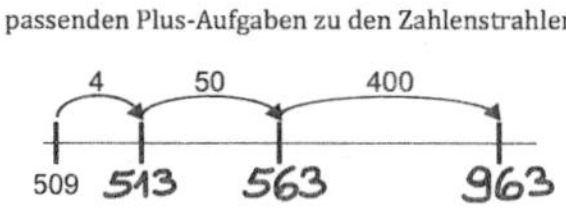

509 + 454 = 963
509 + 4 = 513
513 + 50 = 563
563 + 400 = 963

(2)

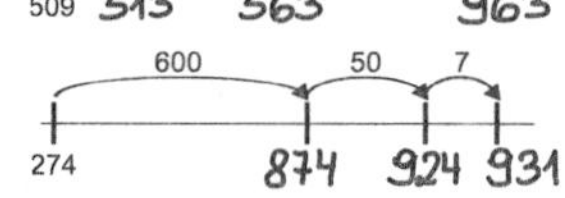

274 + 657 = 931
274 + 600 = 874
874 + 50 = 924
924 + 7 = 931

1.2 **Erarbeiten und Üben (25 - 30 Minuten)**

Ziel: Am gezeichneten Würfelmaterial stellenweise addieren und den Rechenweg erklären und notieren

Material: MB: Ggf. Würfelmaterial; Buntstifte

Umsetzung: a) EA oder PA, dann UG; b) PA oder UG, dann EA; c) EA

Voraussetzung: Kenntnis der Darstellung der Addition mit gezeichnetem Würfelmaterial (Baustein **N3**, Fördereinheit 2).

Hilfestellung: Aufgabe parallel mit Würfelmaterial nachlegen und mit der Zeichnung und Rechnung vergleichen lassen.

Impuls: Markiere die Rechenschritte jeweils mit gleichen Farben in der Zeichnung und in der Rechnung.

Lösung: Für das Endergebnis muss sowohl die Summe der Einer als auch die Summe der Zehner zusammengefasst werden. Die Zwischenergebnisse werden daher addiert.

Reflexion: Was steht alles über bzw. unter der Trennlinie der Rechnung? (Strukturierung der Notation der Rechnung)

1.2 Stellenweises Addieren

a) Dilara rechnet die Aufgabe 24 + 35.
Sie zeichnet die Aufgabe und schreibt ihre Rechenschritte daneben.

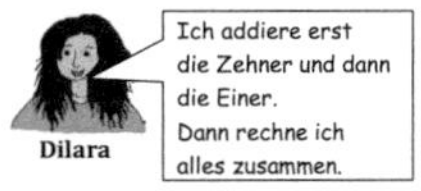

24 + 35 = 59
20 + 30 = 50
4 + 5 = 9

(1) Erkläre Dilaras Rechenschritte mit Hilfe der Zeichnung und schreibe sie auf.

(2) Wie erhältst du das Endergebnis?
Erkläre mit Hilfe der Zeichnung und der Rechnung.

Hintergrund: Hier liegen hohe Zahlenwerte vor, damit die stellenweise Zerlegung und die Notation von Zwischenergebnissen von den Lernenden als hilfreich empfunden werden.

Impuls: Markiere die Rechenschritte jeweils mit gleichen Farben in der Zeichnung und in der Rechnung.

Zu beachten: Die zwei Summanden werden der Übersichtlichkeit halber in unterschiedlichen Farben gezeichnet.

Weitere Aufgabe: Gestaltung eines „Paare finden"-Spiels. Die Schülerinnen und Schüler erstellen weitere Zeichnungen von frei gewählten Plus-Aufgaben und schreiben die passenden Rechnungen auf separate Karteikarten (DIN-A7). Dann wird „Paare finden" gespielt.

b) Welche Aufgabe wird hier gerechnet?
Erkläre die Rechenschritte mit Hilfe der Zeichnung. Rechne aus.

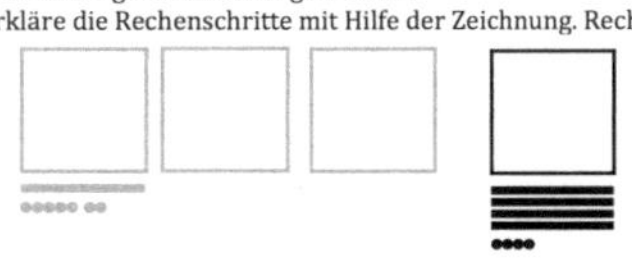

317 + 144 = 461
300 + 100 = 400
10 + 40 = 50
7 + 4 = 11

c) **Zeichne** und **rechne** die Aufgaben 62 + 56 und 123 + 118.
Denke dir auch selbst eine dritte und vierte Aufgabe aus.

Zeichnung: 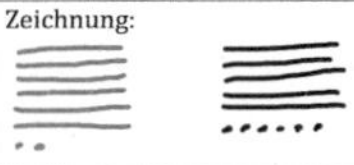	62 + 56 = 118 60 + 50 = 110 2 + 6 = 8
Zeichnung: 	123 + 118 = 241 100 + 100 = 200 20 + 10 = 30 3 + 8 = 11
Zeichnung:	+ =
Zeichnung:	+ =

2 Subtrahieren

2.1 **Erarbeiten (10 - 15 Minuten)**

Ziel: Am Zahlenstrahl schrittweise subtrahieren und die Rechenwege erklären und notieren

Material: -

Umsetzung: jeweils EA oder PA, dann UG

Hintergrund: Das Verständnis wird durch die Verknüpfung der inhaltlichen Deutung der Rechenschritte am Zahlenstrahl und der Notation des Rechenweges aufgebaut.

Zu beachten: Manche Schülerinnen und Schüler füllen die Felder der Rechnung ohne Betrachtung der Darstellung am Zahlenstrahl aus, da sie das Schema des Rechenweges kennen. In diesem Fall auch unbedingt das inhaltliche Verständnis bei den Lernenden sichern.

Impuls: Warum schreibst du das letzte Zwischenergebnis als Endergebnis auf?

Reflexion: Es gibt verschiedene (gleich gute) Möglichkeiten, wie am Zahlenstrahl schrittweise gerechnet werden kann.

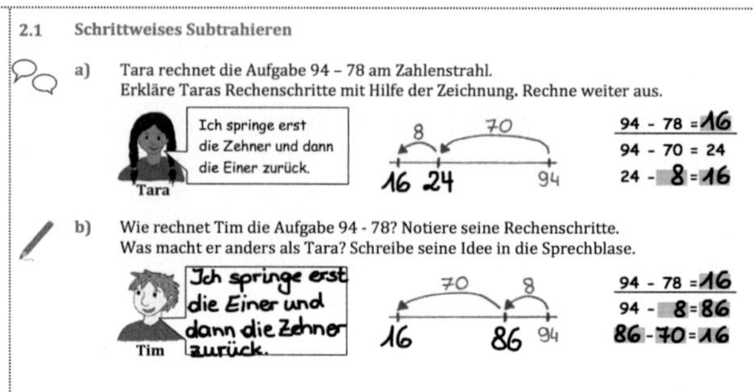
2.1 Schrittweises Subtrahieren

a) Tara rechnet die Aufgabe 94 – 78 am Zahlenstrahl.
Erkläre Taras Rechenschritte mit Hilfe der Zeichnung. Rechne weiter aus.

Tara: Ich springe erst die Zehner und dann die Einer zurück.

8, 70; 16, 24, 94

94 - 78 = 16
94 - 70 = 24
24 - 8 = 16

b) Wie rechnet Tim die Aufgabe 94 - 78? Notiere seine Rechenschritte.
Was macht er anders als Tara? Schreibe seine Idee in die Sprechblase.

Tim: Ich springe erst die Einer und dann die Zehner zurück.

70, 8; 16, 86, 94

94 - 78 = 16
94 - 8 = 86
86 - 70 = 16

2.2 **Erarbeiten (20 - 25 Minuten)**

Ziel: Am Zahlenstrahl ergänzen und den Rechenweg erklären und notieren; Aufgaben, die sich gut zum Ergänzen eignen, erkennen

Material: -

Umsetzung: a) EA oder PA, dann UG; b) EA, dann PA oder UG

Voraussetzung: Kenntnis der Grundvorstellung *Ergänzen*; gegebenenfalls Baustein **N3** (Aufgabe 4.5 und 4.6) wiederholen.

Impuls: Welche anderen Rechenschritte hätte Maurice beim Ergänzen gehen können? (78 + 6; +10)

Reflexion: In Vorbereitung auf Aufgabenteil b) thematisieren, warum sich bei dieser Aufgabe das Ergänzen als Rechenstrategie eignet.

Hintergrund: Das Ergänzen kann grundsätzlich zum Lösen jeder Subtraktionsaufgabe eingesetzt werden. Im Sinne des flexiblen Rechnens ist das Ergänzen bei Aufgaben, bei denen Minuend und Subtrahend nah beieinander liegen bzw. der Subtrahend nah an einer Stufenzahl liegt, besonders sinnvoll.

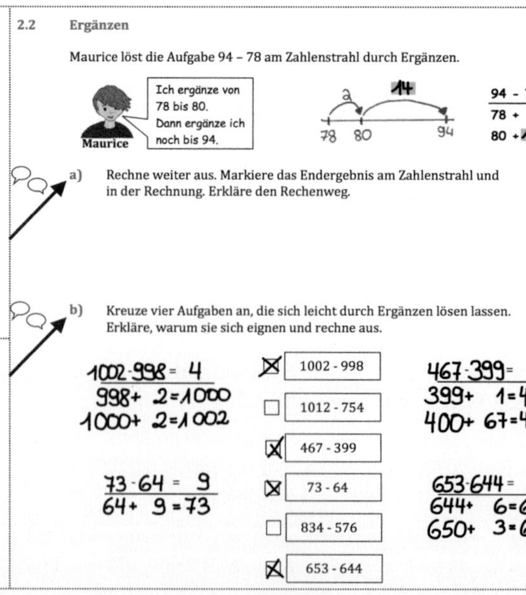
2.2 Ergänzen

Maurice löst die Aufgabe 94 – 78 am Zahlenstrahl durch Ergänzen.

Maurice: Ich ergänze von 78 bis 80. Dann ergänze ich noch bis 94.

2, 14; 78, 80, 94

94 - 78 = 16
78 + 2 = 80
80 + 14 = 94

a) Rechne weiter aus. Markiere das Endergebnis am Zahlenstrahl und in der Rechnung. Erkläre den Rechenweg.

b) Kreuze vier Aufgaben an, die sich leicht durch Ergänzen lösen lassen. Erkläre, warum sie sich eignen und rechne aus.

☒ 1002 - 998
☐ 1012 - 754
☒ 467 - 399
☒ 73 - 64
☐ 834 - 576
☒ 653 - 644

1002 - 998 = 4
998 + 2 = 1000
1000 + 2 = 1002

467 - 399 = 68
399 + 1 = 400
400 + 67 = 467

73 - 64 = 9
64 + 9 = 73

653 - 644 = 9
644 + 6 = 650
650 + 3 = 653

2.3 Erarbeiten (10 - 15 Minuten)

Ziel: Am gezeichneten Würfelmaterial stellenweise subtrahieren (ohne Stellenwertübergang) und den Rechenweg erklären und notieren

Material: MB: Ggf. Würfelmaterial; Buntstifte

Umsetzung: a), b) jeweils EA oder PA, dann UG; c) PA oder UG, dann EA

Voraussetzung: Kenntnis der Darstellung der Subtraktion mit gezeichnetem Würfelmaterial; gegebenenfalls Baustein **N3** (Aufgabe 2.1) wiederholen.

Hilfestellung: Aufgabe parallel mit Würfelmaterial nachlegen und mit der Zeichnung und dem Rechenweg vergleichen lassen.

Impuls: Markiere die Rechenschritte jeweils mit gleichen Farben in der Zeichnung und in der Rechnung.

Lösung: Für das Endergebnis muss sowohl die Differenz der Einer als auch die Differenz der Zehner zusammengefasst werden. Die Zwischenergebnisse werden daher addiert.

Hintergrund: Hier werden hohe Zahlenwerte gewählt, damit die stellenweise Zerlegung und die Notation der Zwischenergebnisse von den Lernenden als hilfreich empfunden werden.

2.3 Stellenweises Subtrahieren

a) Dilara rechnet die Aufgabe 46 - 32.
Erkläre Dilaras Rechenschritte mit Hilfe der Zeichnung. Rechne weiter aus.

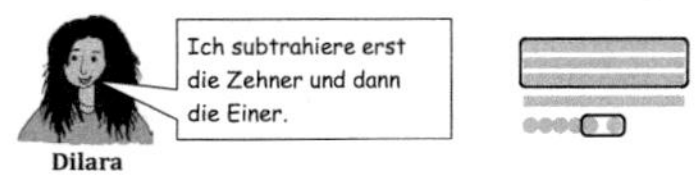

46 - 32 = 14
40 - 30 = 10
6 - 2 = 4

b) Dilara und Leonie überlegen, wie sie mit den Zwischenergebnissen weiter rechnen müssen.

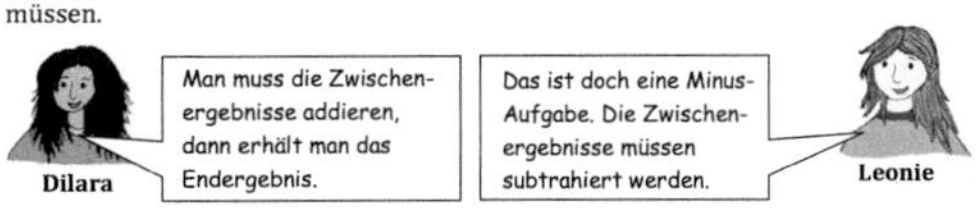

Wer hat recht? Erkläre mit Hilfe der Zeichnung oben, wie du auf das Endergebnis kommst.

c) Welche Aufgabe wird hier gerechnet?
Erkläre die Rechenschritte mit Hilfe der Zeichnung. Rechne aus.

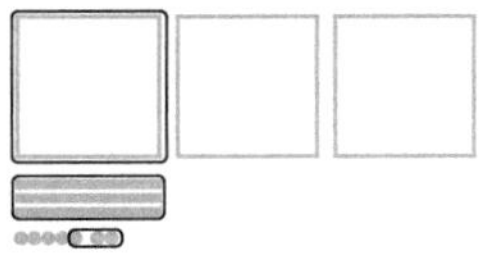

337 - 133 = 204
300 - 100 = 200
30 - 30 = 0
7 - 3 = 4

2.4 Erarbeiten und Üben (30 - 35 Minuten)

Ziel: Am gezeichneten Würfelmaterial stellenweise subtrahieren (mit Stellenwertübergang) und den Rechenweg erklären und notieren

Material: MB: Ggf. Würfelmaterial; Buntstifte

Umsetzung: a), b) jeweils EA oder PA, dann UG; c) EA

Voraussetzung: Kenntnis des Entbündelns am gezeichneten Würfelmaterial; gegebenenfalls Baustein **N3** (Aufgabe 2.2) wiederholen.

Zu beachten: Die Zwischenergebnisse können auch hinter den Rechnungen notiert werden:
42 - 16 = 26
40 - 10 = 30
2 - 6 = -4
Das Minuszeichen bedeutet hier: „Die 4 konnte ich noch nicht, muss ich aber noch wegnehmen."

Weitere Aufgabe: Erweiterung bzw. Neugestaltung eines „Paare finden"-Spiels (vgl. Kommentar Aufgabe 1.2 c). Frei gewählte Rechnungen mit passenden Zeichnungen auf DIN-A7 Karteikarten notieren. Dann wird „Paare finden" gespielt.

2.4 Stellenweises Subtrahieren, aber aufgepasst!

Tim rechnet die Aufgabe 42 - 16.

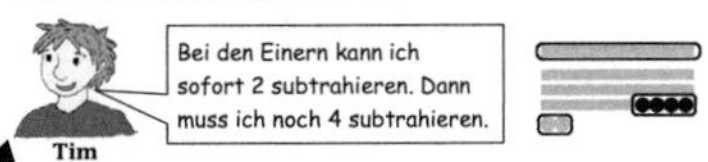

42 - 16 = 30 - 4 = 26
40 - 10
2 - 6

a) Was meint Tim? Erkläre mit Hilfe der Zeichnung und der Rechnung.

b) Wie kommt Tim auf das Endergebnis?
Erkläre mit Hilfe der Zeichnung und der Rechnung.

c) Zeichne und rechne die Aufgaben wie Tim in deinem Heft.

(1) 72 - 46
(2) 35 - 18
(3) 57 - 39
(4) 81 - 65
(5) 234 - 126
(6) 352 - 237

3 Addieren und Subtrahieren

3.1 **Üben (20 - 25 Minuten)**

Ziel: Schrittweises Addieren und Subtrahieren üben; Umkehraufgaben wiederholen

Material: -

Umsetzung: EA

Voraussetzung: Kenntnis der Addition und Subtraktion als Umkehroperationen; ggf. Baustein **N3** (Aufgabe 4.3) wiederholen.

Hintergrund: Die Aufgabe bietet Raum, das schrittweise Rechnen zu üben. Einerseits steht dabei die Übertragung der Rechnung am Zahlenstrahl in die entsprechende Notation (und umgekehrt) im Vordergrund, andererseits werden Addition und Subtraktion als Umkehroperationen wiederholt.

Zu beachten: Die Darstellung der Rechnung am Zahlenstrahl gibt die Reihenfolge der Rechenschritte (E, Z, H oder H, Z, E) eindeutig vor. Die Rechenschritte sollen identisch in der Notation aufgeführt werden. Gleiches gilt bei der Übersetzung einer Rechnung in die Darstellung des Rechenweges am Zahlenstrahl.

Hilfestellung: Notiere die Rechnung erst am Zahlenstrahl, bevor du die Umkehraufgabe suchst und berechnest.
Überprüfe, ob deine Rechnung mit der Darstellung des Rechenweges am Zahlenstrahl ganz genau übereinstimmt bzw. überprüfe, ob deine Darstellung der Rechnung am Zahlenstrahl ganz genau den notierten Rechenweg abbildet.

3.1 **Schrittweises Addieren und Subtrahieren**

Immer eine Plus- und eine Minus-Aufgabe passen zu den Zahlenstrahlen.
Notiere die Rechnungen und die fehlenden Zahlen an den Zahlenstrahlen.
Erfinde als sechste Aufgabe einen eigenen Zahlenstrahl.

Plus-Aufgabe	Zahlenstrahl	Minus-Aufgabe
1) 647 + 287 = 934 647 + 7 = 654 654 + 80 = 734 743 + 200 = 934	7 80 200 647 654 734 934	934 - 287 = 647 934 - 200 = 734 734 - 80 = 654 654 - 7 = 647
2) 37 + 129 = 166 37 + 9 = 46 46 + 20 = 66 66 + 100 = 166	9 20 100 37 46 66 166	166 - 129 = 37 166 - 100 = 66 66 - 20 = 46 46 - 9 = 37
3) 209 + 1269 = 1478 209 + 9 = 218 218 + 60 = 278 278 + 200 = 478 478 + 1000 = 1478	9 60 200 1000 209 218 278 478 1478	1478 - 1269 = 209 1478 - 1000 = 478 478 - 200 = 278 278 - 60 = 218 218 - 9 = 209
4) 110 + 739 = 849 110 + 700 = 810 810 + 30 = 840 840 + 9 = 849	700 30 9 110 810 840 849	849 - 739 = 110 849 - 9 = 840 840 - 30 = 810 810 - 700 = 110
5) 997 + 92 = 1089 997 + 3 = 1000 1000 + 89 = 1089	3 89 997 1000 1089	1089 - 92 = 997 1089 - 89 = 1000 1000 - 3 = 997
6) + =		- =

3.2 Üben (40 - 45 Minuten)

Ziel: Stellenweises Addieren und Subtrahieren üben; Gesetzmäßigkeiten bei der Addition und Subtraktion mithilfe von Entdeckerpäckchen erkennen

Material: MB: Ggf. Würfelmaterial; Buntstifte

Umsetzung: a), b), c) EA; d) PA

Hintergrund: Strukturierte Aufgabenserien werden auch als Entdeckerpäckchen bezeichnet. Das Beschreiben und Begründen solcher Aufgabenserien fördert insbesondere die prozessbezogenen Kompetenzen (Kommunizieren, Argumentieren und Darstellen).

Impuls: Wie verändert sich die erste Zahl?
Wie verändert sich die zweite Zahl?
Wie verändert sich das Ergebnis?
Warum verändert sich das Ergebnis auf diese Weise?

3.2 **Stellenweises Addieren und Subtrahieren**

a) Rechne aus. Was fällt dir auf? Markiere deine Entdeckungen mit verschiedenen Farben. Setze die Päckchen fort.

(1)	264 + 152 = 416	364 + 162 = 526	464 + 172 = 636	564+182 = 646
	200+100 = 300	300+100 = 400	400+100 = 500	500+100 = 600
	60+ 50 = 110	60+ 60 = 120	60+ 70 = 130	60+ 80 = 140
	4+ 2 = 6	4+ 2 = 6	4+ 2 = 6	4+ 2 = 6
(2)	466 - 254 = 212	477 - 265 = 212	488 - 276 = 212	499-287 = 212
	400-200 = 200	400-200 = 200	400-200 = 200	400-200 = 200
	60- 50 = 10	70- 60 = 10	80- 70 = 10	90- 80 = 10
	6- 4 = 2	7- 5 = 2	8- 6 = 2	9- 7 = 2
(3)	757 - 143 = 614	757 - 254 = 503	757 - 365 = 392	757-476 = 281
	700-100 = 600	700-200 = 500	700-300 = 400	700-400 = 300
	50- 40 = 10	50- 50 = 0	50- 60 = -10	50- 70 = -20
	7- 3 = 4	7- 4 = 3	7- 5 = 2	7- 6 = 1

Hilfestellung:
Gemeinsames Sammeln möglicher Textbausteine:
Ich habe entdeckt, dass…
Mir ist aufgefallen, dass…
Ich habe beobachtet, dass…
... die erste Zahl / die zweite Zahl / das Ergebnis immer um … größer / kleiner wird, weil …

b) Schreibe zu einem Päckchen aus a) deine Entdeckungen auf.
Kreuze an. Ich beschreibe meine Entdeckungen zu: □ (1) □ (2) □ (3)

Hilfestellung: Mit den Lernenden besprechen, wie Entdeckerpäckchen aufgebaut sind (z.B. eine Zahl wird immer um den gleichen Betrag größer / kleiner, das Ergebnis wird immer um den gleichen Betrag größer / kleiner etc.).

c) Erfinde selbst solche Entdeckerpäckchen.
Schreibe jeweils nur die ersten **zwei** Aufgaben auf. Rechne sie aus.

(1) ___ + ___ = ___ ___ + ___ = ___ ___ + ___ = ___

(2) ___ - ___ = ___ ___ - ___ = ___ ___ - ___ = ___

Hintergrund: Der Tausch dient zugleich als Kontrolle, ob es sich wirklich um Entdeckerpäckchen handelt.

Impuls: Ist das Päckchen überhaupt ein Entdeckerpäckchen? Wenn ja, warum? Wenn nein, warum nicht?

d) Tauscht eure Entdeckerpäckchen untereinander.
Schreibt die passende **dritte** Aufgabe auf. Rechnet sie aus.

N6 A Mit Stufenzahlen multiplizieren und dividieren – Didaktischer Hintergrund

Lerninhalt

Multiplikation und Division mit Stufenzahlen (darunter werden im Folgenden sowohl Zehnerpotenzen (10, 100, ...) als auch Vielfache von 10, die keine reinen Zehnerpotenzen sind (40, 300, 6000, ...), verstanden) sind wichtige Voraussetzungen für das Kopfrechnen und das halbschriftliche Rechnen. Wird der Thematisierung des Multiplizierens mit Stufenzahlen im Unterricht nicht genug Raum gegeben, kann es passieren, dass Lernende ein verständnisloses Anhängen und Wegstreichen von Nullen automatisieren (vgl. Wagner 2006, S. 125 - 126). Dieses wiederum führt schnell zu falschen Anwendungen (Wegstreichen und Anhängen werden vertauscht usw.). Wichtiger noch als die korrekte Ausführung der Multiplikation und Divi-sion mit Stufenzahlen sind die damit verbundenen Einsichten in das Stellenwertsystem (siehe Abbildung), welche auch für das Verständnis von Dezimalzahlen bedeutsam sind (vgl. Häsel-Weide / Nührenbörger 2013).

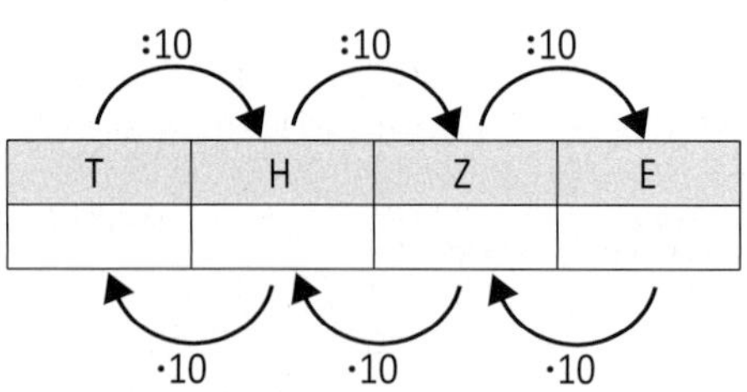

Multiplikative Beziehungen zwischen Stellenwerten

In diesem Baustein werden multiplikative Zusammenhänge zwischen den Stellenwerten erarbeitet. Dazu untersuchen die Lernenden auf Materialebene mit Punktedarstellungen und mit Hilfe der Stellenwerttafel, welche Auwirkungen das Multiplizieren bzw. Dividieren mit Zehnerpotenzen hat. Wird beispielsweise ein Hunderterpunktefeld verzehnfacht, so erhält man ein Tausenderpunktefeld. Dieser multiplikative Vergleich, der durch Handlungen am Material veranschaulicht wird, bewirkt in der Stellenwerttafel eine Bewegung einer Ziffer um eine Spalte nach links.

Für das Rechnen mit Stufenzahlen werden Strategien erarbeitet, die unter Ausnutzung des Assoziativgesetzes auf das Multiplizieren mit reinen Zehnerpotenzen zurückgreifen. So lässt sich die Aufgabe 7 · 800 über die Aufgabe 7 · (8 · 100) in (7 · 8) · 100 verändern.

Dieser Baustein bildet die Grundlage für die halbschriftliche Multiplikation in Baustein **N6 B** und die halbschriftliche Division in Baustein **N6 C**.

Veranschaulichung und Material

Tausender, Hunderter, Zehner, Einer

Als Repräsentationen der Stellenwerte werden in diesem Baustein Tausender- und Hunderterpunktefelder sowie Zehnerstreifen und Wendeplättchen genutzt (vgl. Wittmann / Müller 2012a, 2012b). Im Gegensatz zu dem in Baustein **N1** verwendeten Würfelmaterial besitzt das Punkte-Material folgende Eigenschaften:

- Durch die zweidimensionale Anordnung lässt sich das Material für den gesamten Baustein **N6** nutzen, da es das Einzeichnen von Rechenwegen bei der halbschriftlichen Multiplikation (Baustein **N6 B**) und Division (Baustein **N6 C**) ermöglicht. Wird der Baustein jedoch nicht in Zusammenhang mit den anderen Bausteinen von **N6** bearbeitet, kann ebenso Würfelmaterial der Bausteine **N1** - **N3** genutzt werden, wobei die Aufgabenstellungen entsprechend zu ändern bzw. mündlich zu stellen sind.
- Um eine bessere Handhabung der Materialien zu ermöglichen, besitzen die Punkte unterschiedliche Größen. Aus diesem Grund lassen sie sich nicht wie das Würfelmaterial zusammensetzen. Das Zusammensetzen ist bei diesem Material nicht erforderlich, da Mengen hier durch Punkte-*Anzahlen* repräsentiert werden.

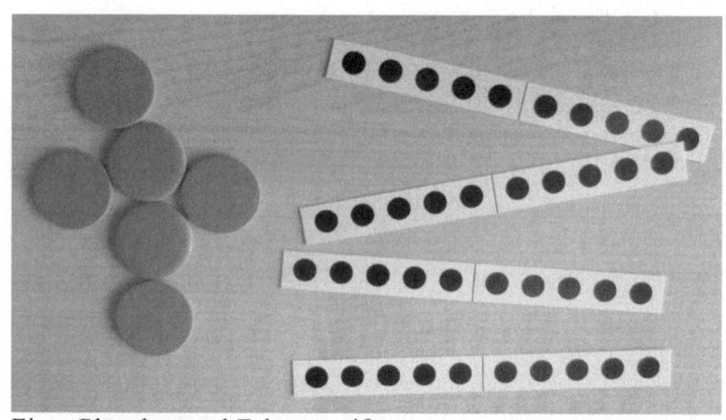
Einer-Plättchen und Zehnerstreifen

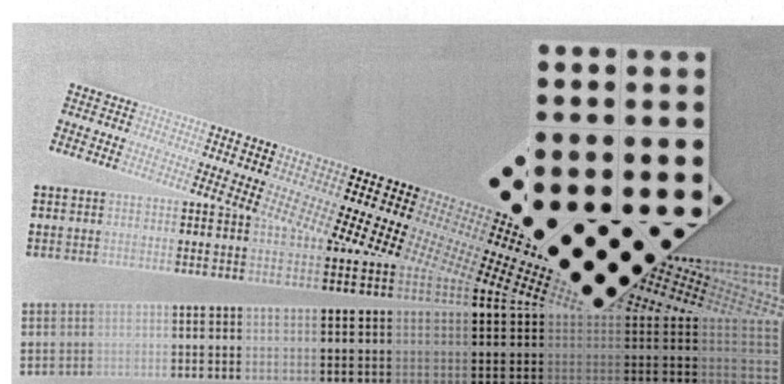
Hunderter- und Tausenderpunktefeld

Weitere Beschreibungen des Hunderter- und Tausenderpunktefeldes finden sich in den Bausteinen **N6 B** und **N6 C**.

Beim Verzehnfachen werden die vorhandenen Materialien jeweils mit dem nächsthöheren Stellenwert verglichen. In der Fördereinheit wird dieser Vergleich anhand der Materialien nachvollzogen: Ein Verzehnfachen eines Zehnerstreifens beispielsweise lässt ein Hunderterpunktefeld entstehen, da zehn Streifen in ein Hunderterpunktefeld passen. Entsprechend wird beim

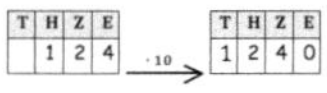

Verhundertfachen oder Vertausendfachen der zweit- bzw. drittnächste Stellenwert erreicht, beim Dividieren entsprechend umgekehrt.

Um den multiplikativen Vergleich und die Kommunikation über die Operationen zu ermöglichen, sollten jeweils beide Mengen (die ursprüngliche und die durch Multiplikation bzw. Division erhaltene Menge) deutlich getrennt voneinander auf dem Tisch sichtbar sein (vgl. Abb. 4).

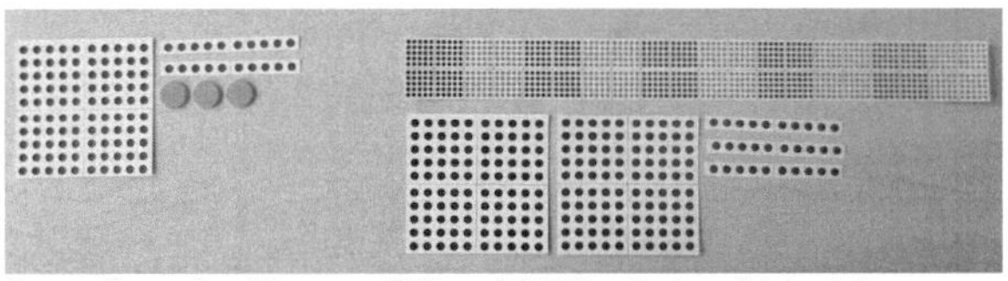

Darstellung der Mengen 123 und 1230 mit dem Material

Stellenwerttafel

Die Handlungen am Material werden mit Eintragungen in der Stellenwerttafel verbunden. So wird herausgearbeitet, dass das Multiplizieren mit Zehnerpotenzen immer ein Verschieben der Ziffern um eine oder mehrere Spalten nach links bzw. das Dividieren das Verschieben nach rechts bewirkt. Durch diese Wirkungen in der Stellenwerttafel können hinzukommende oder wegfallende Nullen erklärt werden.

Aufbau der Förderung

Die Förderung besteht aus vier Fördereinheiten:

1 Mit 10 multiplizieren
2 Durch 10 dividieren
3 Mit 100 und 1 000 multiplizieren und dividieren
4 Multiplikation und Division mit Stufenzahlen

Der Baustein beginnt in Fördereinheit 1 mit der Multiplikation mit 10, wobei zunächst einzelne Materialien (nur Einer oder Zehner oder Hunderter) verzehnfacht werden und diese Operationen auf Materialebene in der Stellenwerttafel und auf Zahlebene untersucht werden. Anschließend werden diese Beobachtungen auch auf Summen verschiedener Stellenwerte angewendet (123 · 10). In Fördereinheit 2 wird auf der Grundlage eines Verständnisses der Division als Umkehrung der Multiplikation (Baustein **N4 B**) die Division durch 10 erarbeitet. An die in Fördereinheit 1 und 2 erarbeiteten Handlungen mit den Materialien anknüpfend wird in Fördereinheit 3 die Multiplikation mit 100 und 1000 thematisiert. Abschließend wird die Multiplikation und Division mit Stufenzahlen behandelt (Fördereinheit 4), die auf eine Multiplikation mit einstelligem Faktor und einer anschließenden Multiplikation mit einer Zehnerpotenz zurückgeführt wird: 4 · 60 = (4 · 6) · 10 (vgl. Padberg / Benz 2011, S. 273).

Weiterführende Literatur

Häsel-Weide, U. / Nührenbörger, M. (2013): Fördern im Mathematikunterricht. In: Bartnitzky, H. / Hecker, U. / Lassek, M. (Hrsg.): Individuell fördern – Kompetenzen stärken (ab Klasse 3), Vol. 135 (2). Frankfurt am Main: Grundschulverband.

Padberg, F. / Benz, C. (2011): Didaktik der Arithmetik für Lehrerausbildung und Lehrerfortbildung. Heidelberg: Spektrum.

Wagner, A. (2006): Zum Kopfrechnen in der Hauptschule. Eine empirische Studie zu den Kopfrechenleistungen von Hauptschülern der Orientierungsstufe bei Aufgaben zur Multiplikation und Division mit evaluierter Unterrichtspraxis. Hildesheim: Franzbecker.

Wittmann, E. / Müller, G.N. (2012a): Das Zahlenbuch 2. Stuttgart: Klett.

Wittmann, E. / Müller, G.N. (2012b): Das Zahlenbuch 3. Stuttgart: Klett.

N6 A – Durchführung und Auswertung der Standortbestimmung

Dauer: 15 - 30 Minuten

Hinweise zur Durchführung:

Bei Schwierigkeiten bei der Notation des Rechenwegs kann es helfen, die Lernenden aufzufordern, ihren Rechenweg bzw. ihre Kopfrechnung mündlich zu erläutern. Anschließend werden sie gebeten, das mündlich Beschriebene aufzuschreiben.

Äußern die Lernenden, dass sie Regeln des Nullen-Anhängens oder -Wegstreichens nutzen, werden sie aufgefordert, auch dies zu notieren.

Bei Bedarf fordert die Lehrkraft zur zusätzlichen Notation eines weiteren Rechenwegs auf, wenn alle Aufgaben über das Anhängen oder Wegstreichen von Nullen gelöst werden, um inhaltliche Vorstellungen zur Multiplikation mit Stufenzahlen (insbesondere mit reinen Zehnerpotenzen) zu erheben.

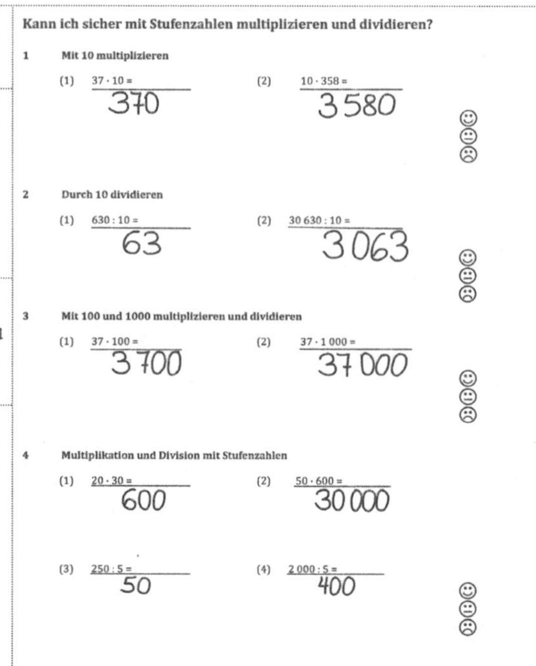

Kann ich sicher mit Stufenzahlen multiplizieren und dividieren?

1 Mit 10 multiplizieren

(1) 37 · 10 = 370 (2) 10 · 358 = 3580

2 Durch 10 dividieren

(1) 630 : 10 = 63 (2) 30 630 : 10 = 3063

3 Mit 100 und 1000 multiplizieren und dividieren

(1) 37 · 100 = 3700 (2) 37 · 1 000 = 37 000

4 Multiplikation und Division mit Stufenzahlen

(1) 20 · 30 = 600 (2) 50 · 600 = 30 000

(3) 250 : 5 = 50 (4) 2 000 : 5 = 400

Hinweise zur Auswertung:

Übergreifende Fehler

Typische Fehler	Mögliche Ursache	Förderung
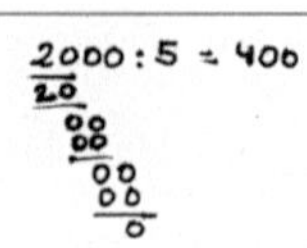	Es wird ausschließlich das schriftliche Verfahren verwendet, da kein anderer Rechenweg zur Verfügung steht.	Ggf. mündlich nach anderen Rechenmöglichkeiten fragen. Rechnen mit Stufenzahlen erarbeiten (1.1 - 4.2).
37 · 1000 = 3700 „Einfach Nullen anhängen."	Es wird eine falsche Anzahl von Nullen *angehängt* oder *weggestrichen*. Die Begründung gibt keine Auskunft über den Ursprung des Fehlers.	Mündlich nach dem genauen Rechenweg erkundigen. Alternative Strategien zum *Nullen anhängen* erarbeiten. Bei Multiplikation (1.1 - 1.4 , 3.1 - 3.3), bei Division (2.1, 3.1 - 3.3).
250 : 5 = 25 : 5 = 5 + 0 = 50	Das *Anhängen* von Nullen wird im Rechenweg mit der Addition von Null ausgedrückt.	Notationsmöglichkeiten beim Rechnen mit Stufenzahlen thematisieren (4.1 - 4.2).
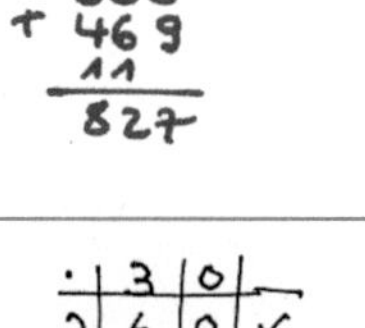	In einzelnen Teilschritten bereitet die Multiplikation mit Null und Eins Schwierigkeiten. Im Beispiel wird 358 · 0 = 358 und 358 · 1= 469 (je + 1 bei jeder Ziffer) gerechnet und die Teilergebnisse addiert.	Zunächst Bedeutung der Multiplikation mit Null und mit Eins inhaltlich klären, Verständnis der Multiplikation erarbeiten (Baustein **N4 A**).
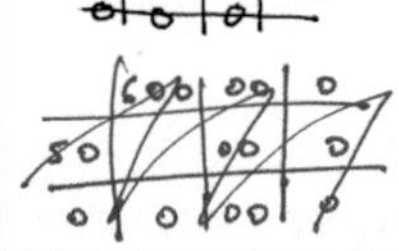	Es wird versucht, auf das Malkreuz zurückzugreifen. Dieses wird jedoch falsch angewendet oder hilft nicht bei der Lösung weiter, da das Problem des Multiplizierens mit Stufenzahlen bestehen bleibt.	In Baustein **N6 B** wird das Malkreuz erarbeitet. Den Lernenden ist zu verdeutlichen, dass der sichere Umgang mit der Stufenmultiplikation Voraussetzung für das Rechnen mit dem Malkreuz ist.

Diagnoseaufgabe 1: Mit 10 multiplizieren

Typische Fehler		Mögliche Ursache	Förderung
(1)	37 · 10 = 100 3 · 10 = 30 7 · 10 = 70 100	Es wird schrittweise multipliziert, dabei werden die Stellenwerte der Ziffern nicht berücksichtigt und die Teilprodukte nicht stellengerecht addiert (im Beispiel alle als Einer behandelt).	Multiplikation mit 10 erarbeiten (1.1 - 1.4). Zusätzlich später halbschriftliche Strategien mit Baustein **N6 B** thematisieren.
	37 · 10 = 3070 3 · 10 = 30 7 · 10 = 70	Es wird schrittweise multipliziert, dabei werden die Stellenwerte der Ziffern nicht berücksichtigt und die Teilprodukte hintereinander geschrieben.	
(2)	10 · 358 = 3058 10 · 300 = 3000 10 · 50 = 50 10 · 8 = 8	Bei der schrittweisen Zerlegung werden Teilaufgaben falsch berechnet oder anschließend falsch addiert.	Multiplikation von 10 mit mehrstelligen Faktoren mit Aufgabe 1.4 thematisieren.

Diagnoseaufgabe 2: Durch 10 dividieren

Typische Fehler		Mögliche Ursache	Förderung
(1)	6300	Es wird multipliziert statt dividiert, da die Regel *Nullen anhängen* übergeneralisiert wird.	Flüchtigkeitsfehler mündlich ausschließen (da Aufgabe 1: Multiplikation mit 10). Division durch 10 erarbeiten (2.1).
(2)	306300		
	363 „Nullen wegstreichen."	Die Regel *Nullen wegstreichen* ist unverstanden automatisiert und hier auf die Tausenderstelle angewendet.	Inhaltlich Rechenwege zur Division mit 10 thematisieren (2.1).

Diagnoseaufgabe 3: Mit 100 und 1000 multiplizieren

Typische Fehler			Mögliche Ursache	Förderung
(1)	37 · 100 = 300 3 · 1 = 3 7 · 0 = 0 >+0 = 300	37 · 100 = 3070 3 · 100 = 300 Null dran 7 · 00 = 7 307	In Ansätzen der stellenweisen Multiplikation werden einzelne Stellen der Faktoren miteinander multipliziert, diese jedoch nur ziffernweise betrachtet. Teilweise Vermischung mit Regel *Nullen anhängen* und einer nicht stellengerechten Zuordnung von Teilprodukten.	Multiplikation mit reinen Zehnerpotenzen erarbeiten (3.1 - 3.3). Anschließend halbschriftliche Strategien mit Baustein **N6 B** thematisieren.
(2)	37 · 1 000 = 3700 3 · 1 = 3 7 · 0 = 7 +00			

Diagnoseaufgabe 4: Multiplikation und Division mit Stufenzahlen

Typische Fehler		Mögliche Ursache	Förderung
(1)	20 · 30 = 60 „Null drangehängt."	Es wird eine falsche Anzahl von Nullen *angehängt* oder *weggestrichen*. Die Begründung gibt keine Auskunft über den Ursprung des Fehlers.	Rechenwege bei Multiplikationen mit Stufenzahlen thematisieren (4.1).
	20 · 30 = 2 · 3 = 5 + 0 = 50	Fehler im kleinen Einmaleins. Hier zusätzlich keine stellengerechte Zuordnung des Teilergebnisses.	Bei Schwierigkeiten im Einmaleins mit Baustein **N4 A** erarbeiten und automatisieren.
(2)	50 · 600 = 3 000 „Erst 5 · 6 = 30. Dann habe ich geguckt, wie viele Nullen es sein müssen."	Ausschließliche Orientierung an der Anzahl der Nullen in den Faktoren. Diese muss gleich der Anzahl im Ergebnis sein.	Alternative Strategien zum *Nullen anhängen* erarbeiten (1.1 - 1.4).
(4)	2 000 : 5 = 4000 20 : 5 = 4 + 000 = 4000	Ausschließliche Orientierung an der Anzahl der Nullen in den Faktoren. Diese muss gleich der Anzahl im Ergebnis sein.	Alternative Strategien zum *Nullen anhängen* erarbeiten (1.1 - 1.4).

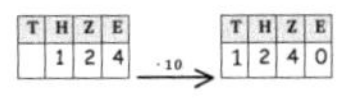

1 Mit 10 multiplizieren

1.1 Erarbeiten (10 - 15 Minuten)

Ziel: Bedeutung des Verzehnfachens (als Synonym zu · 10) erarbeiten

Material: MB: Plättchen, Zehnerstreifen, Hunderterpunktefelder, Tausenderpunktefelder

Umsetzung: UG

Hintergrund: Zu Beginn des Bausteins wird das Material eingeführt und die Begriffe *Zehnerstreifen, Hunderterpunktefeld* und *Tausenderpunktefeld* geklärt. Dabei werden Beziehungen zwischen den Materialien angesprochen: Wie viele Hunderterpunktefelder brauche ich, um so viele Punkte wie im Tausenderpunktefeld zu erreichen?
Lehrkraft erklärt die Zeichnungen auf den Arbeitblättern. Die Punkte auf dem Blatt stellen die Plättchen dar.

Methode: Vorzugsweise übernimmt die Lehrkraft Dilaras Rolle. Sie legt zwei Plättchen vor sich und stellt die Aufgabe: Lege Material vor dich, so dass du genau *zehnmal* so viele Punkte hast wie ich.

Impuls: Operative Beziehungen jeweils zwischen (1) und (2) herausarbeiten und fortführen lassen: Was ändert sich bei dir, wenn bei Dilara ein Plättchen hinzukommt?

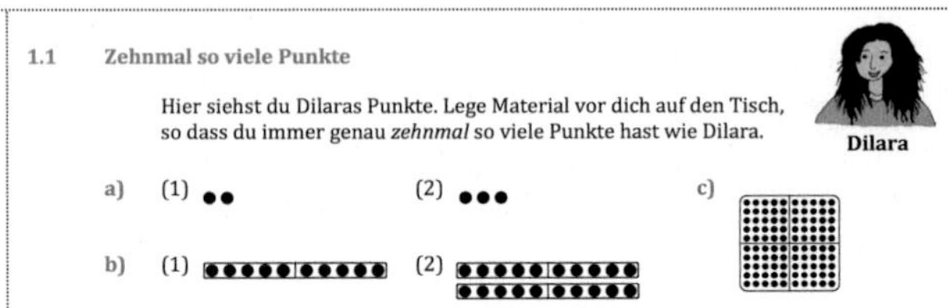

1.2 Erarbeiten (10 - 15 Minuten)

Ziel: Einer mit Material und in der Stellenwerttafel verzehnfachen

Material: MB: Plättchen, Zehnerstreifen, Hunderterpunktefeld, Tausenderpunktefeld, ggf. Stellenwerttafel

Umsetzung: UG

Zu beachten: Mit den Materialien nachlegen, danach erst zeichnen lassen.

Hilfestellung: Mit den Lernenden besprechen, wie die Zehner gezeichnet werden können. Die Materialien müssen nur angedeutet, nicht mit einzelnen Punkten versehen werden.

Reflexion: Beziehung zwischen verschiedenen Ebenen (Material, Stellenwerttafel und Zahlsymbolen der Gleichung) besprechen.

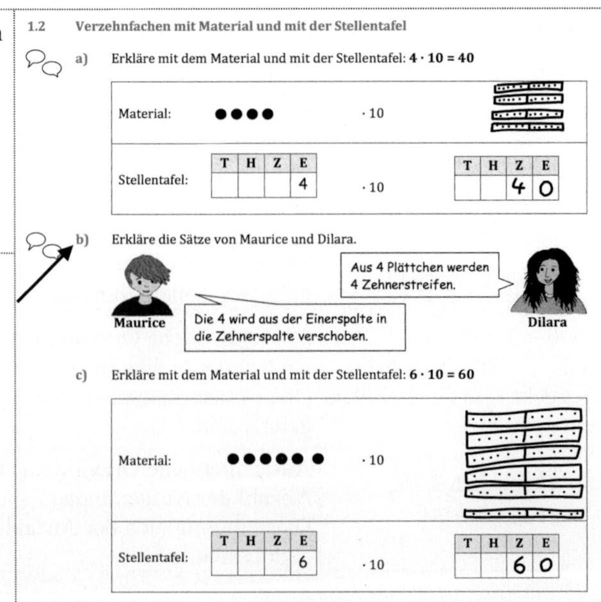

1.3 **Erarbeiten (5 - 10 Minuten)**

Ziel: Zehner und Hunderter mit Material und in der Stellenwerttafel verzehnfachen

Material: MB: Plättchen, Zehnerstreifen, Hunderterpunktefeld, Tausenderpunktefeld, ggf. Stellenwerttafel

Umsetzung: UG

Zu beachten: Mit den Materialien nachlegen, danach erst zeichnen lassen.

Hilfestellung: Mit den Lernenden besprechven, wie die Hunderter- und Tausenderpunktefelder gezeichnet werden können. Die Materialien müssen nur angedeutet, nicht mit einzelnen Punkten versehen werden.

Reflexion: Beziehung zwischen verschiedenen Ebenen (Material, Stellenwerttafel und Zahlsymbolen der Gleichung) besprechen.

Impuls: Beziehungen zu 1.2 b) besprechen. Was ist gleich? Was ist verschieden? In der Stellenwerttafel werden beispielsweise die Ziffern jeweils um eine Spalte nach links verschoben, die Ziffern liegen in jeder Aufgabe ursprünglich an unterschiedlicher Stelle.

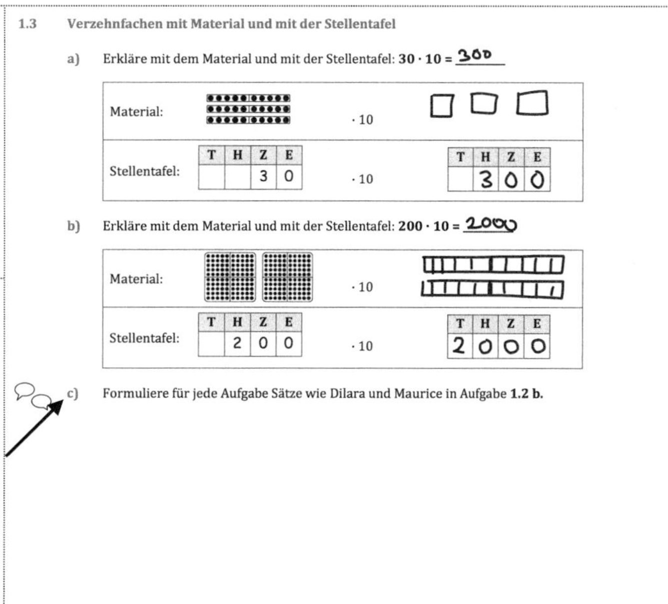
1.3 Verzehnfachen mit Material und mit der Stellentafel

a) Erkläre mit dem Material und mit der Stellentafel: 30 · 10 = 300

Material: · 10

Stellentafel:

T	H	Z	E
		3	0

· 10

T	H	Z	E
	3	0	0

b) Erkläre mit dem Material und mit der Stellentafel: 200 · 10 = 2000

Material: · 10

Stellentafel:

T	H	Z	E
	2	0	0

· 10

T	H	Z	E
2	0	0	0

c) Formuliere für jede Aufgabe Sätze wie Dilara und Maurice in Aufgabe **1.2 b.**

1.4 **Erarbeiten (20 - 25 min)**

Ziel: Mehrstellige Zahlen mit Material, auf Zahlebene und in der Stellenwerttafel verzehnfachen

Material: MB: Plättchen, Zehnerstreifen, Hunderterpunktefeld, Tausenderpunktefeld, ggf. Stellenwerttafel

Umsetzung: a) UG; b) EA, dann UG

Hilfestellung: Dilaras Weg mit Material nachlegen lassen.

Impuls: Gemeinsamkeiten und Unterschiede herausarbeiten: Jonas zerlegt 123 in 100 + 20 + 3, zerlegen Maurice und Dilara die Zahl auch? Kannst du in Maurice und Jonas Weg auch Hunderter, Zehner und Einer erkennen?

Methode: Maurice und Jonas Weg ins Heft zeichnen lassen (mit Stellenwerttafel). Dilaras Weg mit Material nachlegen lassen, ggf. auch ins Heft zeichnen lassen.

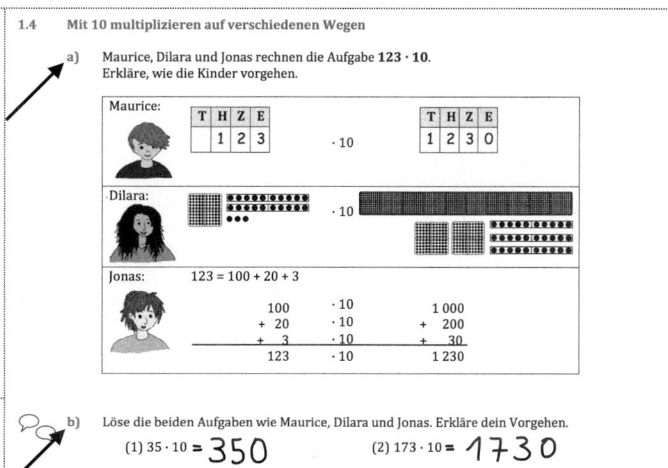
1.4 Mit 10 multiplizieren auf verschiedenen Wegen

a) Maurice, Dilara und Jonas rechnen die Aufgabe **123 · 10**.
Erkläre, wie die Kinder vorgehen.

Maurice:

T	H	Z	E
	1	2	3

· 10

T	H	Z	E
1	2	3	0

Dilara: · 10

Jonas: 123 = 100 + 20 + 3

100	· 10	1 000
+ 20	· 10	+ 200
+ 3	· 10	+ 30
123	· 10	1 230

b) Löse die beiden Aufgaben wie Maurice, Dilara und Jonas. Erkläre dein Vorgehen.

(1) 35 · 10 = 350 (2) 173 · 10 = 1730

2 Durch 10 dividieren

2.1 Erarbeiten (15 - 20 Minuten)

Ziel: Division durch zehn als Umkehrung der Multiplikation mit zehn verstehen

Material: MB: Plättchen, Zehnerstreifen, Hunderterpunktefeld, Tausenderpunktefeld, ggf. Stellenwerttafel

Umsetzung: a) EA; b), c) UG; d), e) EA oder PA, dann UG

Voraussetzung: Das Verständnis von Division als inverse Operation zur Multiplikation ist hier Voraussetzung und kann mit Hilfe des Bausteins **N4 B** erarbeitet werden.

Hilfestellung: Zur Nutzung von Material oder Stellenwerttafel ermutigen.

Hilfestellung: Mit Material nachlegen lassen. Ggf. erneut auf mögliche Zeichnung von Hunderterpunktefeldern hinweisen (vgl. 1.3). Beziehungen zwischen Material und Stellenwerttafel thematisieren.

Impuls: Erkläre mit dem Material und mit der Stellenwerttafel.

Weitere Aufgabe: Erfinde eigene Aufgaben. Ebenfalls kann die Lehrkraft auch den Zahlenraum erhöhen.

2.1 Mal 10 und geteilt durch 10

a) Finde heraus, welche Zahlen hier mal 10 gerechnet wurden. Du kannst das Material oder die Stellentafel zu Hilfe nehmen.

5 $\xrightarrow{\cdot 10}$ 50 20 $\xrightarrow{\cdot 10}$ 200

300 $\xrightarrow{\cdot 10}$ 3 000 10 $\xrightarrow{\cdot 10}$ 100

b) Erkläre mit dem Material und mit der Stellentafel: **70 : 10 = 7**

Material:		: 10	• • • • • • •
Stellentafel:	T H Z E: _ _ 7 0	: 10	T H Z E: _ _ _ 7

c)

Jonas
7 · 10 = 70
70 : 10 = 7

Dilara

7 $\underset{:10}{\overset{\cdot 10}{\rightleftarrows}}$ 70

Was meint Dilara?
Erkläre wie *mal 10* und *geteilt durch 10* zusammenhängen.

d) Schreibe jeweils eine Mal-Aufgabe und eine Geteilt-Aufgabe in dein Heft.

(1) 20 $\underset{:10}{\overset{\cdot 10}{\rightleftarrows}}$ 200 (2) 50 $\underset{:10}{\overset{\cdot 10}{\rightleftarrows}}$ 500 (3) 25 $\underset{:10}{\overset{\cdot 10}{\rightleftarrows}}$ 250

(4) 372 $\underset{:10}{\overset{\cdot 10}{\rightleftarrows}}$ 3 720 (5) 265 $\underset{:10}{\overset{\cdot 10}{\rightleftarrows}}$ 2650 (6) 122 $\underset{:10}{\overset{\cdot 10}{\rightleftarrows}}$ 1 220

e) Rechne die Aufgaben aus. Erkläre, wie du rechnest.

(1) 600 : 10 = 60 (2) 3 500 : 10 = 350 (3) 420 : 10 = 42

3 Mit 100 und 1000 multiplizieren

3.1 Erarbeiten (10 - 15 Minuten)

Ziel: Einer und Zehner mit Material und in der Stellenwerttafel verzehnfachen

Material: MB: Plättchen, Zehnerstreifen, Hunderterpunktefeld, Tausenderpunktefeld, ggf. Stellenwerttafel

Umsetzung: UG

Zu beachten: Mit den Materialien nachlegen lassen.

Reflexion: Beziehung zwischen verschiedenen Ebenen (Material, Stellenwerttafel und Zahlsymbolen der Gleichung) besprechen.

Impuls: Beziehungen zu 1.2 b) besprechen: Was ist gleich? Was ist verschieden? In der Stellenwerttafel werden beispielsweise die Ziffern jeweils um zwei Spalten nach links verschoben, wohingegen in Aufgabe 1.2 die Ziffern um nur eine Spalte verschoben werden.

Hilfestellung: Mit den Lernenden besprechen, wie die Hunderter- und Tausenderpunktefelder gezeichnet werden können. Die Materialien müssen nur angedeutet, nicht mit einzelnen Punkten versehen werden.

Impuls: Formuliere auch zu Aufgabe c) und d) Sätze wie Maurice und Dilara.

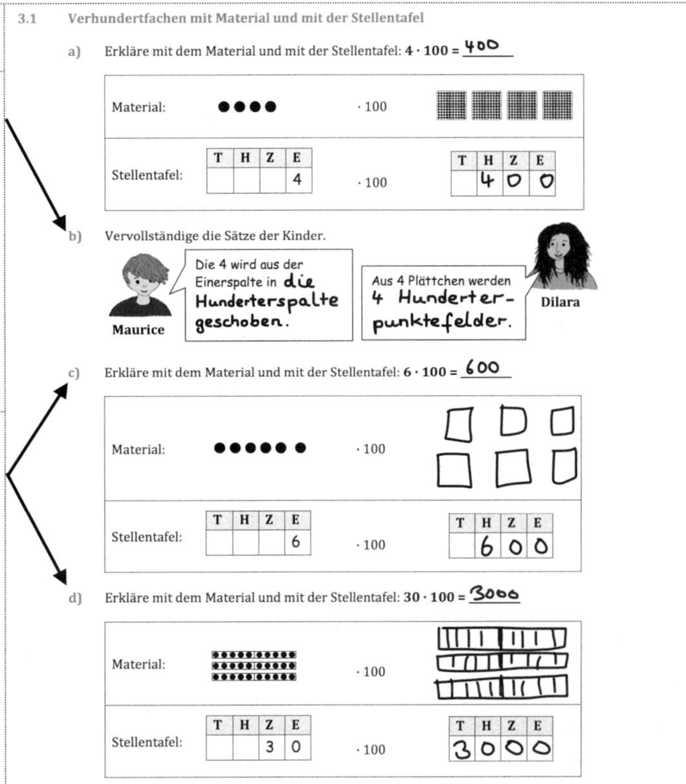
3.1 Verhundertfachen mit Material und mit der Stellentafel

a) Erkläre mit dem Material und mit der Stellentafel: 4 · 100 = 400

Material: ●●●● · 100

Stellentafel: T H Z E | 4 · 100 → T H Z E | 4 0 0

b) Vervollständige die Sätze der Kinder.

Maurice: Die 4 wird aus der Einerspalte in die Hunderterspalte geschoben.

Dilara: Aus 4 Plättchen werden 4 Hunderterpunktefelder.

c) Erkläre mit dem Material und mit der Stellentafel: 6 · 100 = 600

Material: ●●●●●● · 100

Stellentafel: T H Z E | 6 · 100 → T H Z E | 6 0 0

d) Erkläre mit dem Material und mit der Stellentafel: 30 · 100 = 3000

Material: · 100

Stellentafel: T H Z E | 3 0 · 100 → T H Z E | 3 0 0 0

3.2 Erarbeiten (5 - 10 Minuten)

Ziel: Einer mit Material und in der Stellenwerttafel verzehnfachen

Material: MB: Plättchen, Zehnerstreifen, Hunderterpunktefeld, Tausenderpunktefeld, ggf. Stellenwerttafel

Umsetzung: UG

Zu beachten: Mit den Materialien nachlegen lassen. Ggf. erneut darauf hinweisen, wie die Tausenderpunktefelder gezeichnet werden können (vgl. 1.3).

Reflexion: Beziehung zwischen verschiedenen Ebenen (Material, Stellenwerttafel und Zahlsymbolen der Gleichung) besprechen.
Reflexion: Beziehungen zu 1.2 b) besprechen: Was ist gleich? Was ist verschieden? In der Stellenwerttafel werden beispielsweise die Ziffern jeweils um zwei Spalten nach links verschoben, wohingegen in Aufgabe 1.2 die Ziffern um nur eine Spalte verschoben werden.

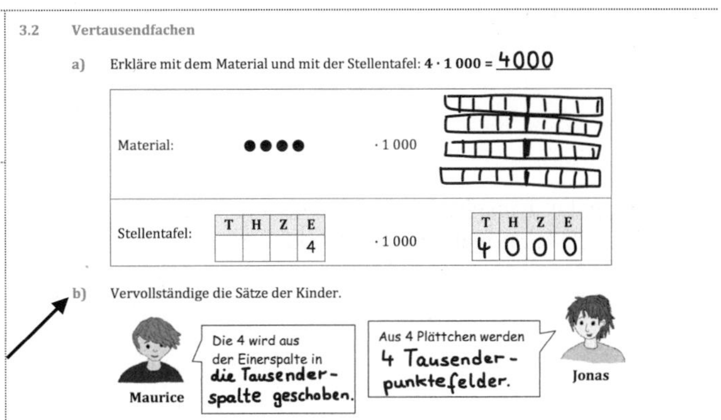
3.2 Vertausendfachen

a) Erkläre mit dem Material und mit der Stellentafel: 4 · 1 000 = 4000

Material: ●●●● · 1 000

Stellentafel: T H Z E | 4 · 1 000 → T H Z E | 4 0 0 0

b) Vervollständige die Sätze der Kinder.

Maurice: Die 4 wird aus der Einerspalte in die Tausenderspalte geschoben.

Jonas: Aus 4 Plättchen werden 4 Tausenderpunktefelder.

3.3 Erarbeiten (5 - 10 Minuten)

Ziel: Division durch 100 und 1 000 in der Stellenwerttafel darstellen

Material: MB: Plättchen, Zehnerstreifen, Hunderterpunktefeld, Tausenderpunktefeld, ggf. Stellenwerttafel

Umsetzung: UG

Zu beachten: Mit den Materialien nachlegen lassen.

Reflexion: Beziehung zwischen Aufgabe a) und b) herstellen. Was ist gleich? Was ist verschieden? Mit den Lernenden kann so thematisiert werden, dass die Ziffern bei : 1000 um eine Spalte mehr nach rechts verschoben werden als bei : 100.

Reflexion: Zusammenhang zwischen Multiplikation und Division herausarbeiten: Bei Division werden die Ziffern in der Stellenwerttafel in die andere Richtung verschoben. Beim Material wird zum kleineren statt zum größeren Material gewechselt.

3.3 Durch 100 und 1000 teilen

a) Erklärе mit dem Material und mit der Stellentafel: **4 000 : 100 =** 40

Stellentafel:

T	H	Z	E		T	H	Z	E
4	0	0	0	: 100			4	0

b) Erkläre mit dem Material und mit der Stellentafel: **4 000 : 1 000 =** 4

Stellentafel:

T	H	Z	E		T	H	Z	E
4	0	0	0	: 1 000	4	0		4

4 Multiplikation und Division von Stufenzahlen

4.1 - 4.2 Erarbeiten und Üben (30 - 45 Minuten)

Ziel: Multiplizieren und dividieren mit beliebigen Vielfachen von Zehnerpotenzen

Material: MB: Plättchen, Zehnerstreifen, Hunderterpunktefeld, Tausenderpunktefeld, ggf. Stellenwerttafel

Umsetzung: 4.1 a), b) EA, dann GA; c) UG; d), e) EA, dann UG; 4.2 EA, dann UG

Methode: Die Kinder sollen während a) und b) noch nicht Aufgabe c) sehen. Entweder Blatt abdecken, oder bei großer Gruppe Aufgaben a) und b) mündlich stellen.

Impuls: Was ist gleich? Was ist verschieden? Auch Vergleich zum eigenen Rechenweg herstellen.

Hilfestellung: Bei Schwierigkeiten zur Nutzung von Material oder Stellenwerttafel in Verbindung zu den in c) genannten Rechenwegen anregen.

4.1 Wie rechnest du?

a) Rechne die Aufgabe **4 · 60.** = 240
Schreibe deinen Rechenweg auf.

b) Vergleicht eure Rechenwege.

c) So rechnen Jonas und Dilara:

Jonas

4 · 60 = 240
1 · 60 = 60
2 · 60 = 120
3 · 60 = 180
4 · 60 = 240

4 · 60 = 240
4 · 6 = 24
24 · 10 = 240

Dilara

Erkläre die Rechenwege der Kinder.

d) Rechne die Aufgaben aus.

(1) 5 · 50 = 250 (2) 3 · 20 = 60 (3) 50 · 40 = 2 000

(4) 700 · 80 = 56000 (5) 60 · 400 = 24 000 (6) 200 · 500 = 100 000

Erkläre, wie du vorgehst.

Weitere Aufgabe: Päckchen fortführen lassen. Wie könnte die nächste Aufgabe in dem Päckchen heißen?

4.2 Aufgaben-Paare

a) (1) 3 · 20 = 60, 3 · 200 = 600 (2) 7 · 40 = 280, 7 · 400 = 2800 (3) 5 · 40 = 200, 5 · 400 = 2000

b) Bilde Aufgaben-Paare wie in Aufgabe a) mit diesen Mal-Aufgaben.

(1) 5 · 6 = 30 (2) 6 · 7 = 42 (3) 7 · 8 = 56

c) (1) 240 : 6 = 40, 2 400 : 6 = 400 (2) 720 : 8 = 90, 7 200 : 8 = 900 (3) 180 : 6 = 30, 1 800 : 6 = 300

d) Bilde Aufgaben-Paare wie in Aufgabe c) mit diesen Geteilt-Aufgaben.

(1) 21 : 7 = 3 (2) 8 : 2 = 4 (3) 45 : 9 = 5

N6 B Multiplizieren und Rechenwege erklären – Didaktischer Hintergrund

Lerninhalt

Während vor einigen Jahrzehnten halbschriftliches Rechnen häufig noch als Vorstufe zu den schriftlichen Algorithmen gesehen wurde, besitzt es heute seinen eigenen festen Platz als zentrale Rechenmethode im Mathematikunterricht (vgl. Krauthausen / Scherer 2008, S. 46 - 52). Im Gegensatz zum Algorithmus wird beim halbschriftlichen Rechnen mit Zahlganzheiten statt nur mit einzelnen Ziffern gerechnet. Dies macht die Rechenstrategien nicht nur flexibel anwendbar, sondern es ermöglicht gleichzeitig auch Einsichten in Rechengesetze und fördert die Zahlvorstellung. Diese Erkenntnisse bilden eine wichtige Grundlage für das Rechnen in anderen Zahlbereichen sowie für die Algebra. Zu verstehen, wie sich die Teilprodukte bei der Aufgabe 16 · 14 zusammensetzen, wenn beide Faktoren in ihre Stellenwerte zerlegt werden, lässt anhand dieses Rechenwegs Einsichten in das zugrundeliegende Distributivgesetz gewinnen. Dies bildet beispielsweise die Basis für das Verständnis einer geometrischen Veranschaulichung der binomischen Formeln.

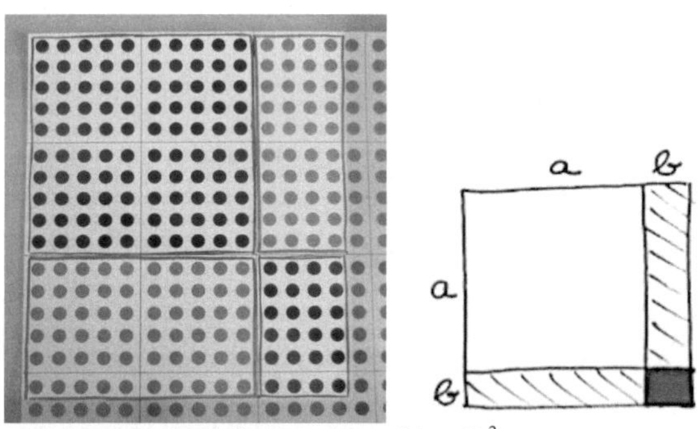

Zerlegung der Produkte 16 · 14 und $(a + b)^2$
$16 \cdot 14 = (10 + 6) \cdot (10 + 4) = 10 \cdot 10 + 10 \cdot 6 + 10 \cdot 4 + 6 \cdot 4$
$(a + b)^2 = a^2 + 2ab + b^2$

In diesem Baustein werden die Lernenden an die halbschriftlichen Multiplikations-Strategien *stellenweises Rechnen*, *schrittweises Rechnen* und *Hilfsaufgabe* herangeführt (vgl. KIRA o.J.). Ausgangsbasis ist dabei das Arbeiten mit Material, um eine inhaltliche Verständnisgrundlage zu erarbeiten. Die Lernenden entwickeln durch ihre Handlungen am Material eigene Rechenwege und begründen diese. Daran anschließend folgt die Ablösung vom Material und die Hinführung zur Verwendung des Malkreuzes.

Strategien der halbschriftlichen Multiplikation

Beim *stellenweisen* Rechnen werden beide Faktoren in ihre Stellen zerlegt. Das *Malkreuz* hilft, die Teilprodukte zu strukturieren, um keine Stellenkombinationen zu vergessen. Für Produkte aus zweistelligen Faktoren dient ein 2·2-Malkreuz (siehe Abbildung). Dabei werden beide Faktoren stellenweise zerlegt (19 = 10 + 9 und 14 = 10 + 4). Die Zerlegung des ersten Faktors wird in die linke Spalte, die des zweiten Faktors in die obere Zeile des Malkreuzes eingetragen. Diese Reihenfolge ist für eine Anschlussfähigkeit nach unten, der Entwicklung aus den Punktefeldern, und nach oben, dem Vergleich mit dem schriftlichen Algorithmus, wichtig. Im Malkreuz wird mit Zahlganzheiten gerechnet, das heißt, es werden nicht die Ziffern der Stellenwerte 1 (Zehner) und 4 (Einer) eingetragen, sondern die Zahlen 10 und 4. Die Summen der Teilprodukte werden am unteren oder rechten Rand addiert und für das Gesamtergebnis im unteren rechten Feld summiert. Für größere Aufgaben ist das Malkreuz nach unten oder nach rechts um beliebig viele Spalten und Zeilen erweiterbar.

19 · 14 = 100 + 40 + 90 + 36 = 266
10 · 10 = 100
10 · 4 = 40
09 · 10 = 90
09 · 4 = 36

Stellenweise Notation ohne Malkreuz

·	10	4	
10	100	40	140
9	90	36	+ 126
	190	+ 76	266

Stellenweise Multiplikation mit dem Malkreuz

Beim *schrittweisen* Rechnen wird nur ein Faktor in seine Stellen zerlegt und mit dem gesamten anderen Faktor multipliziert.

19 14 = 140 + 126 = 266	19 · 14 = 266
10 · 14 = 140	20 · 14 = 280
9 · 14 = 126	280 – 14 = 266

Zerlegung eines Faktors beim schrittweisen Rechnen (links) und Verwendung einer Hilfsaufgabe (rechts)

Bei der Verwendung der Strategie *Hilfsaufgabe* wird ein Faktor so erhöht oder verringert, dass sich eine leichter zu berechnende Multiplikation ergibt. Anschließend ist die Differenz zwischen der gewählten Hilfsaufgabe und der ursprünglich zu lösenden Aufgabe zu berücksichtigen.

Veranschaulichung und Material

Auf abwischbaren Punktefeldern lassen sich mit farbigen Folienstiften verschiedene Rechenwege einzeichnen und vergleichen. Mit Hilfe des Malwinkels wird zunächst die Aufgabe gelegt, wobei die transparente Folie die Punkte abdeckt, die nicht zum Punktefeld der entsprechenden Aufgabe gehören, diese gleichzeitig aber noch sichtbar lässt. Dies ermöglicht es den Lernenden, bei Hilfsaufgaben zu kontrollieren, wie viele Punkte durch eine Verschiebung des Malwinkels wegfallen oder hinzukommen. Mit farbigen Stiften lässt sich das Punktefeld dann entsprechend der Rechnungen der Kinder in mehrere Felder zerlegen, die zur Berechnung der gelegten Aufgabe herangezogen werden. Wichtig ist hier eine Anknüpfung an die Rechenwege der Lernenden, die nicht vorschnell auf die intendierten Unterteilungen des Punktefelds geführt werden sollten. Teilen Lernende das Punktefeld in viele kleine Felder ein oder bestimmen in diesen die Punkte zählend, sollten diese Strategien aufgegriffen und gemeinsam weiterentwickelt werden.

Aufbau der Punktefelder
(in Anlehnung an Wittmann / Müller 1992, S. 58 - 62):

Hunderter-Punktefeld mit kleinem Malwinkel

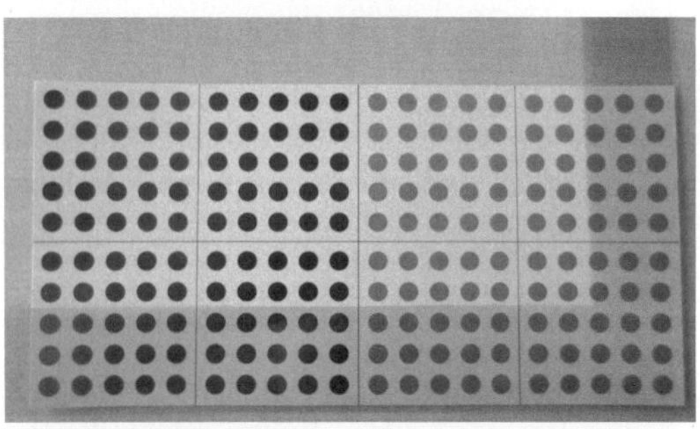

200er-Punktefeld mit großem Malwinkel

400er-Punktefeld mit großem Malwinkel

Zur Vereinfachung der Kommunikation über verschiedene Strategien sollte gemeinsam mit den Lernenden festgelegt werden, dass der 1. Faktor die Anzahl der Zeilen, der 2. Faktor die Anzahl der Spalten angibt. Bei der Einführung des Materials ist darauf zu achten, ob die Lernenden einen sicheren Umgang mit flächigen Darstellungen der Multiplikation aufweisen und Mal-Aufgaben sicher gelegt und interpretiert werden können (Baustein **N4 A**). Für einen flexiblen Umgang mit dem Material, der nicht auf zählende Strategien zurückgreift, ist gezielt auf die Fünferstruktur der Felder hinzuweisen. Während der Förderung werden die Lernenden ermutigt, die Fünferstruktur zu nutzen. In Wittmann / Müller (2012, S. 67 - 71; 2005, S. 67) finden sich weitere Anregungen und Übungen zur Arbeit mit Punktefeldern.

Aufbau der Förderung

Die Förderung besteht aus vier Fördereinheiten:

1 Multiplizieren bis 100
2 Multiplizieren bis 200
3 Multiplizieren bis 400
4 Multiplizieren mit dem Malkreuz

Für Lernende mit Unsicherheiten im Einmaleins beginnt der Baustein in Fördereinheit 1 mit der Multiplikation am 100er-Punktefeld. Im Zahlenraum bis Hundert werden die Lernenden an die Arbeit mit dem Material herangeführt. Die Erarbeitung eines Verständnisses von Ableitungsstrategien steht zudem im Fokus der Fördereinheit. Für eine Automatisierung des Einmaleins sei auf das Material von PIK AS (o.J.) und das Blitzrechenmaterial (Wittmann / Müller 2007) verwiesen.

In Fördereinheit 2 werden am 200er-Punktefeld das *schrittweise* Rechnen (da hier einstellige mit zweistelligen Faktoren multipliziert werden) und die Strategie *Hilfsaufgabe* erarbeitet, bevor in Fördereinheit 3 bei der Arbeit mit dem 400er-Punktefeld ebenso das *stellenweise* Rechnen hinzukommt. Von diesem ausgehend wird in Fördereinheit 4 das Malkreuz eingeführt, dessen Aufbau an das 400er-Punktefeld angebunden wird.

Weiterführende Literatur

KIRA (o.J.): Halbschriftliche Multiplikation. http://www.kira.tu-dortmund.de/137

Krauthausen, G. / Scherer, P. (2008): Einführung in die Mathematikdidaktik. Heidelberg: Spektrum.

PIK AS (o.J.): 1x1 richtig üben. http://www.pikas.tu-dortmund.de/033

Wittmann, E. Ch. / Müller, G.N. (1992): Handbuch produktiver Rechenübungen. Band 2 – Vom halbschriftlichen zum schriftlichen Rechnen. Stuttgart: Klett.

Wittmann, E. Ch. / Müller, G.N. (2005): Das Zahlenbuch 3. Leipzig: Klett.

Wittmann, E. Ch. / Müller, G. N. (2007): Blitzrechenoffensive! Anregungen für eine intensive Förderung mathematischer Basiskompetenzen. Stuttgart: Klett.

Wittmann, E. / Müller, G.N. (2012): Das Zahlenbuch 2. Stuttgart: Klett.

N6 B – Durchführung und Auswertung der Standortbestimmung

Dauer: 30 - 45 Minuten

Hinweise zur Durchführung:

Bei Schwierigkeiten bei der Notation des Rechenwegs kann es helfen, die Lernenden aufzufordern, ihren Rechenweg / ihre Kopfrechnung mündlich zu erläutern und sie dann anschließend zu bitten, das mündlich Beschriebene aufzuschreiben. Dies betrifft insbesondere Aufgabe 1, bei der die Lernenden auch z.B. *auswendig* aufschreiben sollten, wenn sie das Ergebnis auswendig wissen.

Vor der Durchführung sollte den Lernenden erklärt werden, dass sie nicht schriftlich multiplizieren sollen. Falls den Lernenden die Begrifflichkeiten nicht klar sind, kann der schriftliche Algorithmus für eine beliebige (nicht im Dokument) enthaltene Aufgabe an die Tafel geschrieben werden und anschließend darauf verwiesen werden, dass dieses Verfahren nicht genutzt werden soll.

Bei der Durchführung (wenn möglich) auf zählende Rechner achten, insbesondere bei Aufgabe 1.

4 a): Das Malkreuz muss nicht, kann aber genutzt werden.
4 b): Falls den Kindern das Malkreuz nicht bekannt ist, reicht es, wenn die Lernenden dies mit dem entsprechenden Kreuz vermerken. Die Aufgaben sollten dann nicht zur Pflicht gemacht werden.

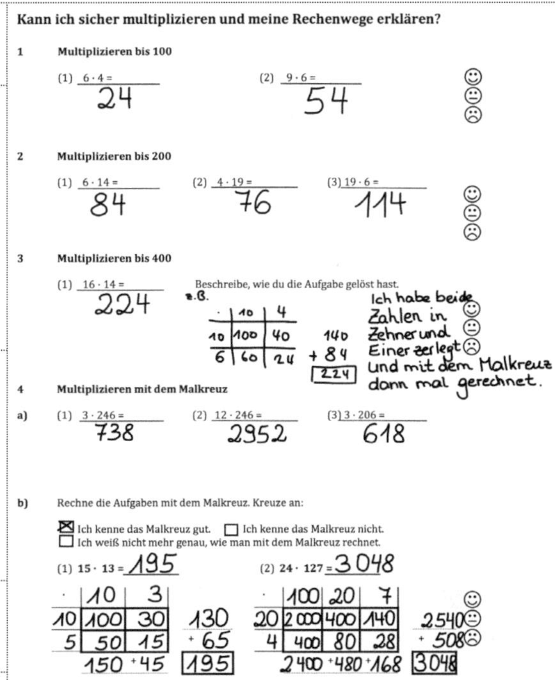
Kann ich sicher multiplizieren und meine Rechenwege erklären?

1 Multiplizieren bis 100
(1) 6 · 4 = 24 (2) 9 · 6 = 54

2 Multiplizieren bis 200
(1) 6 · 14 = 84 (2) 4 · 19 = 76 (3) 19 · 6 = 114

3 Multiplizieren bis 400
(1) 16 · 14 = 224
Beschreibe, wie du die Aufgabe gelöst hast.
Ich habe beide Zahlen in Zehner und Einer zerlegt und mit dem Malkreuz dann mal gerechnet.

4 Multiplizieren mit dem Malkreuz
a) (1) 3 · 246 = 738 (2) 12 · 246 = 2952 (3) 3 · 206 = 618

b) Rechne die Aufgaben mit dem Malkreuz. Kreuze an:
☒ Ich kenne das Malkreuz gut. ☐ Ich kenne das Malkreuz nicht.
☐ Ich weiß nicht mehr genau, wie man mit dem Malkreuz rechnet.
(1) 15 · 13 = 195 (2) 24 · 127 = 3048

Hinweise zur Auswertung:

Übergreifende Fehler

Typische Fehler		Mögliche Ursache	Förderung
	16 · 14 = 124 10 · 10 = 100 6 · 4 = 24	Teilprodukte fehlen, da bei der Faktorenzerlegung einige Stellenkombinationen nicht berücksichtigt werden.	Zusammensetzung der Teilprodukte bei Zerlegung von Faktoren größer 10 erarbeiten (2.1 - 2.2; 3.1 - 3.3).
	16 · 14 = 34 1 · 1 = 1 6 · 4 = 24 6 · 14 = 30 6 · 4 = 24 6 · 1 = 6 24 + 6 = 30	Teilprodukte werden dem falschen Stellenwert zugeordnet (ggf. zusätzlich Vernachlässigung einiger Stellenkombinationen).	Stellenwertverständnis überprüfen und ggf. mit Baustein **N1 A** erarbeiten. Bei vorhandenem Stellenwertverständnis Erarbeitung von Multiplikation mit Faktoren größer 10 (2.1 - 2.2; 3.1 - 3.3).

Diagnoseaufgabe 1: Multiplizieren mit dem 100er-Punktefeld

Typische Fehler		Mögliche Ursache	Förderung
	6 · 4 = 21 im Kopf	Ergebnis falsch, ohne nachvollziehbaren Rechenweg.	Rechenstrategien für das kleine Einmaleins mit Fördereinheit 1 erarbeiten (1.1 - 1.4).
	(2) 9 · 6 = 36 ich habe mit 9 · 6 mit meine Finger, gerechnet.	Fehler bei der Anwendung von Zählstrategien (ggf. bei Durchführung beobachtbar).	Ablösung des zählenden Rechnens durch die Erarbeitung von Rechenstrategien für das kleine Einmaleins (1.1 - 1.4).

Diagnoseaufgabe 2: Multiplizieren mit dem 200er-Punktefeld

Typische Fehler	Mögliche Ursache	Förderung
6 · 14 = 6 · 4 = 24 6 · 1 = +16 30	Es wird nicht stellenwertgerecht multipliziert.	Stellenwertverständnis überprüfen und ggf. mit Baustein **N1 A** erarbeiten. Bei vorhandenem Stellenwertverständnis: Multiplikation mit Faktoren größer 10 erarbeiten (2.1 - 2.2).
4 · 19 = 46 4 · 1 = (4) 4 · 9 = 3(6)	In einigen Stellenwerten werden Überträge nicht verrechnet. Hier bleiben die 3 Zehner aus der Multiplikation 4 · 9 = 36 unberücksichtigt.	Stellenwertverständnis überprüfen und ggf. mit Baustein **N1 A** erarbeiten. Bei vorhandenem Stellenwertverständnis Erarbeitung von Multiplikation mit Faktoren größer 10 (2.1 - 2.2).
19 · 6 = 104 6 · 10 = 60 6 · 9 = 54	Rechenfehler bei Addition der Teilergebnisse.	Addition mit Baustein **N5** erarbeiten.

Diagnoseaufgabe 3: Multiplizieren mit dem 400er-Punktefeld

Typische Fehler	Mögliche Ursache	Förderung
16 · 14 = 124 10 · 10 = 100 6 · 4 = 24	Fehler bei der Strategie *Stellenweise*. Nur gleichen Stellenwerte werden miteinander multipliziert (Z · Z, E · E) in Analogie zur Addition.	Vorstellung distributiver Zerlegungen anhand von Punktefeldern erarbeiten (3.1 - 3.3). Fehler wird in Aufgabe 3.2 thematisiert.
16 · 14 = 584 160 424 584	Fehler bei der Strategie *Schrittweise*. (Hier: Stellenwerte bei Teilprodukt 16 · 4 nicht korrekt berücksichtigt, sodass sich das Ergebnis 424 ergibt.)	Stellenwertverständnis überprüfen und ggf. mit Baustein **N1 A** erarbeiten. Bei vorhandenem Stellenwertverständnis Erarbeitung von Multiplikation mit Faktoren größer 10 (2.1 - 2.2; dann 3.1 - 3.3).
16 · 14 = 25 1 · 1 = 1 6 · 4 = 24	Zusätzlich zur Vernachlässigung einiger Stellenkombinationen wird nicht stellenwertgerecht addiert.	Stellenwertverständnis überprüfen und ggf. mit Baustein **N1 A** erarbeiten. Vorstellung distributiver Zerlegungen anhand von Punktefeldern in 3.1 - 3.3 erarbeiten.

Diagnoseaufgabe 4: Multiplizieren mit dem Malkreuz

Typische Fehler	Mögliche Ursache	Förderung
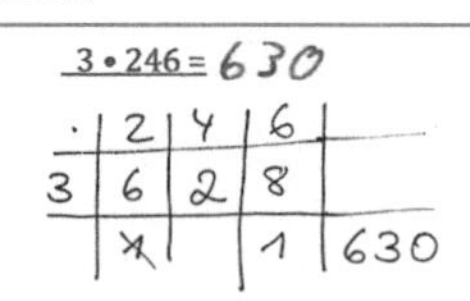	Im Malkreuz wird mit Ziffern statt mit Zahlen gerechnet. Überträge werden im falschen Stellenwert hinzugefügt.	Thematisierung des Malkreuzes und des Umgangs mit Überträgen (4.1 - 4.5).
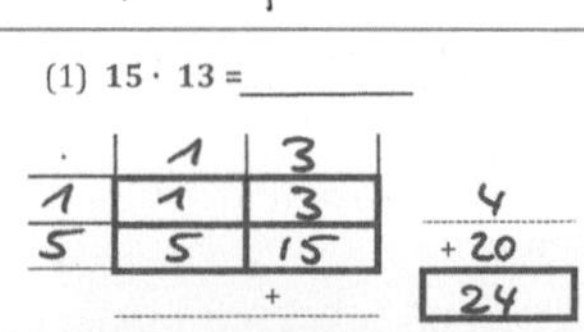	Im Malkreuz wird mit Ziffern statt mit Zahlen gerechnet. Alle Teilergebnisse werden als Einer behandelt.	Thematisierung des Malkreuzes (4.1 - 4.5).
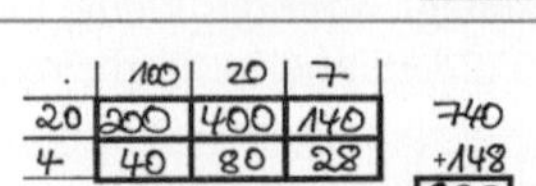	Fehler bei der Multiplikation mit Stufenzahlen bei der Berechnung von Teilergebnissen.	Förderung des Multiplizierens mit Stufenzahlen mit Baustein **N6 A**.

1 Multiplizieren mit dem 100er Punktefeld

1.1 Erarbeiten (15 - 20 Minuten zzgl. Aufgabengenerator)

Ziel: Rechenwege zur Lösung von Einmaleins-Aufgaben erarbeiten

Material: MB: Hunderter-Punktefeld, kleiner Malwinkel, Folienstifte

Umsetzung: a) UG; b) PA

Impuls: Multiplizieren und Mal-Rechnen als Synonyme klären.

Voraussetzung: Einführung des Hunderter-Punktefelds, falls noch nicht aus Baustein **N4 A** oder **N4 B** bekannt, insbesondere auf Fünferstruktur hinweisen, um Abzählen der Punkte zu vermeiden. Zur Überprüfung eines sicheren Umgangs mit dem Material werden die Lernenden zu Beginn gebeten, einige Mal-Aufgaben mit dem Material darzustellen. (Bei Unsicherheiten Mal-Aufgaben mit Baustein **N4 A** erarbeiten.)

Impuls: Gemeinsamkeiten und Unterschiede in Leonies und Jonas Rechenwegen herausstellen lassen. Was ist gleich? Was ist verschieden? Beide Kinder zerlegen die Aufgaben, Leonie zerlegt den 1., Jonas den 2. Faktor (auf dem Feld horizontal bzw. vertikal).

Reflexion: Das Feld lässt sich auf verschiedene Weisen zerlegen. Das führt zu verschiedenen Rechenwegen. (Verdeutlichung der flexiblen Rechenwege im Gegensatz zu den festen Algorithmen.)

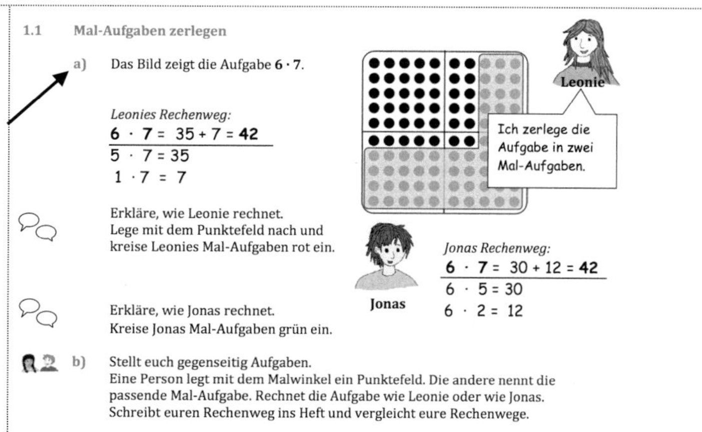

1.2 Üben (Aufgabengenerator)

Ziel: Operative Veränderungen von Mal-Aufgaben verstehen

Material: MB: Hunderter-Punktefeld, kleiner Malwinkel, Folienstifte

Umsetzung: PA

Zu beachten: Die Lernenden sollen die Aufgabe nach Verschiebung des Winkels nicht neu berechnen, sondern die operative Veränderung nutzen (hier: es sind 3 Punkte hinzugekommen, also 18 + 3 = 21). Nur so können Lernende operative Veränderungen als effiziente Nutzung von Beziehungen erkennen.

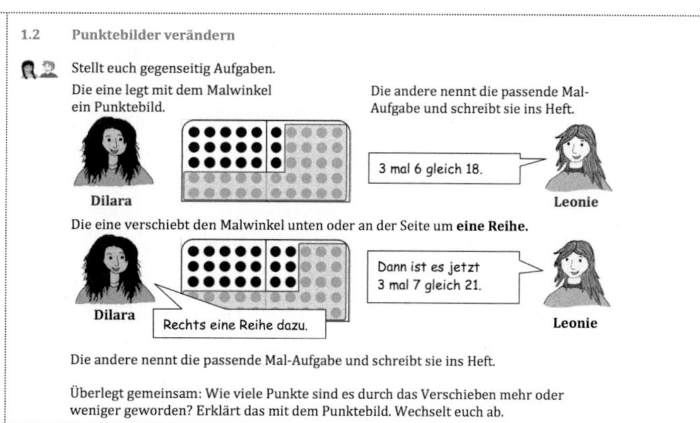

1.3 **Erarbeiten (20 - 30 Minuten)**

Ziel: Strategie Hilfsaufgabe erarbeiten

Material: MB: Hunderter-Punktefeld, kleiner Malwinkel, Folienstifte

Umsetzung: a), b) jeweils EA, dann UG

Voraussetzung: Diese Aufgabe baut auf den in Aufgabe 1.2 behandelten operativen Veränderungen von Mal-Aufgaben auf. Bei Schwierigkeiten ggf. zu 1.2 zurückgehen.

Zu beachten: Handlung unbedingt am Material nachstellen lassen. Eine Bearbeitung mit dem vorliegenden Bild reicht nicht aus.

Hintergrund: Als mögliche Notationsweise thematisieren, die aber nicht fest nach der hier vorgeschlagenen Art durchgeführt werden muss.

Typische Schwierigkeit: Bei Ablösung vom Material sind die Lernenden unsicher, welcher Faktor subtrahiert bzw. addiert werden muss. Diese Frage bereits bei Materialnutzung thematisieren bzw. Vermutung aufstellen und anhand des Materials überprüfen lassen.

Hintergrund: Da hier das Hunderter-Punktefeld nicht mehr ausreicht, muss die Verschiebung mental vorgenommen werden.

1.3 Hilfsaufgaben legen

a) Dilara kennt einen Rechenweg, mit dem sie sich schwere Mal-Aufgaben leichter machen kann.

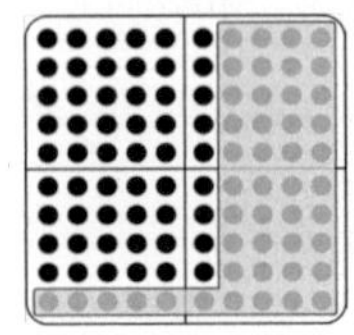

Die Aufgabe 9 mal 6 rechne ich so:
Ich lege mit dem Malwinkel die Aufgabe **10 mal 6**.
Das ist eine leichte Aufgabe.

Dann verschiebe ich den Malwinkel um eine Reihe nach oben und mache aus **10 mal 6** die Aufgabe **9 mal 6**.
Dabei verschwinden 6 Punkte unter dem Malwinkel.

Dilara schreibt ihre Rechnung so auf:

9 · 6 = 54
10 · 6 = 60
60 – 6 = 54

Erkläre Dilaras Rechenweg.

b) Rechne die Aufgaben wie Dilara.
Lege erst eine leichte Aufgabe. Verschiebe dann den Malwinkel.

(1) 9 · 7 = 63 (2) 2 · 9 = 18 (3) 9 · 9 = 81 (4) 8 · 3 = 24
(5) 4 · 8 = 32 *(6) 11 · 6 = 66 (7) Erkläre, wie du die Aufgaben gelöst hast.

1.4 **Üben (15 - 20 Minuten)**

Ziel: Strategien zur Multiplikation auswählen und nutzen

Material: MB: Hunderter-Punktefeld, kleiner Malwinkel, Folienstifte

Umsetzung: a) EA; b) UG

Weitere Aufgabe: Zur weiterführenden Automatisierung siehe: PIK AS: 1x1 richtig üben. *www.pikas.tu-dortmund.de/033*

Typische Schwierigkeit: Die Lernenden sind unsicher, welchen Faktor sie zur Korrektur der Hilfsaufgabe subtrahieren oder addieren müssen. Zur Materialnutzung anregen.

Hintergrund: Für Hilfsaufgaben (Dilaras Rechenweg) sollte ein Faktor nah an der 10 oder einer im Kopf bekannten Aufgabe liegen.

1.4 Rechenwege bei Mal-Aufgaben

a) Entscheide selbst, ob du die Aufgaben wie Leonie oder wie Dilara rechnest.
Schreibe deinen Rechenweg in dein Heft.

(1) 5 · 6 = 30 (2) 9 · 9 = 81 (3) 2 · 8 = 16
(4) 6 · 6 = 36 (5) 7 · 6 = 42 (6) 5 · 9 = 45

b) Vergleicht eure Rechenwege.
Überlegt gemeinsam: Welche Aufgaben kann man besonders gut mit Leonies und welche besonders gut mit Dilaras Rechenweg lösen?

2 Multiplizieren mit dem 200er Punktefeld

2.1 Erarbeiten (15 - 20 Minuten zzgl. Aufgabengenerator)

Ziel: Rechenwege zur Lösung von Mal-Aufgaben bis 200 erarbeiten

Material: MB: 200er-Punktefeld, großer Malwinkel, Folienstifte

Umsetzung: a) EA, dann UG; b) PA

Hintergrund: Bei Einführung des 200er-Punktefelds die Fünfer- und Zehnerstruktur hervorheben.

Voraussetzung: Die Lernenden müssen Aufgaben des kleinen Einmaleins ohne größere Schwierigkeiten bewältigen können. Ggf. mit Fördereinheit 1 erarbeiten und automatisieren.

Methode: Alternativ rechnet jeder für sich, anschließend werden Rechenwege verglichen.

2.1 **Mal-Aufgaben zerlegen**

a) Das Bild zeigt die Aufgabe **7 · 15**. = 105
Zerlege die Aufgabe in zwei Mal-Aufgaben und rechne sie im Heft aus.

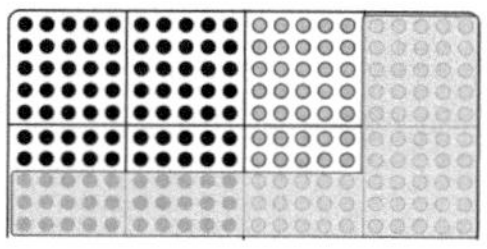

b) Eine Person legt mit dem Malwinkel ein Punktebild.
Die andere nennt die passende Mal-Aufgabe. Rechnet dann gemeinsam die Aufgabe aus: Zerlegt die Aufgabe in zwei kleinere Mal-Aufgaben. Schreibt euren Rechenweg ins Heft.

2.2 Erarbeiten (20 - 30 Minuten)

Ziel: Strategie Hilfsaufgabe im Zahlenraum bis 200 erarbeiten

Material: MB: 200er-Punktefeld, großer Malwinkel, Folienstifte

Umsetzung: a), b) EA, dann UG

Voraussetzung: Diese Aufgabe baut auf den in Aufgabe 1.2 behandelten operativen Veränderungen von Mal-Aufgaben auf. Bei Schwierigkeiten ggf. zu 1.2 zurückgehen.

Zu beachten: Handlung unbedingt am Material nachstellen lassen. Eine Bearbeitung mit dem vorliegenden Bild reicht nicht aus.

Hintergrund: Als mögliche Notationsweise thematisieren, die aber nicht fest nach der hier vorgeschlagenen Art durchgeführt werden muss.

Typische Schwierigkeit: Bei Ablösung vom Material sind die Lernden unsicher, welcher Faktor subtrahiert bzw. addiert werden muss. Diese Frage bereits bei Materialnutzung thematisieren bzw. Vermutung aufstellen und anhand des Materials überprüfen lassen.

2.2 **Hilfsaufgaben legen**

a) Dilara kennt einen Rechenweg, mit dem sie sich schwere Mal-Aufgaben leichter machen kann.

Dilara

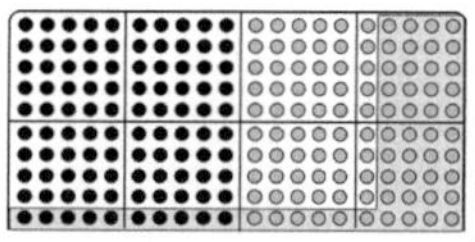

Dilara schreibt ihre Rechnung so auf:

9 · 16 = 144
10 · 16 = 160
160 - 16 = 144

Die Aufgabe 9 mal 16 rechne ich so:
Ich lege mit dem Malwinkel die Aufgabe **10 mal 16**.
Das ist eine leichte Aufgabe.

Dann verschiebe ich den Malwinkel um eine Reihe nach oben und mache aus **10 mal 16** die Aufgabe **9 mal 16**.
Dabei verschwinden 16 Punkte unter dem Malwinkel.

Erkläre Dilaras Rechenweg.

b) Rechne die Aufgaben wie Dilara.
Lege erst eine leichte Aufgabe. Verschiebe dann den Malwinkel.

(1) 5 · 19 = 95 (2) 8 · 19 = 152 (3) 4 · 19 = 76

(4) 9 · 15 = 135 (5) 9 · 18 = 162 (6) 9 · 11 = 99

(7) Erkläre, wie du die Aufgaben gelöst hast.

3 Multiplizieren mit dem 400er Punktefeld

3.1 Erarbeiten und Üben (15 - 20 Minuten zzgl. Aufgabengenerator)

Ziel: Rechenwege zur Lösung von Mal-Aufgaben bis 400 erarbeiten

Material: MB: 400er-Punktefeld, großer Malwinkel, Folienstifte

Umsetzung: a) EA, dann UG; b) PA; c) UG

Hintergrund: Bei Einführung des 400er-Punktefelds Fünfer- und Zehnerstruktur thematisieren, um ein Abzählen der Punkte zu vermeiden.

Zu beachten: Zunächst zerlegen die Lernenden das Punktefeld individuell. Auch langwierige Zerlegungen in viele kleine Aufgaben werden zunächst zugelassen. Erst bei sicherem Umgang werden effiziente Zerlegungen und Nutzung der Zehnerstruktur thematisiert.

Reflexion: Leonies Zerlegungsweise wird abschließend als optimierte Zerlegung behandelt.

3.1 Mal-Aufgaben zerlegen

a) Das Bild zeigt die Aufgabe **14 · 13**. = 182
Zerlege die Aufgabe in kleinere Mal-Aufgaben und rechne sie im Heft aus.

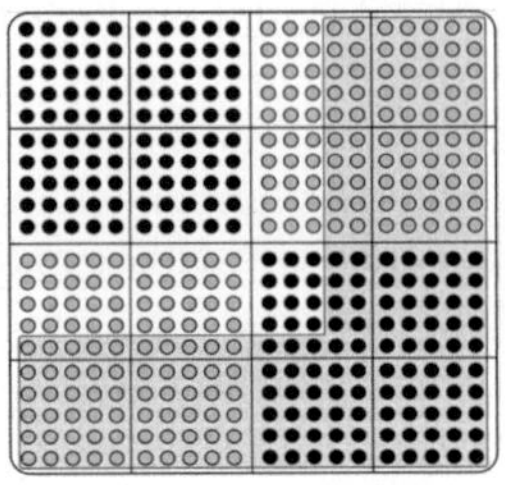

b) Stellt euch gegenseitig Aufgaben. Eine Person legt mit dem Malwinkel ein Punktebild. Die andere nennt die passende Mal-Aufgabe. Rechnet gemeinsam aus: Zerlegt die Aufgabe in kleinere Mal-Aufgaben.

Schreibt euren Rechenweg ins Heft.

c) Was meint Leonie? Warum erhält sie so leichte Aufgaben?

3.2 Erarbeiten (10 - 15 Minuten)

Ziel: Typische Fehler bei Strategie Stellenweise erklären

Material: MB: 400er-Punktefeld, großer Malwinkel, Folienstifte

Umsetzung: UG

Hilfestellung: Durch Einkreisen der Teilaufgaben wird sichtbar, welche Felder nicht berücksichtigt wurden. Welche Mal-Aufgaben hat Jonas vergessen?

3.2 Rechenwege mit dem Malwinkel erklären

Jonas rechnet die Aufgabe **16 · 15** so:

16 · 15 = 100 + 30 = 130
10 · 10 = 100
6 · 5 = 30

Lege die Aufgabe mit dem Malwinkel und rechne sie im Heft aus. 240
Erkläre mit Hilfe des Materials, warum Jonas Rechnung **nicht** richtig ist.

3.3 Üben (10 - 20 Minuten)

Ziel: Strategien zur Multiplikation auswählen und nutzen

Material: MB: 400er-Punktefeld, großer Malwinkel, Folienstifte

Umsetzung: EA

Hilfestellung: Zur Verwendung des 400er- Punktefelds ermutigen.

Reflexion: Verglichen werden können die notierten Rechenwege sowie die Rechenwegdarstellung auf dem Punktefeld.

3.3 Rechenwege bei Mal-Aufgaben

Entscheide selbst, ob du die Aufgaben wie Leonie oder wie Dilara rechnest.
Schreibe deinen Rechenweg in dein Heft.

(1) 15 · 17 = 255 (2) 19 · 9 = 171 (3) 12 · 12 = 144
(4) 8 · 18 = 144 (5) 19 · 20 = 380 (6) 19 · 19 = 361

4 Multiplizieren mit dem Malkreuz

4.1 - 4.2 **Erarbeiten und Üben (40 - 45 Minuten)**

Ziel: Verständnis des Malkreuzes erarbeiten; Multiplikation mit dem Malkreuz lösen und üben

Material: MB: 400er-Punktefeld, großer Malwinkel, Folienstifte

Umsetzung: 4.1 a), b) EA, dann UG; c) EA; 4.2 a) EA oder PA; b), c) UG

Zu beachten: Unbedingt mit Material nachlegen lassen, um Zusammenhang zwischen Fördereinheit 3 und 4 herzustellen.

Hintergrund: Die Zahlen im Malkreuz sollen von den Lernenden in Zusammenhang mit den Zerlegungen des Punktebilds gebracht, folglich als Anzahl der Randpunkte des Feldes verstanden werden. Ggf. Randpunkteanzahl auf dem Punktefeld beschriften.

Hintergrund: Zur besseren Kommunikation über die Malkreuze und in Vorbereitung auf Baustein **N8** sollte die Konvention eingeführt werden, dass der erste Faktor die Zeilenanzahl, der zweite Faktor die Spaltenanzahl des Felds angibt und entsprechend die Eintragung im Malkreuz erfolgt.

Hilfestellung: Veränderungen im Malkreuz farbig markieren lassen. Ggf. mit beschrifteten Pfeilen Veränderungen von Aufgabe zu Aufgabe notieren lassen.

12 · 15 = 180

·	10	5	
10	100	50	
2	20	10	+
	120	+ 60	180

+50
+100

22 · 15 = 330

·	10	5	
20	200	100	
2	20	10	+
	220	+ 110	330

+150

4.1 Das Malkreuz

a) Das Bild zeigt die Aufgabe **16 · 13**.
Zerlege die Aufgabe in vier Mal-Aufgaben und rechne sie im Heft aus.

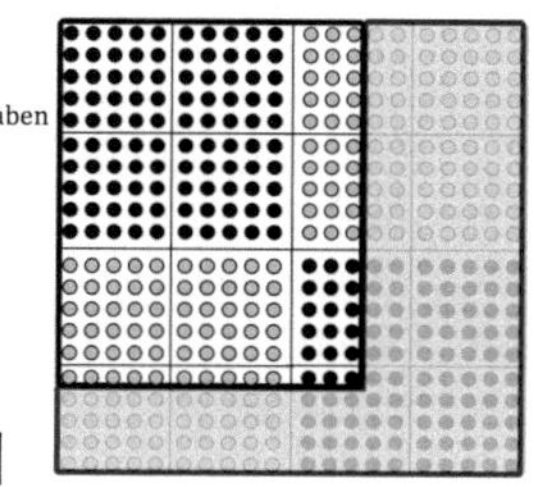

b) Leonie rechnet die Aufgabe im Malkreuz so:

·	10	3	
10	100	30	130
6	60	18	+ 78
	160	+ 48	208

Vergleiche die Rechnung im Malkreuz mit dem 400er-Punktefeld.
Was ist gleich? Was ist verschieden?

c) Lege die Aufgaben erst mit dem 400er-Punktefeld und dem Malwinkel.
Rechne sie dann mit dem Malkreuz aus.

(1) **11 · 11** = 121

·	10	1	
10	100	10	110
1	10	1	+ 11
	110	+ 11	121

(2) **15 · 17** = 255

·	10	7	
10	100	70	170
5	50	35	+ 85
	150	+ 105	255

4.2 Verwandte Multiplikations-Aufgaben

a) Rechne die Aufgaben mit dem Malkreuz.

(1) 12 · 15 = 180
22 · 15 = 330
32 · 15 = 480
42 · 15 = 630
(+150, +150, +150)

(2) 11 · 12 = 132
12 · 13 = 156
13 · 14 = 182
14 · 15 = 210
(+24, +26, +28)

b) Wie verändern sich die Aufgaben? Wie verändern sich die Ergebnisse?

c) Erkläre mit dem Malkreuz, warum die Ergebnisse sich so verändern.

4.3 Üben (15 - 25 Minuten)

Ziel: Multiplikation mit dem Malkreuz produktiv üben

Material: KV: Malkreuzvorlagen

Umsetzung: EA oder PA, dann UG

Hilfestellung: Zum Ausprobieren Kopiervorlage zum Malkreuz ausreichend zur Verfügung stellen.

Typische Schwierigkeit: Die Lernenden zeigen zu Beginn Hemmungen, auszuprobieren. Ggf. werden sie dann zur Auswahl von Zahlen angeregt. Klären, dass ein Faktor auch einstellig sein kann und dann eine Zeile des Malkreuzes leer bleibt.

Hilfestellung: Die Lernenden werden angeregt, die Lösungen systematisch zu verändern und zum Finden weiterer Lösungen zu nutzen. Wie kannst du die Zahlen verändern, um näher an 280 bzw. 1 000 heranzukommen?

Lösung: Bei 280: 28 · 10, 20 · 14, 6 · 35, 5 · 14, 4 · 70, 7 · 40, 5 · 56. Bei 1 000: 25 · 40, 50 · 20
Weitere Aufgabe: Findest du weitere Aufgaben, die du nicht in das Malkreuz eintragen kannst (weil ein Faktor dreistellig ist)? Lösung:
Bei 280: 1 · 280. Bei 1 000: 1 · 1000, 5 · 200, 125 · 8, 2 · 500, 10 · 100, 4 · 250

4.3 Welche Multiplikations-Aufgabe passt?

a) Welche Zahlen kannst du in das Malkreuz eintragen, um das Ergebnis 280 zu erhalten? Findest du mehrere Möglichkeiten?

___ · ___ = ______

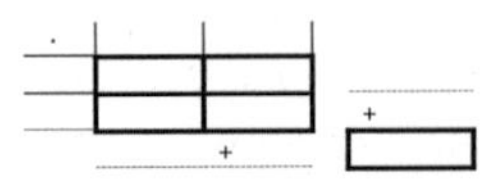

Tipp:
Starte, indem du eine Aufgabe ausprobierst. Wie musst du die Zahlen verändern, damit du näher zur 280 kommst?

b) Welche Zahlen kannst du in das Malkreuz eintragen, um das Ergebnis 1 000 zu erhalten? Findest du mehrere Möglichkeiten?

4.4 - 4.5 Üben (25 - 45 Minuten)

Ziel: Multiplikation mit dem Malkreuz produktiv üben; Beziehungen zwischen Aufgaben erkennen

Material: KV: Malkreuzvorlagen

Umsetzung: 4.4 EA; 4.5 a) EA; b) UG

Impuls: Rückbezug zum Material herstellen: Wie müsste ein Punktefeld aussehen, mit dem man diese Mal-Aufgabe darstellen kann? Welche Randpunkte hätte das Feld?

4.4 Mit dem Malkreuz bis 10 000

a) Rechne die Multiplikations-Aufgaben mit dem Malkreuz aus.

(1) 21 · 246 = 5166

·	200	40	6	
20	4000	800	120	4920
1	200	40	6	+246
	4200 +	840 +	126	5166

(2) 15 · 631 = 9465

·	600	30	1	
10	6000	300	10	6310
5	3000	150	5	+3155
	9000 +	450 +	15	9465

b) Trage die Zahlen selbst im Malkreuz ein und rechne aus.

(1) 12 · 467 = 5604

·	400	60	7	
10	4000	600	70	4670
2	800	120	14	+934
	4800 +	720 +	84	5604

(2) 24 · 365 = 8760

·	300	60	5	
20	6000	1200	100	7300
4	1200	240	20	+1460
	7200 +	1440 +	120	8760

Hilfestellung: Veränderungen im Malkreuz farbig markieren lassen. Ggf. mit beschrifteten Pfeilen Veränderungen von Aufgabe zu Aufgabe notieren lassen (vgl. Aufgabe 4.2).

4.5 Verwandte Multiplikations-Aufgaben

a) Rechne die Aufgaben mit dem Malkreuz.

(1) 11 · 121 = 1331 } + 1210
21 · 121 = 2541 } + 1210
31 · 121 = 3751

(2) 11 · 121 = 1331 } + 1100
11 · 221 = 2431 } + 1100
11 · 321 = 3531

b) Wie verändern sich die Aufgaben? Wie verändern sich die Ergebnisse? Erkläre mit dem Malkreuz, warum die Ergebnisse sich so verändern.

N6 C Dividieren und Rechenwege erklären – Didaktischer Hintergrund

Lerninhalt

Die zunehmende Bedeutung halbschriftlicher Rechenstrategien in der Grundschule (vgl. Baustein **N6 B**; Krauthausen / Scherer 2008, S. 46 - 52) hat die ehemalige Vormachtstellung der schriftlichen Algorithmen bei den vier Grundrechenarten in den Hintergrund rücken lassen. Bei keiner anderen Operation jedoch ist dies so stark geschehen, wie bei der Division, bei welcher das schriftliche Normalverfahren in den Bildungsstandards der Primarstufe nicht mehr als zu erarbeitende Kompetenz aufgeführt wird (KMK 2004). Dies liegt einerseits an der hohen Komplexität des Verfahrens (KIRA o.J.a; Gerster 1982, S. 164), andererseits aber auch daran, dass es gegenüber der halbschriftlichen Division kaum effizienter ist. In diesem Baustein wird die Strategie *Schrittweise dividieren* erarbeitet, welche die Hauptstrategie der halbschrift-lichen Division darstellt und im Gegensatz zur Strategie Hilfsaufgabe bei allen Divisionsaufgaben anwendbar ist.

Die Strategie Schrittweise dividieren

Beim schrittweisen Rechnen (vgl. Wittmann / Müller 1992, KIRA o.J.b) wird der Dividend geeignet zerlegt und so schrittweise jeweils durch den Divisor geteilt. Zugrunde liegt diesem Vorgehen das Distributivgesetz, dessen Anwendung bei der Multiplikation die Lernenden in Baustein **N6 B** erarbeitet haben. Die hier benötigte Vorstellung des Aufteilens wird in Baustein **N4 B** bei der Behandlung des Operationsverständnisses der Division in Fördereinheit 3 thematisiert. In diesem Baustein entwickeln die Lernenden mit Hilfe des 100er- und 1000er-Punktefelds eigene Zerlegungen des Dividenden und veranschaulichen und erklären ihre Rechenwege am Material.

	936 : 4 = 234
	8
	13
936 : 4 = 234	12
800 : 4 = 200	16
120 : 4 = 30	16
16 : 4 = 4	0

Notation des halbschriftlichen Rechenwegs im Vergleich zum schriftlichen Algorithmus

Veranschaulichung und Material

Auf den abwischbaren Punktefeldern (in Anlehnung an Wittmann / Müller 1992, S. 74 - 76) können Vorgehensweisen gemeinsam besprochen und weiterentwickelt werden. Zunächst wird der Dividend mit Hilfe des Abdeckstreifens auf dem Punktefeld gelegt. Anschließend wird dieser in kleinere Teilmengen zerlegt, die sich leicht im Kopf durch den Divisor teilen lassen. Diese Zerlegungen knüpfen an die in Baustein **N4 B** erarbeitete Vorstellung des Aufteilens an. Bei Schwierigkeiten sollte die Erarbeitung deshalb mit Fördereinheit 3 des Bausteins **N4 B** beginnen oder zunächst Einkreisungen in der Größe des Divisors vorgenommen werden. Auf diese Weise kann die Aufgabe 45 : 5 mit dem Material wie in der Abbildung gelöst werden. Der erhaltene Quotient gibt dabei Auskunft über die Anzahl der Teilmengen, also Antwort auf die Frage: „Wie oft passt die 5 in die 45?"

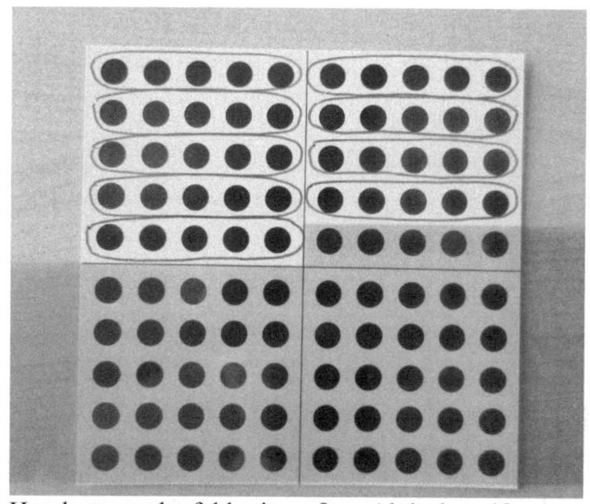

Hunderterpunktefeld mit großem Abdeckstreifen

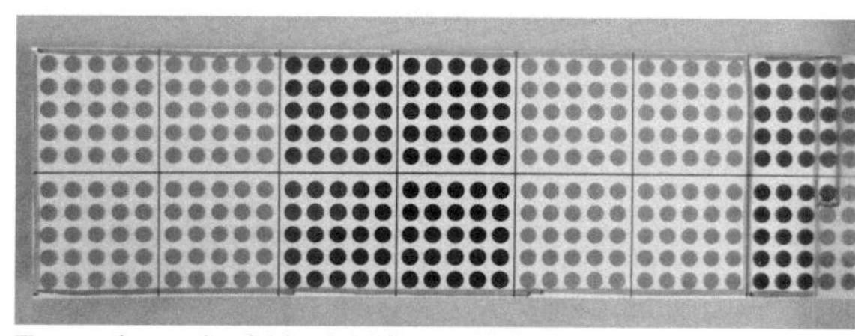

Tausenderpunktefeld mit kleinem Abdeckstreifen

Mit zunehmender Sicherheit vergrößern die Lernenden die Teilmengen, ohne den Divisor noch einzeichnen zu müssen. Aus der Einteilung in der Abbildung oben kann so der Rechenweg zur Aufgabe 336 : 3 entstehen:

336 : 3 = 112
300 : 3 = 100
30 : 3 = 10
6 : 3 = 2

Halbschriftlicher Rechenweg zur Aufgabe 336:3

Auf der Basis einer aufteilenden Vorstellung kann die Addition der Teilergebnisse erklärt werden: Die 3 passt hundertmal in die 300, zehnmal in die 30 und zweimal in die 6, in die 336 zusammen also 112-mal. Gleichzeitig kann die Distributivität im entstandenen Bild wiederum multiplikativ gedeutet – und damit das Ergebnis überprüft – werden, was bereits in Baustein **N6 B** thematisiert wurde.

Die Multiplikation spielt als Umkehrung der Division ebenso eine wichtige Rolle bei der Überprüfung der Ergebnisse und sollte als Möglichkeit zur selbstständigen Kontrolle während allen Fördereinheiten immer wieder aufgegriffen und thematisiert werden.

Aufbau der Förderung

Die Förderung besteht aus vier Fördereinheiten:

1 Divisions-Aufgaben mit Punktefeldern lösen
2 Rechenwege bei Divisions-Aufgaben
3 Rechenwege bei Divisions-Aufgaben mit Rest
4 Verschiedene Rechenwege bei Divisions-Aufgaben

Die Erarbeitung der halbschriftlichen Division beginnt in **Fördereinheit 1** mit der Veranschaulichung am Hunderter- und Tausenderpunktefeld. Aufbauend auf den am Material entwickelten Strategien des schrittweisen Zerlegens des Dividenden besprechen die Lernenden anschließend eigene Strategien ohne (**Fördereinheit 2**) und mit Rest (**Fördereinheit 3**). In **Fördereinheit 4** werden abschließend verschiedene Rechenwege verglichen, um mögliche Notationen der halbschriftlichen Division zu thematisieren und weiterzuentwickeln.

Weiterführende Literatur

KIRA (o.J.a): Schriftliche Division. http://www.kira.tu-dortmund.de/135

KIRA (o.J.b): Halbschriftliche Division. http://www.kira.tu-dortmund.de/138

KMK (2004): Beschlüsse der Kultusministerkonferenz. Bildungsstandards im Fach Mathematik für den Primarbereich. München: Wolters Kluwer Deutschland.

Krauthausen, G. / Scherer, P. (2008): *Einführung in die Mathematikdidaktik.* Heidelberg: Spektrum.

Wittmann, E. Ch. / Müller, G.N. (1992): Handbuch produktiver Rechenübungen. Band 2 – Vom halbschriftlichen zum schriftlichen Rechnen. Stuttgart: Klett.

N6 C – Durchführung und Auswertung der Standortbestimmung

Dauer: 30 - 45 Minuten

Hinweise zur Durchführung:

Vor der Durchführung sollte den Lernenden erklärt werden, dass sie nicht schriftlich dividieren sollen. Falls den Lernenden die Begrifflichkeiten nicht klar sind, kann der schriftliche Algorithmus für eine beliebige (nicht im Dokument) enthaltene Aufgabe an die Tafel geschrieben werden und anschließend darauf verwiesen werden, dass dieses Verfahren nicht genutzt werden soll.

Bei Schwierigkeiten zur Notation des Rechenwegs kann es helfen, die Lernenden aufzufordern, ihren Rechenweg / ihre Kopfrechnung mündlich zu erläutern. Anschließend werden sie gebeten, das mündlich Beschriebene aufzuschreiben.

3): Vor der Durchführung sollte den Lernenden erklärt werden, dass bei einigen der Aufgaben ein Rest entsteht und dafür die Restschreibweise verwendet werden darf.

4): Hier ggf. die Lernenden mündlich noch einmal darauf hinweisen, dass Gemeinsamkeiten und Unterschiede zwischen (1) und (2) aufgeschrieben werden sollen.

Bei der Durchführung (wenn möglich) auf zählende Rechner achten, insbesondere bei Aufgabe 1.

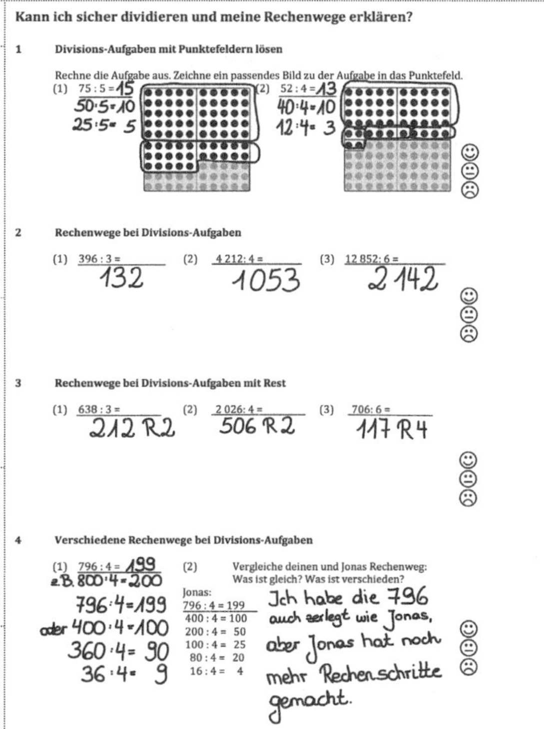
Kann ich sicher dividieren und meine Rechenwege erklären?

1 **Divisions-Aufgaben mit Punktefeldern lösen**

Rechne die Aufgabe aus. Zeichne ein passendes Bild zu der Aufgabe in das Punktefeld.

(1) 75 : 5 = 15
50 : 5 = 10
25 : 5 = 5

(2) 52 : 4 = 13
40 : 4 = 10
12 : 4 = 3

2 **Rechenwege bei Divisions-Aufgaben**

(1) 396 : 3 = 132 (2) 4 212 : 4 = 1053 (3) 12 852 : 6 = 2 142

3 **Rechenwege bei Divisions-Aufgaben mit Rest**

(1) 638 : 3 = 212 R2 (2) 2 026 : 4 = 506 R2 (3) 706 : 6 = 117 R4

4 **Verschiedene Rechenwege bei Divisions-Aufgaben**

(1) 796 : 4 = 199
z.B. 800 : 4 = 200
796 : 4 = 199
oder 400 : 4 = 100
360 : 4 = 90
36 : 4 = 9

(2) Vergleiche deinen und Jonas Rechenweg: Was ist gleich? Was ist verschieden?

Jonas:
796 : 4 = 199
400 : 4 = 100
200 : 4 = 50
100 : 4 = 25
80 : 4 = 20
16 : 4 = 4

Ich habe die 796 auch zerlegt wie Jonas, aber Jonas hat noch mehr Rechenschritte gemacht.

Hinweise zur Auswertung:

Übergreifende Fehler

Typische Fehler		Mögliche Ursache	Förderung
	396 : 3 = 132 3 09 09 06 06 0	Lösung mithilfe des schriftlichen Algorithmus, eventuell keine halbschriftlichen Strategien vorhanden.	Überprüfen, ob halbschriftliche Strategien vorhanden sind, falls nötig Erarbeitung halbschriftlicher Strategien (1.1 - 1.2).
	12 852: 6 = 2153 12000 : 6 = 2000 850 : 6 = 150 2 : 6 = 3	Dividend und Divisor werden vertauscht, wenn Divisor Vielfaches von Ziffer im Dividenden.	Auf Flüchtigkeitsfehler hin überprüfen. Rolle des Dividenden und Divisors beim Aufteilen mit Baustein **N4 B** erarbeiten.
	4 212: 4 = 1503 4000 : 4 = 1000 200 : 4 = 50 12 : 4 = 3 2 026: 4 = 5051R2 2000 : 4 = 500 20 : 4 = 5 6 : 4 = 1R2	Teilergebnisse werden nicht stellenwertgerecht verrechnet (sondern wie im 2. Beispiel einfach nacheinander notiert).	Überprüfen, ob Flüchtigkeitsfehler in der Addition der Teilergebnisse. Bei systematischen Unsicherheiten zum Umgang mit den Teilergebnissen Verständnis erarbeiten (1.1 - 1.2). Ggf. Stellenwertverständnis mit Baustein **N1** erarbeiten.
	(3) 12 852: 6 = 2108 12 000 : 6 = 2000 600 : 6 = 100 48 : 6 = 8	Dividend wird falsch oder nicht vollständig aufgeteilt.	Zerlegungen des Dividenden an Punktefeldern erarbeiten (1.1 - 1.2; dann 2.1 - 2.5).

Diagnoseaufgabe 1: Dividieren mit Punktefeldern

Typische Fehler		Mögliche Ursache	Förderung
	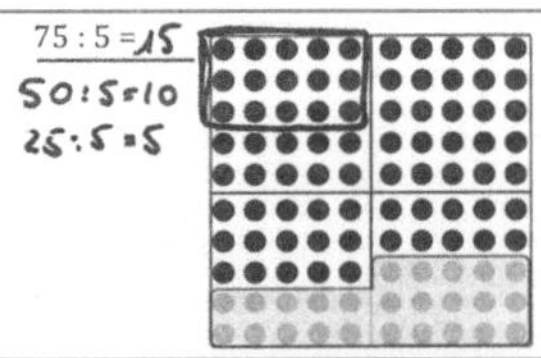	Im Punktefeld wird nur das Ergebnis dargestellt.	Förderung der Vorstellung des Aufteilens mit Baustein **N4 B** (3.1 - 3.5).
	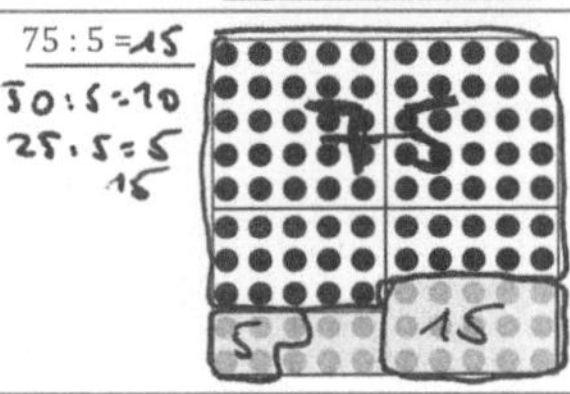	Es wird versucht möglichst alle Zahlen der Gleichung im Punktefeld zu markieren.	Förderung der Vorstellung des Aufteilens mit Baustein **N4 B** (3.1 - 3.5).

Diagnoseaufgabe 2: Divisions-Aufgaben zusammensetzen

Typische Fehler		Mögliche Ursache	Förderung
(1)	396 : 3 = 124 300 : 3 = 100 96 : 3 = 24	Rechenfehler durch Aufteilung des Dividenden in zu große Teilaufgaben.	Mögliche Notationswege thematisieren (4.1 - 4.2).
(2)	4 212 : 4 = 4.000 : 4 = 7000 200 : 4 = 800 70 : 4 = 40 2 : 4 = 8	Es werden andere Operationen (hier Multiplikation) mit der Division vertauscht.	In der Regel Flüchtigkeitsfehler. Verständnis mündlich überprüfen. Bei systematischen Unsicherheiten halbschriftliche Strategie erarbeiten (1.1 - 1.2).
(3)	(3) 12 852 : 6 = 2108 12 000 : 6 = 2000 600 : 6 = 100 48 : 6 = 8	Dividend wird falsch oder nicht vollständig aufgeteilt.	Zerlegungen des Dividenden am Material erarbeiten (1.1 - 1.2).
	12 852 : 6 = 2108 R204 12000 : 6 = 2000 800 : 6 = 100 R200 52 : 6 = 8 R4	Falscher Umgang mit Zerlegungen, wenn einzelne Stellen (hier 8) keine Vielfachen des Divisors sind.	

Diagnoseaufgabe 3: Division mit Rest

Typische Fehler		Mögliche Ursache	Förderung
(1)	638 : 3 = 216 R2 600 : 3 = 200 30 : 3 = 10 8 : 3 = 6 R2	Statt dem Quotienten (hier 2) wird der Teildividend (hier 6) als Ergebnis notiert.	In der Regel Flüchtigkeitsfehler, da der im Kopf behaltene Dividend aufgeschrieben wird. Bei systematischen Unsicherheiten Notationsmöglichkeiten des Restes thematisieren (3.1 - 3.3).
(3)	706 : 6 = 101 R100 700 : 6 = 100 R100 6 : 6 = 1	Falscher Umgang mit Zerlegungen, wenn einzelne Stellen (hier 8) keine Vielfachen des Divisors sind.	Zerlegungen des Dividenden am Material erarbeiten (1.1 - 1.2). Besondere Rolle des Restes thematisieren (3.1 - 3.3).

Diagnoseaufgabe 4: Rechenwege bei Divisionsaufgaben

Typische Fehler		Mögliche Ursache	Förderung
(2)	„Ich habe genauso gerechnet wie Jonas."	Eventuell wurde der Rechenweg von Jonas nur abgeschrieben.	Mögliche Rechenwege thematisieren (4.1 - 4.2).
	Anderes Ergebnis als in (1) der unterschied ist- Jonas hat kein Rest und ich schon	Fehler bei (1), anschließend wird auf unterschiedliche Ergebnisse eingegangen.	

1 Dividieren mit Punktefeldern

1.1 Erarbeiten (20 - 30 Minuten)

Ziel: Divisions-Aufgaben mit Aufteil-Strategie am Hunderter-Punktefeld lösen

Material: MB: Hunderter-Punktefeld, großer Abdeckstreifen, Folienstifte

Umsetzung: UG

Voraussetzung: Diese Aufgabe knüpft direkt an die Aufgaben 3.3 - 3.5 des Bausteins **N4 B** an, in welchen Aufteil-Strategien zur Lösung von Divisions-Aufgaben erarbeitet werden. Bei Schwierigkeiten zu diesen Aufgaben zurückgehen und ein sicheres Verständnis der Division als Aufteilen aufbauen.

Hintergrund: Die Lernenden können hier mehrere additive und multiplikative Beziehungen erkennen.

Hintergrund: Die jeweils dritte Aufgabe setzt sich aus den vorherigen zusammen. Die Lernenden werden ggf. gebeten, die ersten beiden Aufgaben hintereinander (50 : 5, dann 25 : 5) in das Feld zu zeichnen, um diesen Zusammenhang zu erkennen.

1.1 Divisions-Aufgaben mit dem Hunderterpunktefeld lösen

a) Lege die Zahl 55 mit dem Hunderterpunktefeld und dem Abdeckstreifen. = 11
Erkläre, wie du mit Hilfe des Materials **55 : 5** lösen kannst.

b) Löse die Aufgaben mit dem Hunderterpunktefeld.

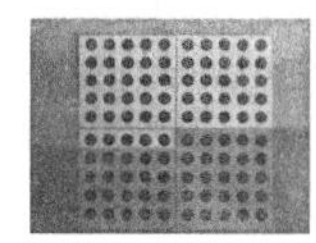

(1)	(2)
25 : 5 = 5	30 : 3 = 10
50 : 5 = 10	60 : 3 = 20
75 : 5 = 25	90 : 3 = 30

Beschreibe, wie sich die Aufgaben und die Ergebnisse verändern.
Erkläre mit dem Hunderterpunktefeld, warum sich die Ergebnisse so verändern.

c) Löse die Aufgaben mit dem Hunderterpunktefeld.

(1)	(2)	(3)	(4)
50 : 5 = 10	40 : 4 = 10	60 : 6 = 10	80 : 8 = 10
30 : 5 = 6	20 : 4 = 5	24 : 6 = 4	16 : 8 = 2
80 : 5 = 16	60 : 4 = 15	84 : 6 = 14	96 : 8 = 12

Beschreibe, wie sich die Aufgaben und die Ergebnisse verändern.
Erkläre mit dem Hunderterpunktefeld, warum sich die Ergebnisse so verändern.

1.2 Erarbeiten (30 - 40 Minuten)

Ziel: Divisions-Aufgaben mit Aufteil-Strategie am Tausender-Punktefeld lösen

Material: MB: Tausender-Punktefeld, kleiner Abdeckstreifen, Folienstifte

Umsetzung: a) UG; b), c) EA, dann UG

Voraussetzung: Diese Aufgabe setzt ein sicheres Verständnis der additiven Zerlegungen voraus, die am Hunderterpunktefeld in Aufgabe 1.1 erarbeitet wurden. Bei Aufgabe b) (2), sowie bei Aufgabe c) können keine Einkreisungen mehr in der Größe des Divisors vorgenommen werden, sondern es werden mehrere Schritte zusammengefasst.

Hintergrund: Die jeweils dritte Aufgabe setzt sich aus den vorherigen zusammen. Die Lernenden werden ggf. gebeten, die ersten beiden Aufgaben hintereinander (100 : 5, dann 25 : 5) in das Feld zu zeichnen, um diesen Zusammenhang zu erkennen.

1.2 Divisions-Aufgaben mit dem Tausenderpunktefeld lösen

a) Lege die Zahl 300 mit dem Tausenderpunktefeld und dem Abdeckstreifen.
Erkläre, wie du mit Hilfe des Materials **300 : 50** lösen kannst. = 6

b) Löse die Aufgaben mit Hilfe des Tausenderpunktefelds.

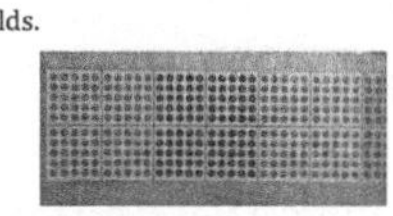

(1)	(2)
100 : 25 = 4	70 : 7 = 10
200 : 25 = 8	140 : 7 = 20
300 : 25 = 12	210 : 7 = 30
400 : 25 = 16	280 : 7 = 40

Beschreibe, wie sich die Aufgaben und die Ergebnisse verändern.
Erkläre mit dem Tausenderpunktefeld, warum sich die Ergebnisse so verändern.

c) Löse die Aufgaben mit Hilfe des Tausenderpunktefelds.

(1)	(2)	(3)	(4)
100 : 5 = 20	200 : 4 = 50	600 : 6 = 100	300 : 3 = 100
25 : 5 = 5	20 : 4 = 5	24 : 6 = 4	60 : 3 = 20
125 : 5 = 25	220 : 4 = 55	624 : 6 = 104	360 : 3 = 120

Beschreibe, wie sich die Aufgaben und die Ergebnisse verändern.
Erkläre mit dem Tausenderpunktefeld, warum sich die Ergebnisse so verändern.

2 Divisionsaufgaben zusammensetzen

2.1 - 2.2 **Erarbeiten (20 - 30 Minuten)**

Ziel: Divisions-Aufgaben abgelöst vom Material lösen

Material: MB: Tausender-Punktefeld, kleiner Abdeckstreifen, Folienstifte

Umsetzung: 2.1 a), b) EA; c) UG; d) EA oder PA; 2.2 a) EA; b) UG

Impuls: Wieso darf man die Ergebnisse der Aufgaben addieren? Diese Frage können die Lernenden mit Rückgriff auf das Material und den in Fördereinheit 1 erarbeiteten Strategien beantworten. Bei Schwierigkeiten bei Fördereinheit 1 beginnen.

Hilfestellung: Zur Ablösung vom Material werden die Lernenden aufgefordert, sich das Tausenderpunktefeld nur vorzustellen und mögliche Zerlegungen zu finden.

Zu beachten: In Aufgabe 2.1 wird den Lernenden verdeutlicht, dass es egal ist, wie viele Aufgaben das Päckchen hat. Dies kann in Aufgabe 2.2 dazu genutzt werden, zu verdeutlichen, dass es den Lernenden ebenso freigestellt ist, in wie vielen Schritten sie den Dividenden zerlegen.

Reflexion: Die Rechenwege der Lernenden werden verglichen, ohne kurze Rechenwege besonders hervorzuheben. Um Sicherheit zu gewinnen, ist es wichtig, dass die Lernenden nicht zu schnell zu große Zerlegungen (folglich wenig Rechenschritte) wählen.

2.1 Von einfachen zu zusammengesetzten Divisions-Aufgaben

a) Rechne aus.

(1)	(2)	(3)	(4)
400 : 4 = 100	700 : 7 = 100	800 : 8 = 100	300 : 3 = 100
8 : 4 = 2	70 : 7 = 10	40 : 8 = 5	120 : 3 = 40
408 : 4 = 102	770 : 7 = 110	840 : 8 = 105	420 : 3 = 140

b) Rechne aus.

(1)	(2)	(3)	(4)
500 : 5 = 100	100 : 5 = 20	6000 : 6 = 1000	600 : 6 = 100
100 : 5 = 20	50 : 5 = 10	60 : 6 = 10	240 : 6 = 40
25 : 5 = 5	10 : 5 = 2	24 : 6 = 4	18 : 6 = 3
625 : 5 = 125	160 : 5 = 32	6084 : 6 = 1014	858 : 6 = 143

c) Wie hast du die letzte Aufgabe in jedem Päckchen gelöst? Erkläre dein Vorgehen.

d) Erfinde selbst ein Päckchen wie in Aufgabe a) oder b).

2.2 Von zusammengesetzten zu einfachen Divisions-Aufgaben

a) Wie kannst du Aufgaben in einfachere Aufgaben zerlegen?

Beispiel:	(1)	(2)	(3)
327 : 3 = 109	981 : 9 = 109	1025 : 5 = 205	840 : 7 = 120
300 : 3 = 100	900 : 9 = 100	1000 : 5 = 200	700 : 7 = 100
27 : 3 = 9	81 : 9 = 9	25 : 5 = 5	140 : 7 = 20

b) Vergleicht eure Rechenwege. Was ist gleich? Was ist verschieden?

2.3 **Üben (Aufgabengenerator)**

Ziel: Zerlegen und Zusammensetzen des Dividenden automatisieren

Material: -

Umsetzung: PA

Voraussetzung: Diese Aufgabe baut auf den Aufgaben 2.1 und 2.2 auf, in welchen das Zusammensetzen und Zerlegen des Dividenden erarbeitet wurde, und automatisiert diese Rechnungen.

2.3 Divisions-Aufgaben zusammensetzen und zerlegen

Stellt euch gegenseitig Aufgaben:
Der eine setzt eine Geteilt-Aufgaben zusammen wie in 2.1 d).

Der andere muss die Aufgabe lösen, indem er sie wieder zerlegt wie in 2.2.
Wechselt euch ab.

3 Division mit Rest

3.1 - 3.2 **Erarbeiten (20 - 30 Minuten)**

Ziel: Divisions-Aufgaben mit Rest abgelöst vom Material lösen

Material: MB: Tausender-Punktefeld, kleiner Abdeckstreifen, Folienstifte

Umsetzung: 3.1 a), b) EA; c) UG; d) EA oder PA; 3.2 a) EA; b) UG

Impuls: Wieso darf man die Ergebnisse der Aufgaben addieren? Diese Frage können die Lernenden mit Rückgriff auf das Material und den in Fördereinheit 1 erarbeiteten Strategien beantworten. Bei Schwierigkeiten zurückgehen zu Fördereinheit 1.

3.1 Von einfachen zu zusammengesetzten Divisions-Aufgaben mit Rest

a) Rechne aus.

(1)	(2)	(3)	(4)
200 : 5 = 40	300 : 3 = 100	80 : 8 = 10	60 : 6 = 10
32 : 5 = 6 R2	28 : 3 = 9 R1	20 : 8 = 2 R4	38 : 6 = 6 R2
232 : 5 = 46 R2	328 : 3 = 109 R1	100 : 8 = 12 R4	98 : 6 = 16 R2

b) Rechne aus.

(1)	(2)	(3)	(4)
600 : 6 = 100	100 : 5 = 20	4 000 : 4 = 1000	4 000 : 2 = 2000
120 : 6 = 20	50 : 5 = 10	200 : 4 = 50	200 : 2 = 100
61 : 6 = 10 R1	12 : 5 = 2 R2	27 : 4 = 6 R3	27 : 2 = 13 R1
781 : 6 = 130 R1	162 : 5 = 32 R2	4 227 : 4 = 1056 R3	4 227 : 2 = 2113 R1

Impuls: Ggf. unter Rückgriff auf das Tausenderpunktefeld wird die besondere Rolle des Rests thematisiert und die Schreibweise für den Rest besprochen.

Zu beachten: In Aufgabe 3.1 wird den Lernenden verdeutlicht, dass es egal ist, wie viele Aufgaben das Päckchen hat. Dies kann in Aufgabe 3.2 dazu genutzt werden, zu verdeutlichen, dass es den Lernenden ebenso freigestellt ist, in wie vielen Schritten sie den Dividenden zerlegen.

c) Wie hast du die letzte Aufgabe in jedem Päckchen gelöst? Erkläre dein Vorgehen.

d) Erfinde selbst ein Päckchen wie in a) oder b).
Die letzte Aufgabe im Päckchen soll einen Rest haben.

Hilfestellung: Zur Ablösung vom Material werden die Lernenden aufgefordert, sich das Tausenderpunktefeld nur vorzustellen und mögliche Zerlegungen zu finden.

3.2 Von zusammengesetzten zu einfachen Divisions-Aufgaben mit Rest

a) Wie kannst du Aufgaben in einfachere Aufgaben zerlegen?

Beispiel:	(1)	(2)	(3)
425 : 4 = 106 R1	739 : 7 = 105 R4	924 : 9 = 102 R6	430 : 3 = 143 R1
400 : 4 = 100	700 : 7 = 100	900 : 9 = 100	300 : 3 = 100
25 : 4 = 6 R1	39 : 7 = 5 R4	24 : 9 = 2 R6	120 : 3 = 40
			10 : 3 = 3 R1

b) Vergleicht eure Rechenwege. Was ist gleich? Was ist verschieden?

Reflexion: Die Rechenwege der Lernenden werden verglichen, ohne kurze Rechenwege besonders hervorzuheben. Um Sicherheit zu gewinnen, ist es wichtig, dass die Lernenden nicht zu schnell zu große Zerlegungen (folglich wenig Rechenschritte) wählen.

b) Vergleicht eure Rechenwege. Was ist gleich? Was ist verschieden?

3.3 **Üben (Aufgabengenerator)**

Ziel: Zerlegen und Zusammensetzen des Dividenden automatisieren

Material: -

Umsetzung: PA

Voraussetzung: Diese Aufgabe baut auf den Aufgaben 3.1 und 3.2 auf, in welchen das Zusammensetzen und Zerlegen des Dividenden erarbeitet wurde, und automatisiert diese Rechnungen.

3.3 Divisions-Aufgaben mit Rest zusammensetzen und zerlegen

Stellt euch gegenseitig Aufgaben:
Die eine setzt eine Geteilt-Aufgaben zusammen wie in 3.1 d).
Die Aufgabe soll einen Rest haben.

Der andere muss die Aufgabe lösen, indem er sie wieder zerlegt wie in 3.2.
Wechselt euch ab.

4 Rechenwege bei Divisionsaufgaben

4.1 Erarbeiten (15 - 25 Minuten)

Ziel: Verschiedene Zerlegungen bei Divisions-Aufgaben verstehen

Material: -

Umsetzung: a) EA oder PA; b), c), d) UG

Hintergrund: Fördereinheit 4 thematisiert die Notation von Rechenwegen. Dennoch sollten die Lernenden nicht zu kurzen Rechenwegen gedrängt werden, sondern sich in der Wahl ihrer Zerlegungen des Dividenden frei fühlen und diese von sich aus bei ausreichender Sicherheit verkürzen.

Methode: Aufgabenteil c) darf zu Beginn noch nicht sichtbar sein. Aufgabe a) und b) mündlich stellen, oder Aufgabe c) abdecken.

Reflexion: Sowohl Dilara als auch Maurice teilen den Dividenden in kleinere Zahlen. Dilara macht einen zusätzlichen Schritt in der Zerlegung der 60, Maurice zerlegt dafür die 24.

4.1 **Wie viel Geld bekommt jeder?**

a) Maurice, Dilara und Jonas haben gemeinsam 84 €.
Das Geld wollen sie gerecht teilen. Wie viel Geld bekommt jedes Kind?
Schreibe deinen Rechenweg auf.

b) Vergleicht eure Rechenwege.

c) Dilara und Maurice haben die Aufgabe so gelöst.

Dilara:	Maurice:
84 : 3 = 28	84 : 3 = 28
30 : 3 = 10	60 : 3 = 20
30 : 3 = 10	15 : 3 = 5
24 : 3 = 8	9 : 3 = 3

Beschreibe, wie die Kinder rechnen.
Was ist gleich in den beiden Rechenwegen? Was ist verschieden?

d) Was meint Dilara?
Erkläre.

Ich zerlege die Zahl, die ich teilen will, in kleinere Zahlen.

Dilara

4.2 Erarbeiten und Üben (15 - 25 Minuten)

Ziel: Notation des Rechenwegs verkürzen

Material: -

Umsetzung: a) EA; b) UG; c), d), e) EA

Impuls: Begründe, wieso ist dies der kürzeste Weg? Hier kann den Lernenden auffallen, dass der ‚kürzeste' Rechenweg die Aufgabe selbst, nämlich keine Zerlegung des Dividenden wäre, dies aber nur Sinn macht, wenn die Aufgabe auch in einem Schritt im Kopf gelöst werden kann. Auf diese Weise kann besprochen werden, dass nicht die kürzeste Notationsweise die beste ist, sondern die Notation eine Hilfestellung zur Lösung der Aufgabe darstellt.

4.2 **Rechenwege vereinfachen**

a) Rechne die beiden Aufgaben. Schreibe deinen Rechenweg in dein Heft.

(1) 175 : 5 = 35 (2) 625 : 5 = 125

b) Vergleicht eure Rechenwege.

c) Rechne die Aufgabe **256 : 4.** = 64

d) Ist dein Rechenweg in Aufgabe c) der kürzeste Weg?
Kannst du einen noch kürzeren Weg finden?

e) Kontrolliere dein Ergebnis aus Aufgabe c).
Mache dazu eine Probe mit einer passenden Malaufgabe.

N7 A Schriftlich addieren und das Rechenverfahren erklären – Didaktischer Hintergrund

Lerninhalt

Die schriftlichen Rechenverfahren (Bausteine **N7** und **N8**) basieren auf einer festgelegten Abfolge von Schritten und unterscheiden sich somit von den freieren Formen des halbschriftlichen Rechnens (Bausteine **N5** und **N6**). Während beim halbschriftlichen Rechnen mit *Zahlganzheiten* gerechnet wird, werden die Zahlen beim schriftlichen Rechnen in ihre *Ziffern* zerlegt. Ein solides Stellenwertverständnis (Baustein **N1**) ist somit Voraussetzung für die verstehensorientierte Erarbeitung der Algorithmen.

Gerade Lernenden mit Schwierigkeiten beim Mathematiklernen vermitteln die klar vorgegebenen Rechenschritte bei den schriftlichen Verfahren oft ein Gefühl der Sicherheit. Eine lediglich rezeptartige Anwendung der Verfahren kann jedoch schnell zu Fehlern führen. Neben der sicheren Ausführung des Verfahrens ist daher ein Verständnis des Algorithmus mindestens genauso wichtig. Daher wird während der Förderung immer wieder der Frage „Warum funktioniert das Verfahren so?“ nachgegangen.

Der schriftliche Additionsalgorithmus wird zur verständnisbasierten Erarbeitung vom halbschriftlichen stellenweisen Rechnen abgeleitet. Da beim schriftlichen Rechnen (wegen möglicher Überträge) von rechts nach links gerechnet wird, wird der halbschriftliche Rechenweg ebenfalls beginnend bei den Einern notiert.

572 + 354 = 926
2 + 4 = 6
70 + 50 = 120
500 + 300 = 800

Halbschriftlich stellenweise

H	Z	E
5	7	2
+ 3 1	5	4
9	2	6

Schriftlich

Die mathematische Grundlage stellen das Kommutativ- und das Assoziativgesetz dar. Die Summanden werden stellenweise zerlegt und addiert.

$572 + 354 = (500 + 70 + 2) + (300 + 50 + 4) =$
$(2 + 4) + (70 + 50) + (500 + 300)$

Auf dem Distributivgesetz basiert das spaltenweise Addieren beim schriftlichen Rechenverfahren. Die Stellenwerte werden durch die Positionen der Ziffern in der Zahl ausgedrückt.

$(2 + 4) + (70 + 50) + (500 + 300) =$
$(2 + 4) + (7 + 5) \cdot 10 + (5 + 3) \cdot 100$

Notations- und Sprechweise

Das Verstehen der schriftlichen Addition hängt eng mit einer richtigen und sorgfältigen Notations- und Sprechweise zusammen. Zu Anfang empfiehlt sich, parallel zur Bearbeitung der Aufgabe, ein lautes Mitsprechen, welches nach und nach in ein gedankliches Mitsprechen übergeht. Folgende Aspekte sind bei der Notations- und Sprechweise zu beachten:

Die Ziffern werden – beginnend bei den Einern – stellengerecht addiert. Der Stellenwert wird anfangs zur Verständnissicherung oben in der Spalte notiert. Die verwendeten Abkürzungen sind: E (Einer), Z (Zehner), H (Hunderter). Die Rechnung wird zu Beginn durch eine ausführliche Sprechweise begleitet, die mit der Zeit verkürzt werden kann: „4 (Einer) plus 2 (Einer) gleich 6 (Einer), ich schreibe 6 (Einer).“

Überschreitet die Summe der Ziffern in einer Spalte den Wert 9, so wird in der linken Spalte daneben der Übertrag notiert: „5 (Zehner) plus 7 (Zehner) gleich 12 (Zehner)“. Langversion: „Ich schreibe 12 (Zehner)“. Kurzversion: „Ich schreibe 2 (Zehner) und übertrage 1 (Hunderter)“. Bei der Langversion werden erst zum Schluss in einer weiteren Zeile die Zahlen gebündelt notiert.

H	Z	E
5	7	2
+ 3	5	4
8	12	6
9	2	6

Langschreibweise

H	Z	E
5	7	2
+ 3	5	4
1		
9	2	6

Kurzschreibweise

Veranschaulichung und Material

Zur Veranschaulichung der schriftlichen Addition wird das Würfelmaterial, bekannt aus den Bausteinen **N1**, **N3** und **N5**, genutzt. Mithilfe des Materials können beide Summanden stellengerecht untereinander gelegt und addiert werden. Das Bündeln von Mengen größer als 9 wird anhand des Materials durch das Umtauschen von zehn Einerwürfeln in eine Zehnerstange bzw. von zehn Zehnerstangen in eine Hunderterplatte veranschaulicht. Das Bündeln ist den Lernenden bereits aus Baustein **N1 B** bekannt bzw. sollte ggf. vorher wiederholt werden.

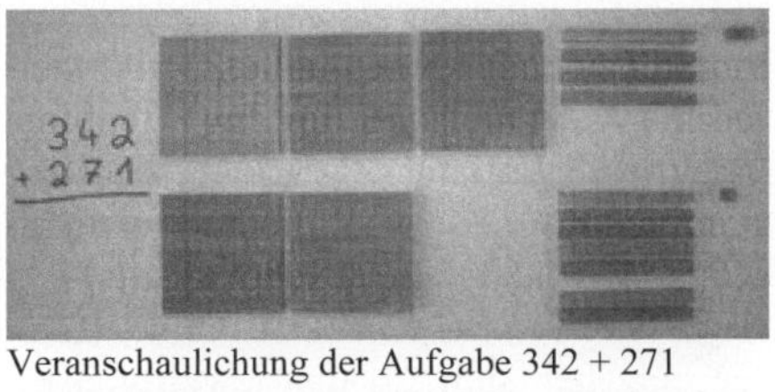

Veranschaulichung der Aufgabe 342 + 271

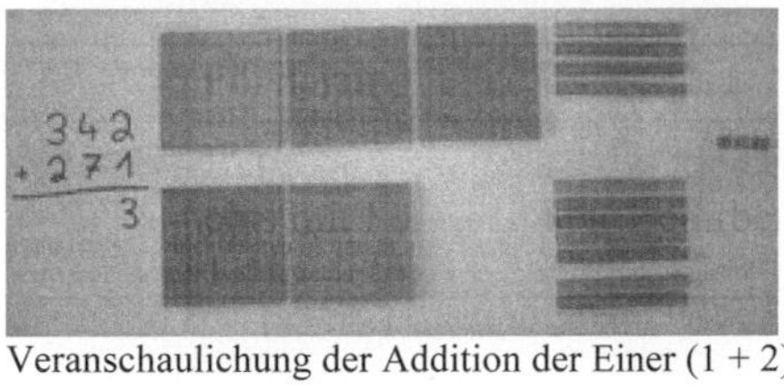

Veranschaulichung der Addition der Einer (1 + 2)

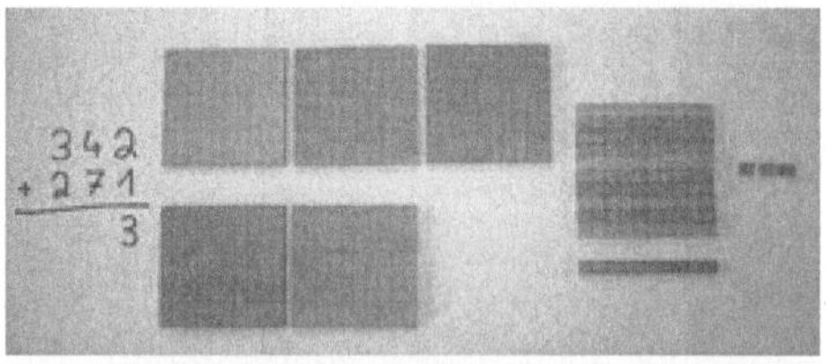

Veranschaulichung der Addition der Zehner (7 + 4)

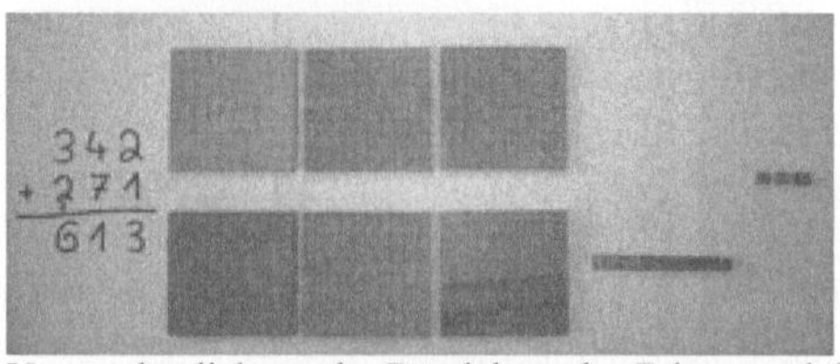

Veranschaulichung der Bündelung der Zehner und der Summe

Aufbau der Förderung

Die Förderung besteht aus vier Fördereinheiten:

1 Addition ohne Übertrag
2 Addition mit Übertrag
3 Addition mit der Null
4 Addition mit unterschiedlicher Stellenzahl

In Fördereinheit 1 wird das schriftliche Additionsverfahren ausgehend vom stellenweisen halbschriftlichen Rechnen verstehensorientiert erarbeitet. Im Zentrum steht die Idee, dass die halbschriftliche Notation durch das schriftliche Verfahren abgekürzt werden kann. So kann, anstatt des erneuten Aufschreibens der Zwischenrechnungen, direkt mit der (in der Stellentafel) notierten Aufgabe gerechnet und die Zwischenergebnisse sofort als Teil des Endergebnisses notiert werden.

Die Aufgaben zum Rechnen mit Ziffernkarten (Aufgaben 1.4, 2.5, 3.3 und 4.3) bieten in dieser und den folgenden Fördereinheiten Übungsmöglichkeiten zur schriftlichen Addition (vgl. Wittmann / Müller 2012, S. 84 - 85). Ausgehend von verschiedenen Aufgabenstellungen sollen die Lernenden dreistellige Zahlen finden und zueinander addieren, so dass sich beispielsweise möglichst kleine bzw. große oder auch festgelegte Ergebnisse ergeben. Beim Ausprobieren und systematischen Vertauschen der Ziffernkarten können die Schülerinnen und Schüler einen vertieften Einblick in das schriftliche Additionsverfahren gewinnen und das Stellenwertsystem sowie Zahlbeziehungen weiter durchdringen.

Die Übungen beziehen sich auf den jeweiligen Inhalt der Fördereinheit, indem die zur Verfügung stehenden Ziffernkarten aufgabenbezogen festgelegt sind. Dadurch, dass unterschiedlich komplizierte Ziffernkombinationen von den Schülerinnen und Schülern gewählt und unterschiedlich viele Lösungen gefunden werden können, sind die Aufgaben zudem selbstdifferenzierend.

In Fördereinheit 2 steht die verstehensorientierte Erarbeitung des Übertrags im Fokus. Der Bündelungsschritt von zehn Einern in einen Zehner bzw. zehn Zehnern in einen Hunderter wird durch die Langschreibweise (Tims Rechenweg) des schriftlichen Verfahrens betont. Die Kurzschreibweise (Dilaras Rechenweg) wird davon ausgehend abgeleitet (vgl. Aufgabe 2.3).

Rechenwege vergleichen

Kenan, Tim und Dilara rechnen die Aufgabe 489 + 257.
Beschreibe ihre Rechenwege. Was ist gleich? Was ist verschieden?

Kenan rechnet so:

489 + 257 = 746
9 + 7 = 16
80 + 50 = 130
400 + 200 = 600

Tim rechnet so:

H	Z	E
4	8	9
+ 2	5	7
6 ←	13 ←	16
7	4	6

Dilara rechnet so:

H	Z	E
4	8	9
+ 2	5	7
1	1	
7	4	6

Vergleich der Überträge beim halbschriftlichen und schriftlichen Rechnen (Lang- und Kurzschreibweise)

Fördereinheit 3 greift mit der Behandlung der Null ein typisches Schwierigkeitsmerkmal schriftlicher Additionsaufgaben auf. Dabei wird der Umgang mit der Null als Ziffer im ersten und zweiten Summanden sowie im Ergebnis thematisiert. Ein Schülerfehler (Aufgabe 3.1 b)) gibt einen Diskussionsanlass, die inhaltliche Bedeutung der Null zu besprechen.

b) Tara rechnet die Aufgabe 235 + 504. Dabei macht sie einen Fehler.
Welchen Fehler macht Tara? Warum ist das falsch?

  235
+ 504
  709

Ein Schülerfehler wird als Gesprächsanlass genutzt

Abschließend behandelt Fördereinheit 4 Aufgaben mit unterschiedlicher Stellenzahl in den Summanden bzw. in der Summe. Hierbei wird unter anderem auch die stellengerechte Notation der Aufgaben durch die Lernenden thematisiert. Die Addition mit Übertrag wird bei den Aufgaben aufgegriffen, deren Summe eine Stelle mehr haben als ihre Summanden.

Weiterführende Literatur

Häsel-Weide, U. / Nührenbörger, M. (2013): Fördern im Mathematikunterricht. In Bartnitzky, H. / Hecker, U. / Lassek, M. (Hrsg.). Individuell fördern – Kompetenzen stärken (ab Klasse 3). Vol. 135, Heft 2. Frankfurt am Main: Grundschulverband.

KIRA (o. J.): Schriftliche Addition. http://www.kira.tu-dortmund.de/063

PIK AS (o. J.): Vom halbschriftlichen zum schriftlichen Rechnen. http://www.pikas.tu-dortmund.de/053

Radatz, H. / Schipper, W. / Dröge, R. / Ebeling, A. (1999): Handbuch für den Mathematikunterricht. 3. Schuljahr. Schroedel: Hannover, 129 - 141.

Wittmann, E. Ch. / Müller, G. N. (2012): Das Zahlenbuch 3. Stuttgart: Klett.

N7 A – Durchführung und Auswertung der Standortbestimmung

Dauer: 15 - 20 Minuten

Hinweise zur Durchführung:

Die Lernenden sind mit dem Beschreiben und Begründen des schriftlichen Additionsverfahrens oft nicht vertraut. Dies kann bei Aufgabe 2 d) zu Irritationen führen. Oft hilft es bereits, die Schülerinnen und Schüler zum Aufschreiben ihrer (der Lehrperson kurz mündlich beschriebenen) Ideen zu motivieren.

Kann ich schriftlich addieren und das Rechenverfahren erklären?

1 **Addition ohne Übertrag**

a) 264 + 712 = 976
b) 134 + 554 = 688

☺ 😐 ☹

2 **Addition mit Übertrag**

a) 241 + 582 = 823
b) 334 + 297 = 631
c) 638 + 547 = 1185

d) Sarah rechnet die Aufgabe 427 + 456. Beschreibe, was sie macht.

427 + 456 = 3

Sarah kommt zuerst auf die 3 im Ergebnis, weil 7+6=13. Die 3 Einer schreibt sie in der Einerspalte im Ergebnis.

427 + 456, 10, 3

Sarah hat noch 10 Einer übrig und schreibt diese unter die 5. Das ist falsch. Sie müsste dort eine 1 hinschreiben, weil von der 13 nur ein Zehner übertragen werden muss. Zehn Zehner wären in der Zehnerspalte ja Hundert und nicht zehn.

☺ 😐 ☹

3 **Addition mit der Null**

a) 730 + 107 = 837
b) 140 + 510 = 650
c) 342 + 167 = 509

☺ 😐 ☹

4 **Addition mit unterschiedlicher Stellenzahl**

Rechne schriftlich untereinander.

a) 34 + 152 = 186
b) 719 + 64 = 783
c) 1697 + 85 = 1782

☺ 😐 ☹

Hinweise zur Auswertung:

Diagnoseaufgabe 1: Addition ohne Übertrag

Typische Fehler		Mögliche Ursache	Förderung
a), b)	264 + 712	Keine Bearbeitung. Die schriftliche Addition ist dem Lernenden nicht geläufig bzw. der Lernende ist sich hierbei unsicher.	Schriftliches Additionsverfahren erarbeiten und üben, insbesondere Wert auf das Verständnis legen (1.1 - 1.4).
a), b)	134 + 554 674	Rechenfehler beim Einspluseins. Ist das Ergebnis um eins zu groß bzw. zu klein, wird ggf. zählend gerechnet.	Einspluseins trainieren, siehe Handreichung zum Baustein **N3**.

Diagnoseaufgabe 2: Addition mit Übertrag

Typische Fehler		Mögliche Ursache	Förderung
a) - c)	241 + 582 723	Der Übertrag wird nicht berücksichtigt.	Übertrag erarbeiten und üben, insbesondere Bündelungsprinzip verstehen und mit der Notation in Verbindung bringen (2.1 - 2.5).
a) - c)	241 + 582 1 724	Es wird von links nach rechts gerechnet. Der Übertrag wird dementsprechend in der rechts anliegenden Spalte notiert.	Übertrag erarbeiten und üben, insbesondere Konsequenzen für Rechenrichtung verstehen (2.1 - 2.5).
b)	334 + 297 621	Kein Übertrag zur 9, weil sich hierdurch direkt wieder ein Übertrag ergeben würde.	Übertrag erarbeiten und üben, insbesondere Bündelungsprinzip verstehen und mit der Notation in Verbindung bringen (2.1 - 2.5).
b), c)	334 + 297 721	Die Überträge werden erst in der höchsten Stelle berücksichtigt.	
c)	638 + 547 185	Fehlvorstellung, dass die Summe nicht mehr Ziffern haben darf als die Summanden.	Übertrag beim halbschriftlichen und schriftlichen Rechnen vergleichen, Addition mit unterschiedlicher Stellenzahl üben (4.3).
d)	Schematische Regel des Verfahrens	Kein umfassendes Verständnis des schriftlichen Additionsverfahrens. Einigen Lernenden fällt auch nur das schriftliche Erklären schwer, ggf. mündlich nachfragen.	Übertrag verstehensorientiert erarbeiten, insbesondere Bündelungsprinzip verstehen und mit Notation in Verbindung bringen (2.1 - 2.5).

Diagnoseaufgabe 3: Addition mit der Null

Typische Fehler		Mögliche Ursache	Förderung
a)	730 + 107 800	Die Null setzt sich bei der Summe durch. Ggf. fehlerhafte Übertragung von der Multiplikation (Beispiel: $3 \cdot 0 = 0$)	Rolle der Null beim Ziffernrechnen erarbeiten und üben (3.1 - 3.3).
b)	140 + 510 65	Der Lernende hat die Fehlvorstellung, dass die Null nicht notiert werden muss bzw. die Summe von zwei Nullen einen Übertrag ergibt (Summe 660).	Bedeutung der Stellen und der Null als Ziffer (in der Stellentafel bzw. mit Würfelmaterial) erarbeiten und üben (3.2; 3.3).
c)	342 + 167 419	Beim glatten Zehner wird die Übertragseins im Ergebnis notiert.	Rolle der Null in Verbindung mit dem Übertrag erarbeiten und üben (3.1 - 3.3).

Diagnoseaufgabe 4: Addition mit unterschiedlicher Stellenzahl

Typische Fehler		Mögliche Ursache	Förderung
a)	34 + 152 492	Keine stellengerechte Notation.	Stellengerechte Notation (in der Stellentafel) erarbeiten und üben (4.1; 4.2).
b)	719 + 64 83	Fehlvorstellung, dass die weitere Stelle im Minuenden nicht berücksichtigt werden muss, da im Subrahenden auch keine Ziffer steht.	Bedeutung der Stellen (in der Stellentafel) erarbeiten und üben (4.1 - 4.3).
c)	1697 + 85 1682	Kein Übertrag in leere Stelle des Subtrahenden.	Bedeutung der Stellen und Überträge (in der Stellentafel) erarbeiten und üben (4.2; 4.3).

1 Addition ohne Übertrag

1.1 - 1.2 **Erarbeiten (15 - 20 Minuten)**

Ziel: Den schriftlichen Additionsalgorithmus verständnisbasiert vom halbschriftlichen stellenweisen Rechnen ableiten und erklären

Material: MB: Ggf. Würfelmaterial; Stifte (gelb, rot, grün)

Umsetzung: 1.1 a) UG; b) EA, dann UG; 1.2 EA

Methode: Bei größeren Fördergruppen beide Rechenwege an der Tafel notieren und besprechen.

Impuls zur Besprechung der Stellenwerte (E, Z, H): Woher weißt du, dass die 6 bei Tim der 60 in Kenans Rechenweg entspricht? Warum steht hier 6 und dort 60?

1.1 Rechenwege vergleichen

a) Kenan und Tim rechnen die Aufgabe 562 + 314. Beschreibe ihre Rechenwege.

Kenan rechnet so:

562 + 314 = 876
2 + 4 = 6
60 + 10 = 70
500 + 300 = 800

Tim rechnet so:

	H	Z	E
	5	6	2
+	3	1	4
	8	7	6

Lösung: Die Einer, Zehner und Hunderter werden beides Mal stellenweise addiert, bei Kenan wird die Rechnung waagerecht und bei Tim senkrecht notiert. Tim braucht keine Nullen zu schreiben, da die Positionen der Ziffern innerhalb der Zahl (Einer-, Zehner-, Hunderterspalte) ihnen den Stellenwert zuweisen. Die Zwischenergebnisse werden bei Tim von rechts nach links direkt als Endergebnis notiert.

b) Markiere die Einer in gelb, die Zehner in rot und die Hunderter in grün.
Was fällt dir auf? Was ist gleich? Was ist verschieden?

Zu beachten: Sicherstellen, dass das Verfahren verstanden ist: Wie bist du vorgegangen? Warum funktioniert das so? Ggf. Rechnung mit Würfelmaterial nachlegen lassen; Effizienz des Algorithmus besprechen: Warum ist Tims Rechenweg schneller?

1.2 Rechenwege ausprobieren

Rechne die Aufgabe 152 + 437 so wie Kenan und so wie Tim.

Kenan rechnet so:

152 + 437 = 589
2 + 7 = 9
50 + 30 = 80
100 + 400 = 500

Tim rechnet so:

	H	Z	E
	1	5	2
+	4	3	7
	5	8	9

1.3 - 1.4 **Üben (5 - 10 Minuten, zzgl. Aufgabengenerator)**

Ziel: Additionsalgorithmus (ohne Übertrag) üben; Bedeutung der Positionen der Ziffern (in den Summanden und der Summe) in ihrem Zusammenhang verstehen

Material: MB: Ziffernkarten 1 bis 4 in zweifacher Ausführung

Umsetzung: 1.3 EA; 1.4 a) Aufgabengenerator (EA); b), c) Aufgabengenerator (EA oder PA)

Voraussetzung: Geläufigkeit des Einspluseins. Fördermöglichkeiten siehe Handreichung Baustein **N3**.
Hintergrund: Da ausschließlich die Ziffernkarten 1 bis 4 verwendet werden, können nur Aufgaben ohne Übertrag entstehen.

1.3 Rechne schriftlich untereinander

a)

	H	Z	E
	2	4	1
+	1	2	3
	3	6	4

b)

	H	Z	E
	3	8	2
+	4	1	2
	7	9	4

c)

	H	Z	E
	6	5	3
+	2	3	6
	8	8	9

d)

	H	Z	E
	4	5	7
+	5	4	2
	9	9	9

Impuls: Wie kannst du ohne zu rechnen herausfinden, ob das Ergebnis kleiner oder größer wird? Was hat die Position der Ziffern in den Zahlen damit zu tun?

Mögliche Lösung:
Kleinstes Ergebnis: 123 + 123 = 246
Größtes Ergebnis: 432 + 432 = 864

1.4 Rechnen mit Ziffernkarten

Nimm dir die Ziffernkarten 1 1 2 2 3 3 4 4.

a) Lege mit den Ziffernkarten immer zwei dreistellige Zahlen und addiere sie. Schreibe die Rechnungen in dein Heft.

b) Lege die Aufgabe 432 + 124. Vertausche immer zwei Ziffernkarten. Überlege zuerst, ob das Ergebnis kleiner oder größer wird, dann rechne aus und überprüfe.

c) Finde die Aufgabe mit dem kleinsten Ergebnis.
Finde die Aufgabe mit dem größten Ergebnis. Wie gehst du vor?

Beispiel:
4 3 2
1 2 4

Rechnung:
  432
+ 124
  556

2 Addition mit Übertrag

2.1 - 2.2 **Erarbeiten (25 - 30 Minuten)**

Ziel: Den Übertrag beim schriftlichen Additionsalgorithmus verständnisbasiert vom halbschriftlichen stellenweisen Rechnen ableiten und erklären (Kurz- und Langschreibweise)

Material: MB: Würfelmaterial (Einerwürfel, Zehnerstangen, Hunderterplatten)

Umsetzung: 2.1 a) EA oder PA, dann UG; b) ggf. PA, dann UG; c) ggf. PA, dann UG, dann EA; 2.2 EA

Methode: Bei größeren Fördergruppen beide Rechenwege an der Tafel notieren und besprechen.

Hintergrund: Ausgehend vom halbschriftlichen Rechnen und dem Legen der Rechnung mit Würfelmaterial wird deutlich, dass die 14 Zehner zu einem Hunderter gebündelt werden können, wobei 4 Zehner übrig bleiben. In Kenans Rechenweg werden daher auch für das Endergebnis die 5 Hunderter (unterste Zeile) mit dem neu gebündelten Hunderter (Zeile darüber) zusammengerechnet. Beim schriftlichen Rechnen ergeben sich ebenfalls 14 Zehner, die sich zu einem Hunderter und 4 Zehnern bündeln lassen. Auch hier wird der neu gebündelte Hunderter mit den 5 weiteren Hundertern addiert. Hierzu wird er in die Hunderterspalte geschoben. Die restlichen 4 Zehner werden in der Zehnerspalte notiert.

Voraussetzung: Kenntnis des Bündelungsprinzips, ggf. mit Baustein **N1 B** wiederholen.
Zu beachten: Sicherstellen, dass der Übertrag verstanden ist: Was ist mit *bündeln* gemeint? Was bedeutet die kleine 1, die in die Spalte links geschoben wird? Warum muss die 1 mit der 5 addiert werden?
Hilfestellung: Tims Rechenweg mit Würfelmaterial nachlegen und mit der Notation vergleichen.

2.1 Rechenwege vergleichen

Kenan und Tim rechnen die Aufgabe 284 + 365.

Kenan rechnet so:

284 + 365 = 649
4 + 5 = 9
80 + 60 = 140
200 + 300 = 500

Tim rechnet so:

H	Z	E
2	8	4
+3	6	5
5 ₁ ←	14	9
6	4	9

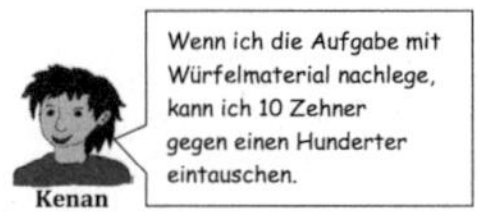

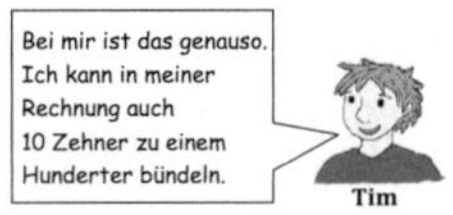

a) Was meint Kenan?
Lege die Aufgabe mit Würfelmaterial und erkläre.

b) Was meint Tim?
Erkläre an seiner Rechnung und vergleiche mit Kenans Vorgehen.

2.2 Rechenwege ausprobieren

Rechne die Aufgabe 391 + 287 so wie Tim und so wie Dilara.
Erkläre die Rechenwege.

Tim rechnet so:

H	Z	E
3	1	9
+ 2	7	8
5	8 ₁ ←	17
5	9	7

Dilara rechnet so:

H	Z	E
3	1	9
+ 2	7 ₁	8
5	9	7

Reflexion: Mit den Lernenden besprechen, dass die Kurzschreibweise eine schnellere Notation ermöglicht. Die inhaltliche Bedeutung der Übertrags-Eins, die in der Langschreibweise deutlicher wird, sollte jedoch auch bei der Kurzschreibweise immer noch mitgedacht werden.

Zu beachten: Sicherstellen, dass die Kurz- und Langschreibweise in Zusammenhang mit dem Übertrag verstanden sind: „Wie bist du vorgegangen? Warum funktioniert das so?“, ggf. Rechnung mit Würfelmaterial nachlegen lassen.

2.3 - 2.4 Erarbeiten (20 - 25 Minuten)

Ziel: Mehrere Überträge beim schriftlichen Additionsalgorithmus verständnisbasiert vom halbschriftlichen stellenweisen Rechnen ableiten und erklären (Kurz- und Langschreibweise)

Material: MB: Ggf. Würfelmaterial

Umsetzung: 2.3 ggf. PA, dann UG; 2.4 EA

Methode: Bei größeren Fördergruppen beide Rechenwege an der Tafel notieren und besprechen.

Zu beachten: Sicherstellen, dass die Überträge verstanden sind.

Impuls: Warum werden die Einsen jeweils eine Spalte nach links geschoben? Was bedeuten die kleinen Einsen? Bedeuten die kleinen Einsen in der Zehner- und in der Hunderterspalte das gleiche?

Hilfestellung: Die Rechenwege mit Würfelmaterial nachlegen und mit der Notation vergleichen lassen.

2.3 Rechenwege vergleichen

Kenan, Tim und Dilara rechnen die Aufgabe 489 + 257.
Beschreibe ihre Rechenwege. Was ist gleich? Was ist verschieden?

Kenan rechnet so:

489 + 257 = 746
9 + 7 = 16
80 + 50 = 130
400 + 200 = 600

Tim rechnet so:

H	Z	E
4	8	9
+ 2	5	7
6₁ ←	13₁ ←	16
7	4	6

Dilara rechnet so:

H	Z	E
4	8	9
+ 2 (1)	5 (1)	7
7	4	6

Zu beachten: Sicherstellen, dass die Kurz- und Langschreibweise im Zusammenhang mit den Überträgen verstanden sind.
Impuls: „Wie bist du vorgegangen? Warum funktioniert das so?", ggf. Rechnungen mit Würfelmaterial nachlegen lassen.

2.4 Rechenwege ausprobieren

a) Rechne die Aufgabe 376 + 158 so wie Tim und so wie Dilara.

Tim rechnet so:

H	Z	E
3	7	6
+ 1	5	8
4₁ ←	12₁ ←	14
5	3	4

Dilara rechnet so:

H	Z	E
3	7	6
+ 1 (1)	5 (1)	8
5	3	4

b) Rechne die Aufgabe 298 + 493 so wie Tim und so wie Dilara.

Tim rechnet so:

H	Z	E
2	9	8
+ 4	9	3
6₁ ←	18₁ ←	11
7	9	1

Dilara rechnet so:

H	Z	E
2	9	8
+ 4 (1)	9 (1)	3
7	9	1

2.5 Üben (Aufgabengenerator)

Ziel: Additionsalgorithmus (mit Überträgen) üben und reflektieren; Bedeutung der Positionen der Ziffern (in den Summanden und der Summe) in ihrem Zusammenhang verstehen

Material: MB: Ziffernkarten 1 bis 9

Umsetzung: a) Aufgabengenerator (EA); b), c) Aufgabengenerator (EA oder PA)

Hintergrund: Da die Ziffernkarten 1 bis 9 verwendet werden, können Aufgaben ohne Übertrag, mit einem sowie mit mehreren Überträgen entstehen.
Impuls: Wie legst / veränderst du die Ziffernkarten, damit ein Übertrag / mehrere Überträge entstehen?

2.5 Rechnen mit Ziffernkarten

Nimm dir die Ziffernkarten 1 2 3 4 5 6 7 8 9.

a) Lege Aufgaben mit **einem** Übertrag.
Schreibe die Rechnungen in dein Heft.

b) Wie findest du Aufgaben mit **zwei** Überträgen? Erkläre.
Lege die Aufgaben und schreibe die Rechnungen in dein Heft.

c) Finde Aufgaben, deren Ergebnis möglichst nah an 444 liegt.
Wie gehst du vor?

Beispiel:
□□□
+ □□□
444

Hintergrund: Die Aufgabe ist offen formuliert, damit, je nach Leistungsniveau der Lernenden, entweder Ergebnisse nahe an 444 oder Ergebnisse, die 444 betragen, gefunden werden können. Es geht hauptsächlich um die systematische Veränderung der Summanden und die Beobachtung der Wirkung auf das Ergebnis.

Lösung: Z.B. 298 + 146 = 444.

3 Addition mit der Null

3.1 **Erarbeiten (15 - 20 Minuten)**

Ziel: Rechnen mit der Ziffer Null bei der schriftlichen Addition verstehen und erklären

Material: MB: Ggf. Würfelmaterial

Umsetzung: a) ggf. PA, dann UG; b) EA, dann ggf. UG

Methode: Bei größeren Fördergruppen beide Rechenwege an der Tafel notieren und besprechen.
Zu beachten: Neben der Null im Ergebnis auch das Rechnen mit der Null im ersten Summanden besprechen: Warum ist 4 plus 0 gleich 4?

Hilfestellung: Den Rechenweg mit Würfelmaterial nachlegen und mit der Notation vergleichen lassen.

Typische Schwierigkeit: Fehler mit der Null sind mitunter auf eine fehlerhafte (unbewusste) Übertragung von der Multiplikation mit der Null zurückzuführen.

3.1 Rechenwege vergleichen

a) Kenan und Dilara rechnen die Aufgabe 230 + 174. Beschreibe ihre Rechenwege.
Wie kommen Kenan und Dilara auf die Null im Ergebnis?

Kenan rechnet so:

230 + 174 = 404
0 + 4 = 4
30 + 70 = 100
200 + 100 = 300

Dilara rechnet so:

H	Z	E
2	3	0
+ 1	7	4
1		
4	0	4

b) Tara rechnet die Aufgabe 305 + 534. Dabei macht sie einen Fehler.
Welchen Fehler macht Tara? Warum ist das falsch?

```
  305
+ 534
  809
```

Tara rechnet 3+0=0.
Das ist falsch, weil 3+0=3.

3.2 - 3.3 **Üben (10 - 15 Minuten, zzgl. Aufgabengenerator)**

Ziel: Rechnen mit der Ziffer Null bei der schriftlichen Addition üben

Material: MB: Ziffernkarten 0, 0, 2, 3, 4, 6; ggf. Würfelmaterial

Umsetzung: 3.2 EA; 3.3 a) Aufgabengenerator (EA); b) Aufgabengenerator (EA oder PA)

Zu beachten: Sicherstellen, dass das Rechnen mit der Null verstanden ist: Wie bist du vorgegangen? Kannst du das auch erklären?, ggf. Rechenschritte am Würfelmaterial zeigen lassen.

Hintergrund: Durch die Auswahl der Ziffernkarten kommen immer zwei Nullen in der gelegten Aufgabe vor.

Zu beachten: Kombinationen wie 023 sind nicht zulässig, da dreistellige Zahlen in der Aufgabenstellung gefordert sind.

Methode: Als Alternative legen sich die Lernenden gegenseitig die Aufgaben, der Partner schreibt die Rechnungen in sein Heft und rechnet aus.

Lösung:
Kleinstes Ergebnis: Z.B. 204 + 306 = 510
Größtes Ergebnis: Z.B. 420 + 630 = 1050

3.2 Rechne schriftlich untereinander

a)

	H	Z	E
	4	3	1
+	5	0	6
	9	3	7

b)

	H	Z	E
	4	0	1
+	5	3	6
	9	3	7

c)

	H	Z	E
	2	7	0
+	1 ₁	6	0
	4	3	0

d)

	H	Z	E
	4	8	3
+	1 ₁	2	6
	6	0	9

Schreibe die fehlenden Ziffern in die grauen Kästchen.

e)

	H	Z	E
	7	4	0
+	1	5	3
	8	9	3

f)

	H	Z	E
	6	0	7
+	3	2	0
	9	2	7

g)

	H	Z	E
	2	7	0
+	2 ₁	3	0
	5	0	0

h)

	H	Z	E
	5	3	4
+	1	0	0
	6	3	4

3.3 Rechnen mit Ziffernkarten

Nimm dir die Ziffernkarten 0 0 2 3 4 6.

a) Lege mit den Ziffernkarten immer zwei dreistellige Zahlen und addiere sie. Schreibe die Rechnungen in dein Heft.

b) Finde die Aufgabe mit dem kleinsten Ergebnis.
Finde die Aufgabe mit dem größten Ergebnis. Wie gehst du vor?

Beispiel:
2 0 4
6 0 3
Rechnung:

```
  204
+ 603
  807
```

4 Addition mit unterschiedlicher Stellenzahl

4.1 - 4.2 **Erarbeiten (15 - 20 Minuten)**

Ziel: Schriftliche Addition mit unterschiedlicher Stellenzahl verstehen, notieren und erklären

Material: MB: Ggf. Würfelmaterial

Umsetzung: 4.1 EA, dann ggf. UG; 4.2 EA

Hintergrund: Anhand von Jonas Fehler die stellengerechte Schreibweise thematisieren und auf die Folgen des Fehlers eingehen.

Hilfestellung: Aufgabe mit Würfelmaterial nachlegen und mit Jonas Rechnung vergleichen.

Impuls: Worauf musst du achten, damit du nicht den gleichen Fehler wie Jakob machst? Was könnte dir helfen? (z.B. Stellentafel als Hilfe aufschreiben oder die Rechnung mit dem größten Summanden beginnen).

4.1 Fehler erklären

Jonas rechnet 462 + 1237. Welchen Fehler macht Jonas? Warum ist das falsch?

```
  4 6 2
+ 1 2 3 7
  5 8 5 7
```

Jonas schreibt die Zahlen nicht stellengerecht untereinander. Die 4 gehört in die Hunderterspalte, die 6 in die Zehnerspalte und die 2 in die Einerspalte.

4.2 Richtig untereinander rechnen

Schreibe untereinander und rechne aus.

a) 47 + 821

```
   47
+ 821
  868
```

b) 364 + 27

```
  364
+  27
   1
  391
```

c) 456 + 37

```
  456
+  37
   1
  493
```

d) 371 + 7986

```
   371
+ 7986
   11
  8357
```

4.3 **Üben (15 - 20 Minuten)**

Ziel: Schriftliche Addition mit unterschiedlicher Stellenzahl üben

Material: MB: Ziffernkarten 1 bis 9 in mehrfacher Ausführung, ggf. Würfelmaterial

Umsetzung: EA

Weitere Aufgabe:
Du hast Aufgaben zu folgenden Mustern gefunden:
2-stellig plus 3-stellig gleich 3-stellig,
3-stellig plus 2-stellig gleich 3-stellig,
3-stellig plus 3-stellig gleich 4-stellig.
Finde Aufgaben zu weiteren Mustern. Welche Muster findest du?

Hilfestellung: Mit den Lernenden gemeinsam Wörter sammeln, die bei der Formulierung der Begründung helfen können.

Lösung: Z.B. 975 + 864 = 1839

4.3 Rechnen mit Ziffernkarten

Nimm dir die Ziffernkarten 1 2 3 4 5 6 7 8 9.
Du darfst Ziffernkarten auch mehrmals verwenden.

Erfinde Additionsaufgaben. Alle grauen Kästchen müssen belegt werden.
Lege zuerst mit Ziffernkarten. Schreibe dann auf und rechne aus.

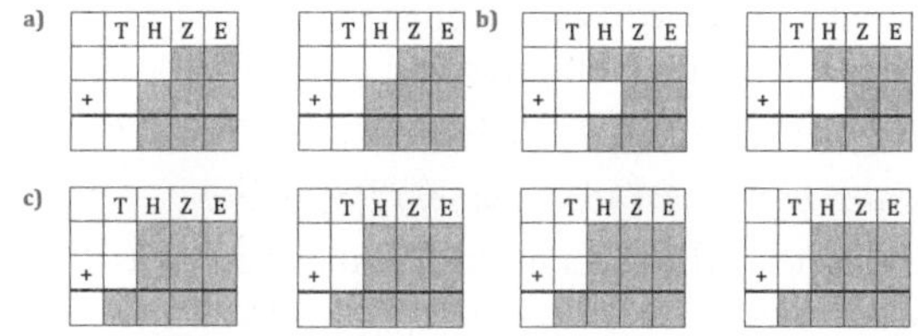

d) Wie heißt das größte Ergebnis, welches erreicht werden kann?
Probiere zuerst im Heft aus. Begründe.

	T	H	Z	E
		9	9	9
+		9	9	9
	1	9	9	8

Das größte Ergebnis ist 1998, da es sich aus den zwei größten Summanden ergibt. Alle kleineren Summanden werden ein kleineres Ergebnis liefern.

N7 B Schriftlich subtrahieren und das Rechenverfahren erklären – Didaktischer Hintergrund

Lerninhalt

Die Thematisierung der schriftlichen Subtraktion wird meist an die unterrichtliche Behandlung der schriftlichen Addition (Baustein **N7 A**) angeschlossen. Beide Algorithmen basieren auf dem stellenweisen Rechnen mit Ziffern, die Notationsform und Durchführung weisen erhebliche Ähnlichkeiten auf.

Wie die schriftliche Addition kann auch der schriftliche Subtraktionsalgorithmus vom halbschriftlichen Rechnen abgeleitet werden:

683 - 251 = 432	
3 - 1 = 2	
80 - 50 = 30	
600 - 200 = 400	

Halbschriftlich stellenweise

	H	Z	E
	6	**8**	**3**
-	**2**	**5**	**1**
	4	**3**	**2**

Schriftlich

Die mathematische Grundlage stellen das Kommutativ- und das Assoziativgesetz dar. Minuend und Subtrahend werden stellenweise zerlegt und subtrahiert.

683 - 251 = (600 + 80 + 3) - (200 + 50 + 1) =
(3 - 1) + (80 - 50) + (600 - 200)

Auf dem Distributivgesetz basiert das spaltenweise Subtrahieren beim schriftlichen Rechenverfahren. Die Stellenwerte werden durch die Positionen der Ziffern in der Zahl ausgedrückt.

(3 - 1) + (80 - 50) + (600 - 200) =
(3 - 1) + (8 - 5) · 10 + (6 - 2) · 100

Im Gegensatz zum Additionsalgorithmus, bei dem die additive Verknüpfung der Ziffern und die Übertragstechnik eindeutig sind, gibt es bei der schriftlichen Subtraktion verschiedene Möglichkeiten, wie

- die Differenz der Ziffern ermittelt und
- der Übertrag behandelt werden kann.

Ermittlung der Differenz (Abziehen und Ergänzen)

Die Differenz der Ziffern kann durch Abziehen (Minussprechweise) oder durch Ergänzen (Plussprechweise) bestimmt werden. Die beiden Grundvorstellungen der Subtraktion sind den Lernenden aus den Bausteinen **N3** und **N5** bekannt. Wie das folgende Beispiel verdeutlicht, leitet sich die Sprechweise hiervon ab:

Abziehen (Minussprechweise)	*Schreibweise*
„5 (Einer) minus 4 (Einer) gleich 1 (Einer). Ich schreibe 1.“	H | Z | E 9 | 3 | 5 - 3 | 6 | 4 5 | 7 | 1
Ergänzen (Plussprechweise) „4 (Einer) plus 1 (Einer) gleich 5 (Einer). Ich schreibe 1.“	

Differenzbestimmung durch Abziehen und Ergänzen

Behandlung des Übertrags (Entbündeln und Erweitern)

Ist die Ziffer im Minuenden kleiner als die entsprechende Ziffer im Subtrahenden, erfolgt ein Übertrag. Hierfür gibt es im Allgemeinen drei Techniken:

- das Entbündeln,
- das Erweitern und
- das Auffüllen.

Die Auswahl der Technik ist der Lehrperson bei Einführung des schriftlichen Subtraktionsverfahrens in der Grundschule überlassen. Da die meisten Schulbücher das *Entbündeln* oder das *Erweitern* behandeln, greift der Baustein diese beiden Verfahren zur Auswahl auf, um somit an die Vorkenntnisse der Lernenden aus dem Unterricht anzuknüpfen.

Notations- und Sprechweise beim Entbündeln

Ist die Ziffer im Minuenden kleiner als die entsprechende Ziffer im Subtrahenden, wird im Minuenden eine Einheit der nächst höheren Stelle entbündelt. Somit wird der Minuend lediglich umgeformt, seine Wertigkeit (im Beispiel die Zahl 935) bleibt unverändert. Den Lernenden ist das Entbündeln aus Baustein **N1 B** bekannt bzw. sollte ggf. vorher wiederholt werden.

Minussprechweise	*Schreibweise*
„... 3 (Zehner) minus 6 (Zehner) geht nicht. Ich entbündele einen Hunderter, das sind 10 Zehner. Damit bleibt der Minuend / die obere Zahl insgesamt unverändert. 13 (Zehner) minus 6 (Zehner) gleich 7 (Zehner). 8 (Hunderter) minus 3 (Hunderter) gleich 5 (Hunderter).“	H | Z | E 8 | 10 | ~~9~~ | 3 | 5 - 3 | 6 | 4 5 | 7 | 1
Plussprechweise „... 6 (Zehner) bis 3 (Zehner) geht nicht. Ich entbündele einen Hunderter und mache daraus 10 Zehner. Damit bleibt der Minuend / die obere Zahl insgesamt unverändert. 6 (Zehner) plus 7 (Zehner) gleich 13 (Zehner). 3 (Hunderter) plus 5 (Hunderter) gleich 8 (Hunderter).“	

Entbündelungsverfahren

Notations- und Sprechweise beim Erweitern

Der Erweiterungstechnik liegt das Gesetz der Konstanz der Differenz zugrunde. Der Minuend wird um 10 erweitert, während der Subtrahend in der nächsthöheren Stelle um 1 erweitert wird. Da Minuend und Subtrahend somit um den *gleichen* Wert erweitert werden, bleibt die Differenz der beiden Zahlen unverändert.

<table>
<tr><td>Minussprechweise
„... 3 (Zehner) minus 6 (Zehner) geht nicht. Ich erweitere den Minuenden / die obere Zahl mit 10 (Zehnern) und den Subtrahenden / die untere Zahl mit 1 (Hunderter). Damit bleibt die Differenz insgesamt unverändert. 13 (Zehner) minus 6 (Zehner) gleich 7 (Zehner). 9 (Hunderter) minus 4 (Hunderter) gleich 5 (Hunderter).“</td><td rowspan="2">Schreibweise

H | Z | E
  | 10 |
9 | 3 | 5
- 3 | 6 | 4
1 | |
5 | 7 | 1</td></tr>
<tr><td>Plussprechweise
„... 6 (Zehner) bis 3 (Zehner) geht nicht. Ich erweitere den Minuenden / die obere Zahl mit 10 (Zehnern) und den Subtrahenden / die untere Zahl mit 1 (Hunderter). Damit bleibt die Differenz insgesamt unverändert. 6 (Zehner) plus 7 (Zehner) gleich 13 (Zehner). 4 (Hunderter) plus 5 (Hunderter) gleich 9 (Hunderter).“</td></tr>
</table>

Erweiterungsverfahren

Veranschaulichung und Material

Die schriftliche Subtraktion lässt sich in Analogie zur schriftlichen Addition (vgl. Handreichung zum Baustein **N7 A**) mit Würfelmaterial veranschaulichen. Das Ergebnis wird bei der Subtraktion allerdings abweichend mit zusätzlichem Würfelmaterial in eine dritte Zeile gelegt.

Beim *Entbündeln* lässt sich das Verständnis der Übertragstechnik dadurch erarbeiten bzw. festigen, dass handelnd am Material nachvollzogen wird, wie aus einer Zehnerstange zehn Einerwürfel bzw. aus einer Hunderterplatte zehn Zehnerstangen werden (vgl. auch Baustein **N1 B**). Die Konstanz der Anzahl der Würfel im Minuenden kann von den Schülerinnen und Schülern am Material überprüft werden.

Die Veranschaulichung der Übertragstechnik des *Erweiterns* besteht in dem Dazulegen von zehn Einerwürfeln im Minuenden und einer Zehnerstange im Subtrahenden bzw. von zehn Zehnerstangen und einer Hunderterplatte. Die Lernenden können dabei die Gleichwertigkeit der jeweils hinzugelegten Würfel überprüfen. Dass die Differenz bei der gleichsinnigen Veränderung unverändert bleibt, kann beispielsweise durch eine innermathematische Erklärung (vgl. Baustein **N3**, Konstanz der Differenz bei Entdeckerpäckchen) verdeutlicht werden. Die verstehensbasierte Erarbeitung des Erweiterns fällt im Allgemeinen jedoch oft schwerer als die des Entbündelns.

Aufbau der Förderung

Die Förderung besteht aus vier Fördereinheiten:

1 Subtraktion ohne Übertrag
2 Subtraktion mit Übertrag
3 Subtraktion mit der Null
4 Subtraktion mit unterschiedlicher Stellenzahl

In **Fördereinheit 1** wird das schriftliche Subtraktionsverfahren, ausgehend vom stellenweisen halbschriftlichen Rechnen, verstehensorientiert erarbeitet. Die Aufgaben zum Rechnen mit Ziffernkarten (Aufgaben 1.4, 2.5 und 3.3) bieten in dieser und in den folgenden Fördereinheiten (in Fortführung der Ziffernkartenaufgaben in Baustein **N7 A**) Übungsmöglichkeiten zur schriftlichen Subtraktion (vgl. Wittmann / Müller 2012, S. 94).

In **Fördereinheit 2** steht die Erarbeitung der Übertragstechnik im Mittelpunkt. Aus der Standortbestimmung (Aufgabe 2 d) wird die Information entnommen, mit welcher Übertragstechnik die Schülerinnen und Schüler vertraut sind, um die Lerngruppen ggf. dahingehend aufzuteilen und in der Förderung an die jeweiligen Vorerfahrungen anzuknüpfen. Das Ziel sollte es sein, dass jeder Lernende eine Übertragstechnik beherrscht. Da das *Auffüllen* im Fördermaterial nicht abgedeckt ist, sei hierfür auf das *Zahlenbuch 3* (vgl. Wittmann / Müller 2012, S. 92 - 93) verwiesen.

Im Gespräch sollen die Lernenden ihren Rechenweg Schritt für Schritt erklären und ggf. mit Würfelmaterial nachlegen, um den Vorgang des Übertrags zu veranschaulichen und ein inhaltliches Verständnis zu sichern. Die Frage „Warum darfst du die Zahlen so verändern?“ steht dabei im Mittelpunkt.

In den **Fördereinheiten 3** und **4** werden weitere Basiskenntnisse beim schriftlichen Subtrahieren zum Umgang mit der Ziffer Null und mit unterschiedlicher Stellenzahl erarbeitet.

Weiterführende Literatur

KIRA (o. J.): Schriftliche Subtraktion. http://www. kira.tu-dortmund.de/064

PIK AS (o. J.): Vom halbschriftlichen zum schriftlichen Rechnen. http://www.pikas.tu-dortmund.de/053

Radatz, H. / Schipper, W. / Dröge, R. / Ebeling, A. (1999): Handbuch für den Mathematikunterricht. 3. Schuljahr. Schroedel: Hannover, 119 - 129.

Wittmann, E. Ch. / Müller, G. N. (2012): Das Zahlenbuch 3. Stuttgart: Klett.

N7 B – Durchführung und Auswertung der Standortbestimmung

Dauer: 15 - 20 Minuten

Hinweise zur Durchführung:

-

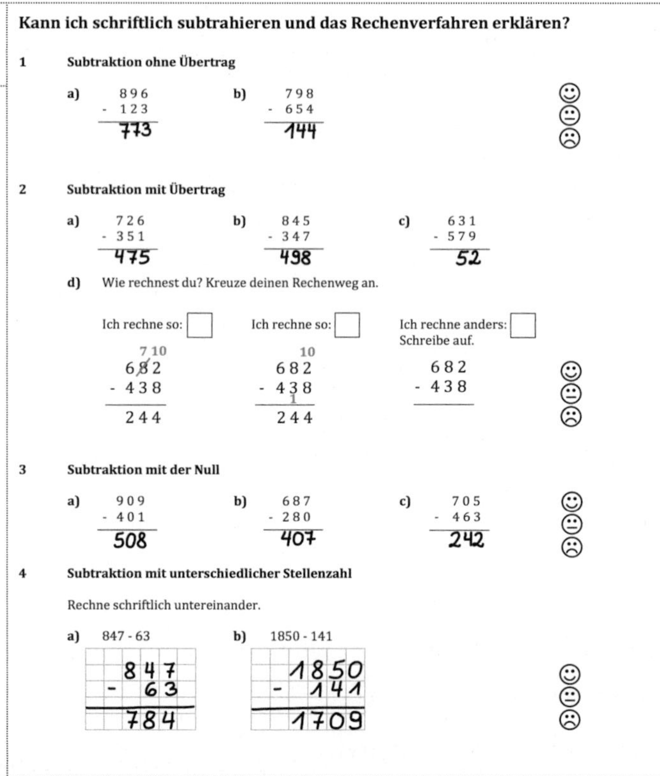

Kann ich schriftlich subtrahieren und das Rechenverfahren erklären?

1 Subtraktion ohne Übertrag

a) 896 - 123 = 773 b) 798 - 654 = 144

2 Subtraktion mit Übertrag

a) 726 - 351 = 475 b) 845 - 347 = 498 c) 631 - 579 = 52

d) Wie rechnest du? Kreuze deinen Rechenweg an.

Ich rechne so: 682 - 438 = 244 (7 10)
Ich rechne so: 682 - 438 = 244 (10, 1)
Ich rechne anders: Schreibe auf. 682 - 438

3 Subtraktion mit der Null

a) 909 - 401 = 508 b) 687 - 280 = 407 c) 705 - 463 = 242

4 Subtraktion mit unterschiedlicher Stellenzahl

Rechne schriftlich untereinander.

a) 847 - 63: 847 - 63 = 784
b) 1850 - 141: 1850 - 141 = 1709

Hinweise zur Auswertung:

Diagnoseaufgabe 1: Subtraktion ohne Übertrag

Typische Fehler		**Mögliche Ursache**	**Förderung**
a), b)	896 - 123	Keine Bearbeitung. Die schriftliche Subtraktion ist dem Lernenden nicht geläufig bzw. der Lernende ist sich hierbei unsicher.	Schriftliches Subtraktionsverfahren erarbeiten und üben, insbesondere Wert auf das Verständnis legen (1.1 - 1.4).
	896 - 123 783	Rechenfehler beim Einsminuseins. Ist das Ergebnis um eins zu groß bzw. zu klein, wird ggf. zählend gerechnet.	Einspluseins trainieren, siehe Handreichung zum Baustein **N3**.
	798 - 654 1452	Verwechslung der Operationen. Es wird addiert statt subtrahiert.	Wenn kein Konzentrationsfehler, dann Unterschied zwischen schriftlicher Addition und Subtraktion thematisieren (**N7 A** 1.1; **N7 B** 1.1).

Diagnoseaufgabe 2: Subtraktion mit Übertrag

Typische Fehler		Mögliche Ursache	Förderung
a) - c)	631 - 579 148	Es wird konsequent die kleinere minus die größere Ziffer gerechnet.	Übertrag erarbeiten und üben, insbesondere das Entbündeln bzw. das Erweitern inhaltlich verstehen und mit der Notation in Verbindung bringen (2.1 - 2.5).
	726 - 351 475	Der Übertrag wird nicht berücksichtigt.	
	726 - 351 474	Es wird von links nach rechts gerechnet. Der Übertrag wird dementsprechend in der rechts anliegenden Spalte berücksichtigt.	Übertrag erarbeiten und üben, insbesondere Konsequenzen für Rechenrichtung inhaltlich verstehen (2.1 - 2.5).
b)	845 - 347 508	Der Übertrag wird nicht in Stellen, bei denen Minuend und Subtrahend die gleichen Ziffern haben notiert, weil sich hierdurch direkt wieder ein Übertrag ergeben würde.	Die Rechnung mit Würfelmaterial nachlegen und den Übertrag hieran erarbeiten.
b), c)	845 - 347 408	Die Überträge werden erst in der höchsten Stelle berücksichtigt.	Übertrag erarbeiten und üben, insbesondere das Entbündeln bzw. das Erweitern inhaltlich verstehen und mit der Notation in Verbindung bringen (2.1 - 2.5).

Diagnoseaufgabe 3: Subtraktion mit der Null

Typische Fehler		Mögliche Ursache	Förderung
a)	909 - 401 408	Fehlvorstellung, dass bei der Subtraktion zweier Nullen ein Übertrag entsteht.	Die Null in Verbindung mit dem Übertrag thematisieren (3.1 - 3.3).
b)	687 - 280 307	Übertrag bei der Subtraktion zweier gleicher Ziffern.	
	687 - 280 400	Fehlvorstellung, dass sich die Null immer durchsetzt. Ggf. fehlerhafte Übertragung von der Multiplikation (Beispiel: 7 · 0 = 0).	Rolle der Null beim Ziffernrechnen erarbeiten und üben (3.1 - 3.3).
c)	705 - 463 302		

Diagnoseaufgabe 4: Subtraktion mit unterschiedlicher Stellenzahl

Typische Fehler		Mögliche Ursache	Förderung
a), b)	847 - 630 217	Schwierigkeit bei der Notation der Aufgabe durch unterschiedliche Stellenzahl. Es wird eine Null hinter die kürzere Zahl geschrieben, damit die Zahlen gleichlang sind und genau untereinander notiert werden können.	Stellengerechte Notation (in der Stellentafel) erarbeiten und üben (4.1 - 4.3).
b)	1850 - 141 709	Die höchste Stelle im Minuenden wird nicht mehr berücksichtigt, da im Subtrahenden keine Ziffer gegeben ist.	Bedeutung der Stellen und Ziffern (in der Stellenwerttafel) erarbeiten und üben (4.1 - 4.3).

1 Subtraktion ohne Übertrag

1.1 - 1.2 **Erarbeiten (15 - 25 Minuten)**

Ziel: Den schriftlichen Subtraktionsalgorithmus verständnisbasiert vom halbschriftlichen stellenweisen Rechnen ableiten und erklären

Material: MB: Ggf. Würfelmaterial; Stifte (gelb, rot, grün)

Umsetzung: 1.1 a) ggf. PA, dann UG; b) EA, dann UG; 1.2 EA

Methode: Bei größeren Fördergruppen beide Rechenwege an der Tafel notieren und besprechen. Impuls zur Besprechung der Stellenwerte (E, Z, H): Woher weißt du, dass die 5 bei Tim der 50 in Kenans Rechenweg entspricht? Warum steht hier 5 und dort 50?

1.1 **Rechenwege vergleichen**

a) Kenan und Dilara rechnen die Aufgabe 683 - 251. Beschreibe ihre Rechenwege.

Kenan rechnet so:
683 - 251 = 432
3 - 1 = 2
80 - 50 = 30
600 - 200 = 400

Dilara rechnet so:

	H	Z	E
	6	8	3
-	2	5	1
	4	3	2

Lösung: Die Einer, Zehner und Hunderter werden stellenweise subtrahiert, bei Kenan wird die Rechnung waagerecht und bei Dilara senkrecht notiert. Dilara braucht keine Nullen zu schreiben, da die Positionen der Ziffern innerhalb der Zahl (Einer-, Zehner-, Hunderterspalte) ihnen den Stellenwert zuweisen. Die Zwischenergebnisse werden bei Dilara direkt als Endergebnis notiert.

b) Markiere die Einer in gelb, die Zehner in rot und die Hunderter in grün. Was fällt dir auf? Was ist gleich? Was ist verschieden?

Zu beachten: Sicherstellen, dass das Verfahren verstanden ist: Wie bist du vorgegangen? Warum funktioniert das so? Rechnung mit Würfelmaterial nachlegen lassen; Effizienz des Algorithmus besprechen: Warum ist Dilaras Rechenweg schneller?

1.2 **Rechenwege ausprobieren**

Rechne die Aufgabe 865 - 432 so wie Kenan und so wie Dilara.

Kenan rechnet so:
865 - 432 = 433
5 - 2 = 3
60 - 30 = 30
800 - 400 = 400

Dilara rechnet so:

	H	Z	E
	8	6	5
-	4	3	2
	4	3	3

1.3 - 1.4 **Üben (5 - 10 Minuten, zzgl. Aufgabengenerator)**

Ziel: Subtraktionsalgorithmus (ohne Übertrag) üben; Bedeutung der Positionen der Ziffern (im Minuenden, Subtrahenden und in der Differenz) in ihrem Zusammenhang verstehen

Material: MB: Ziffernkarten 1 bis 6

Umsetzung: 1.3 EA; 1.4 Aufgabengenerator (EA oder PA)

Voraussetzung: Geläufigkeit des Einsminuseins, Fördermöglichkeiten siehe Handreichung Baustein **N3**.

1.3 **Rechne schriftlich untereinander**

a)

	H	Z	E
	6	4	2
-	3	2	1
	3	2	1

b)

	H	Z	E
	5	8	3
-	4	4	2
	1	4	1

c)

	H	Z	E
	7	5	9
-	1	4	6
	6	1	3

d)

	H	Z	E
	9	6	5
-	6	3	2
	3	3	3

Hintergrund: Da ausschließlich die Ziffernkarten 1 bis 6 verwendet werden und der Minuend vorgegeben ist, können nur Aufgaben ohne Übertrag entstehen.

1.4 **Rechnen mit Ziffernkarten**

Nimm dir die Ziffernkarten 1 2 3 4 5 6.

a) Lege mit den Ziffernkarten immer eine dreistellige Zahl und subtrahiere sie von 798. Schreibe die Rechnungen in dein Heft.

Beispiel: 2 6 4

Rechnung:
798
- 264
534

Impuls: Wie kannst du ohne Rechnen herausfinden, ob das Ergebnis kleiner oder größer wird? Was hat die Position der Ziffern in den Zahlen damit zu tun?

b) Lege die Aufgabe 798 - 264. Vertausche immer zwei Ziffernkarten. Überlege zuerst, ob das Ergebnis kleiner oder größer wird, dann rechne aus und überprüfe.

Lösung: Kleinstes Ergebnis: Z.B. 412 - 365 = 47
Größtes Ergebnis: Z.B. 654 - 123 = 531

c) Finde die Aufgabe mit dem kleinsten Ergebnis. Finde die Aufgabe mit dem größten Ergebnis. Wie gehst du vor?

2 Subtraktion mit Übertrag

2.1 Erarbeiten (20 - 25 Minuten)

Ziel: Den Übertrag beim schriftlichen Subtraktionsalgorithmus erklären

Material: MB: Würfelmaterial (Einerwürfel, Zehnerstangen, Hunderterplatten)

Umsetzung: a) EA; b) ggf. PA, dann UG; c) EA, dann UG

Zu beachten: Für die restliche Förderung sollten die Schülerinnen und Schüler nach Möglichkeit hinsichtlich des von ihnen verwendeten Verfahrens (geht aus der Standortbestimmung, Aufgabe 2 d), hervor) aufgeteilt und die Erarbeitung des Übertrags in zwei separaten Fördergruppen durchgeführt werden.
In Aufgabenteil a) wird sichergestellt, dass alle Lernenden dieselbe Übertragstechnik nutzen bzw. bei gemischten Lerngruppen deutlich gemacht, dass es verschiedene Vorgehensweisen beim Übertrag gibt. Jeder Lernende sollte sich auf das ihm bekannte Verfahren konzentrieren.

Methode: Zur Wiederholung eine Subtraktionsaufgabe ohne Übertrag mit Würfelmaterial legen lassen bzw. gemeinsam an der Tafel legen. Danach den Übertrag mit der Aufgabe 515 - 324 und weiteren frei gewählten Aufgaben mit einem Übertrag gemeinsam erarbeiten. Eine enge Begleitung der Schülerinnen und Schüler durch die Lehrperson ist an dieser Stelle erforderlich, um das Verständnis der Übertragstechnik zu sichern.

Impulse zum Entbündeln: Warum streichst du hier eine Zahl durch und schreibst hier eine Zahl dazu? Warum darfst du die Zahlen so verändern?

Impulse zum Erweitern: Warum schreibst du hier 10 und dort 1 dazu? Was bedeutet die 10? Was bedeutet die 1? Warum darfst du die Zahlen so verändern?

2.1 Übertrag erklären

a) Sarah und Emily rechnen die Aufgabe 515 - 324.
Wie rechnest du? Kreuze an.

Sarah rechnet so:

```
 4 10
 5̸15
- 324
 ----
  191
```

Emily rechnet so:

```
   10
  515
- 324
   1
 ----
  191
```

Ich rechne wie Sarah. ☐ Ich rechne wie Emily. ☐

b) Lege die Aufgabe mit Würfelmaterial nach und erkläre deinen Rechenweg.
Die Tipps können dir helfen.

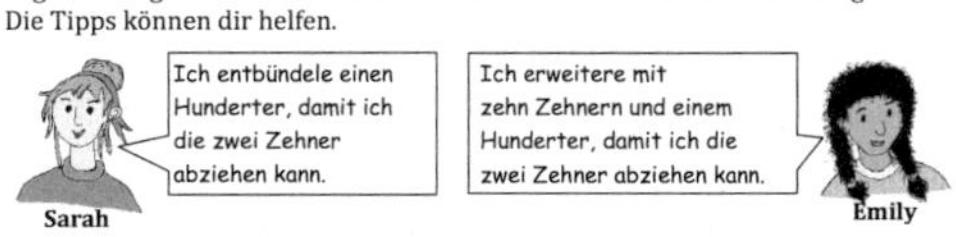

c) Bei deinem Rechenweg veränderst du die Ziffern. Warum darfst du das?
Kreuze richtige Antworten an. Erkläre dann in deinen eigenen Worten.

Bei der Veränderung kommt immer noch das richtige Ergebnis heraus,

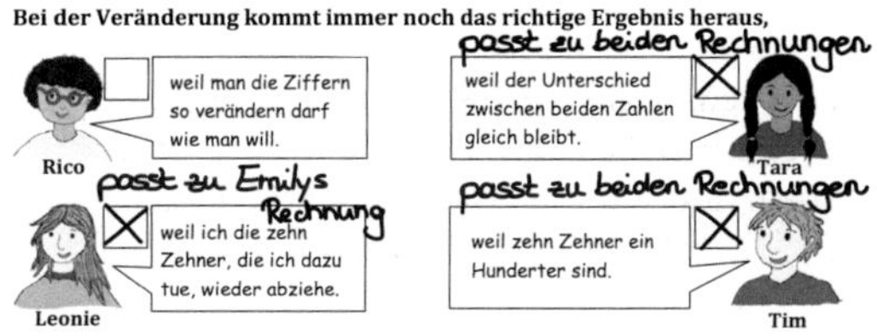

2.2 Üben (5 - 10 Minuten)

Ziel: Den Übertrag beim schriftlichen Subtraktionsalgorithmus üben

Material: MB: Ggf. Würfelmaterial

Umsetzung: EA

Zu beachten: Sicherstellen, dass die Übertragstechnik von den Schülerinnen und Schülern verstanden ist: Wie bist du vorgegangen? Kannst du das erklären?, ggf. Rechenschritte am Würfelmaterial zeigen lassen.

2.2 Übertrag üben

Rechne aus.

a)

	H	Z	E
	6	2	5
-	3	8	1
	2	4	4

b)

	H	Z	E
	7	5	8
-	2	9	3
	4	6	5

c)

	H	Z	E
	9	5	4
-	3	2	6
	6	2	8

d)

	H	Z	E
	5	6	3
-	2	6	7
	2	9	6

2.3 Erarbeiten (10 - 15 Minuten)

Ziel: Mehrere Überträge beim schriftlichen Subtraktionsalgorithmus erklären

Material: MB: Ggf. Würfelmaterial

Umsetzung: EA, dann UG

Voraussetzung: Sicheres Verständnis der Übertragstechnik bei Aufgaben mit einem Übertrag (Aufgaben 2.1 und 2.2).

Hilfestellung: Als Verständnis- und Beschreibungshilfe wird die Aufgabe mit Würfelmaterial gelegt und durchgeführt. Die Überträge werden an den Materialhandlungen erklärt und mit der Notation in Verbindung gebracht.

2.3 Überträge erklären

Sarah und Emily rechnen die Aufgabe 634 - 259.
Wie rechnest du? Kreuze an und beschreibe deinen Rechenweg.

Sarah rechnet so:
10
5 2 10
~~6~~~~3~~4
- 259
375

„Ich entbündele immer."

Emily rechnet so:
10 10
634
- 259
 1 1
375

„Ich erweitere immer."

Ich rechne wie Sarah. ☐ Ich rechne wie Emily. ☐

2.4 - 2.5 Üben (10 - 15 Minuten, zzgl. Aufgabengenerator)

Ziel: Mehrere Überträge beim schriftlichen Subtraktionsalgorithmus durchführen und erklären

Material: MB: Ggf. Würfelmaterial, Ziffernkarten 1 bis 9

Umsetzung: 2.4 a) PA; b) - g) EA; 2.5 Aufgabengenerator (EA oder PA)

Zu beachten: Sicherstellen, dass die Übertragstechnik von den Schülerinnen und Schülern verstanden ist: Wie bist du vorgegangen? Kannst du das erklären?, ggf. Rechenschritte am Würfelmaterial zeigen lassen.

2.4 Überträge üben

a) Rechne die Aufgabe 924 - 659 mit deinem Rechenweg. Erkläre, wie du rechnest.

	H	Z	E
	9	2	4
-	6	5	9
	2	6	5

b)

	H	Z	E
	6	3	2
-	1	9	6
	4	3	6

c)

	H	Z	E
	8	7	1
-	3	7	3
	4	9	8

d)

	H	Z	E
	7	1	2
-	4	2	3
	2	8	9

e)

	H	Z	E
	5	1	1
-	4	5	9
		5	2

f)

	H	Z	E
	8	6	8
-	2	7	9
	5	8	9

g)

	H	Z	E
	9	2	4
-	3	2	7
	5	9	7

Hintergrund: Durch die Auswahl der Ziffernkarten und die zu erreichenden Ergebnisse kommen viele Überträge in den Aufgaben vor.

Methode: Arbeiten die Schülerinnen und Schüler in Partnerarbeit, wird eine Kommunikation über den Zusammenhang der Ziffern angeregt.

Lösung: Die Zahlen 399 und 100 lassen sich als Differenzen der ausgewählten Ziffernkarten nicht erreichen. Die bestmöglichen Näherungen sind:
679 - 281 = 398
571 - 469 = 102

Impuls: Die Lernenden erklären lassen, warum die Zahlen 399 und 100 nicht erreicht werden können.

2.5 Rechnen mit Ziffernkarten

Nimm dir die Ziffernkarten 1 2 3 4 5 6 7 8 9.
Lege mit den Ziffernkarten immer zwei dreistellige Zahlen und subtrahiere sie.

Beispiel: ☐☐☐ - ☐☐☐ = 3 9 9

a) Finde Aufgaben, deren Ergebnis möglichst nah an 399 liegt. Schreibe die Rechnungen in dein Heft. Wie gehst du vor?

b) Finde Aufgaben, deren Ergebnis möglichst nah an 100 liegt. Schreibe die Rechnungen in dein Heft. Wie gehst du vor?

c) Suche dir weitere Ergebniszahlen aus und versuche, passende Aufgaben zu finden. Schreibe die Aufgaben und Ergebnisse in dein Heft.

3 Subtraktion mit der Null

3.1 **Erarbeiten (10 - 15 Minuten)**

Ziel: Rechnen mit der Ziffer Null bei der schriftlichen Subtraktion verstehen und erklären

Material: MB: Ggf. Würfelmaterial

Umsetzung: a) ggf. PA, dann UG; b) EA, dann ggf. UG

Methode: Bei größeren Fördergruppen die Aufgabe an der Tafel notieren und besprechen.

Zu beachten: Neben der Null im Ergebnis auch die Null im Minuenden besprechen.

Hilfestellung: Die Aufgabe mit Würfelmaterial nachlegen und die Rechenschritte nachvollziehen lassen.

Lösung: Kenan hat wahrscheinlich 0 - 3 = 0 gerechnet. Anhand von Kenans Fehler diese Fehlvorstellungen besprechen, ggf. Rechenschritte am Würfelmaterial zeigen lassen.

3.1 **Rechenweg erklären**

a) Sarah und Emily rechnen die Aufgabe 608 - 318.
Wie rechnest du? Kreuze an und beschreibe deinen Rechenweg.

Sarah rechnet so:

```
 5 10
 6 0 8
- 3 1 8
 2 9 0
```

Ich rechne wie Sarah. ☐

Emily rechnet so:

```
   10
 6 0 8
- 3 1 8
  1
 2 9 0
```

Ich rechne wie Emily. ☐

b) Kenan rechnet die Aufgabe 407 - 235. Dabei macht er einen Fehler.
Welchen Fehler macht Kenan? Warum ist das falsch?

```
  4 0 7
- 2 3 5
  2 0 2
```

Kenan rechnet 0-3=0. Das ist falsch. 0 minus 3 geht nicht. Man rechnet daher 10 minus 3 und macht einen Übertrag.

3.2 - 3.3 **Üben (10 - 15 Minuten, zzgl. Aufgabengenerator)**

Ziel: Rechnen mit der Ziffer Null bei der schriftlichen Subtraktion üben

Material: MB: Ziffernkarten 0 bis 5; ggf. Würfelmaterial

Umsetzung: 3.2 EA; 3.3 Aufgabengenerator (EA oder PA)

Zu beachten: Sicherstellen, dass das Rechnen mit der Null verstanden ist: Wie bist du vorgegangen? Kannst du das auch erklären?, ggf. Rechenschritte am Würfelmaterial zeigen lassen.

Hintergrund: Durch die Auswahl der Ziffernkarten kommt immer eine Null in der gelegten Aufgabe vor.

Zu beachten: Die Kombination 012 ist nicht zulässig, da dreistellige Zahlen in der Aufgabenstellung gefordert sind.

Methode: Als Alternative legen sich die Lernenden gegenseitig die Aufgaben, der Partner schreibt die Rechnung in sein Heft und rechnet aus.

Lösung: Kleinstes Ergebnis: Z.B. 301 - 254 = 47
Größtes Ergebnis: Z.B. 543 - 102 = 441

3.2 **Rechne schriftlich untereinander**

a)

	H	Z	E
	9	3	4
-	4	0	2
	5	3	2

b)

	H	Z	E
	9	0	4
-	4	3	2
	4	7	2

c)

	H	Z	E
	5	0	3
-	3	0	4
	1	9	9

d)

	H	Z	E
	5	0	4
-	3	0	3
	2	0	1

Schreibe die fehlenden Ziffern in die grauen Kästchen.

e)

	H	Z	E
	8	2	3
-	2	0	3
	6	2	0

f)

	H	Z	E
	3	0	5
-	1	0	2
	2	0	3

g)

	H	Z	E
	7	0	6
-	5	4	0
	1	6	6

h)

	H	Z	E
	6	0	0
-	2	4	5
	3	5	5

3.3 **Rechnen mit Ziffernkarten**

Nimm dir die Ziffernkarten [0] [1] [2] [3] [4] [5].

a) Lege mit den Ziffernkarten immer zwei dreistellige Zahlen und subtrahiere sie. Schreibe die Rechnungen in dein Heft.

b) Finde die Aufgabe mit dem kleinsten Ergebnis.
Finde die Aufgabe mit dem größten Ergebnis. Wie gehst du vor?

Beispiel:
[4] [2] [0]
[3] [1] [5]

Rechnung:

```
  4 2 0
- 3 1 5
  1 0 5
```

4 Subtraktion mit unterschiedlicher Stellenzahl

4.1 - 4.2 **Erarbeiten (15 - 20 Minuten)**

Ziel: Schriftliche Subtraktion mit unterschiedlicher Stellenzahl verstehen, notieren und erklären

Material: MB: Ggf. Würfelmaterial

Umsetzung: 4.1 EA, dann ggf. UG; 4.2 EA

Hintergrund: Anhand von Jonas Fehler die stellengerechte Schreibweise thematisieren und auf die Folgen des Fehlers eingehen.

Hilfestellung: Aufgabe mit Würfelmaterial nachlegen und mit Jonas Rechnung vergleichen.

4.1 Fehler erklären

Jonas rechnet die Aufgabe 1835 - 671. Dabei macht er einen Fehler.
Welchen Fehler macht Jonas? Warum ist das falsch?

```
  1 8 3 5
- 6 7 1
  5 1 2 5
```

Jonas schreibt die Zahlen nicht stellengerecht untereinander. Die 6 gehört in die Hunderterspalte, die 7 in die Zehnerspalte und die 1 in die Einerspalte.

Impuls: Worauf musst du achten, damit du nicht den gleichen Fehler wie Jonas machst? Was könnte dir helfen? (z.B. Stellenwerttafel als Hilfe aufschreiben).

4.2 Richtig untereinander rechnen

Schreibe untereinander und rechne aus.

a) 857 - 83

```
  857
-  83
  774
```

b) 142 - 63

```
  142
-  63
   79
```

c) 1869 - 540

```
  1869
-  540
  1329
```

d) 1400 - 56

```
  1400
-   56
  1344
```

4.3 **Üben (20 - 25 min)**

Ziel: Schriftliche Subtraktion mit unterschiedlicher Stellenzahl üben

Material: MB: Ziffernkarten 1 bis 9 in mehrfacher Ausführung; ggf. Würfelmaterial

Umsetzung: EA

Impuls: Wie können bei der Subtraktion zweier Ziffern „leere Kästchen" erreicht werden? Gibt es noch andere Möglichkeiten als dieselben zwei Ziffern voneinander zu subtrahieren?

4.3 Rechnen mit Ziffernkarten

Nimm dir die Ziffernkarten 1 2 3 4 5 6 7 8 9.
Du darfst die Ziffernkarten auch mehrmals verwenden.

Erfinde Subtraktionsaufgaben. Alle grauen Kästchen müssen belegt werden.
Lege zuerst mit Ziffernkarten. Schreibe dann auf und rechne aus.

a)

b)

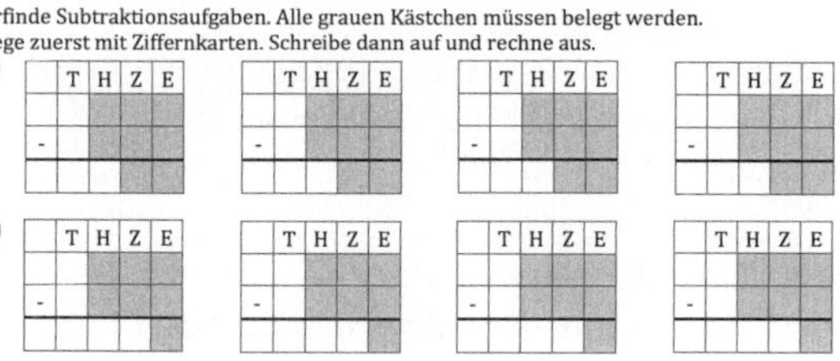

c) Gibt es hierzu auch eine Lösung? Wie heißt das größte Ergebnis, welches erreicht werden kann? Probiere im Heft aus. Begründe.

	T	H	Z	E
		9	9	9
-		1	1	1
		8	8	8

Das größte Ergebnis ist 888, da es sich aus dem größten Minuenden und dem kleinsten Subtrahenden ergibt. Das Ergebnis kann nie mehr Stellen haben als der Minuend.

Lösung: Bei der Subtraktion kann die Differenz nicht größer als der Minuend sein. Das größte Ergebnis, welches erreicht werden kann, ist:
999 - 111 = 888.

N8 A Schriftlich multiplizieren und das Rechenverfahren erklären – Didaktischer Hintergrund

Lerninhalt

Der schriftliche Multiplikationsalgorithmus dient zur effizienten und schnellen Berechnung großer Produkte. Gerade lernschwächeren Kindern kann die feste Abfolge der Rechenschritte und die Beschränkung des Zahlenraums bis Hundert Sicherheit geben. Bei der Multiplikation ist das Verfahren jedoch um einiges komplexer als bei Addition und Subtraktion, da die multiplikative Verrechnung der Stellenwerte nicht direkt sichtbar bleibt. Neben der sicheren Ausführung wird deshalb zunehmend Wert auf die verständige Hinführung zu dem Verfahren gelegt (vgl. PIK AS o.J., KIRA o.J., Höhtker / Selter 1998), um den Lernenden nicht nur die automatisierte Anwendung, sondern als vorrangiges Ziel auch das Verständnis der Rechenschritte zu ermöglichen.

In diesem Baustein geht es einerseits um den Erwerb der Kompetenz, den schriftlichen Multiplikationsalgorithmus durchführen zu können. Durch die Anbindung des Verfahrens an das in Baustein **N6 B** erarbeitete Malkreuz werden andererseits Einsichten in die mathematischen Grundlagen des Verfahrens geschaffen. Dazu werden Besonderheiten des schriftlichen Algorithmus thematisiert, wie beispielsweise: „Warum kann man im Vergleich zum halbschriftlichen Rechnen die Nullen weglassen?“ oder „Wieso schreibt man die Produkte versetzt untereinander?“.

Veranschaulichung und Material

Notationsweise des schriftlichen Normalverfahrens

```
1234 · 5678
  6170
   7404
    8638
     9872
  7006652
```

Das schriftliche Normalverfahren

Begonnen wird die Rechnung durch die Multiplikation des ersten Faktors mit der ersten Ziffer (dem größten Stellenwert) des zweiten Faktors. Weiterhin wird jeweils der gesamte erste Faktor mit den einzelnen Stellen des zweiten Faktors verrechnet. Dabei werden die Teilprodukte so unter den zweiten Faktor geschrieben, sodass sie jeweils mit der verrechneten Stelle rechts bündig abschließen. Überträge, die dabei durch zweistellige Teilprodukte der einzelnen Rechnungen entstehen, werden direkt bei der Multiplikation mit dem nächsthöheren Stellenwert des Multiplikators verrechnet. Da die Notation der Überträge in der Rechnung (wie es bei Addition oder Subtraktion üblich ist) zu Schwierigkeiten führen kann, empfiehlt Gerster (1982, S. 107 - 157), sich die Überträge bloß durch ein Zeigen mit den Fingern zu merken.

Vom Malkreuz zum Algorithmus

Auch wenn Padberg und Benz (2011, S. 267 - 287) darauf aufmerksam machen, dass eine direkte Herleitung des schriftlichen Verfahrens aus den halbschriftlichen Strategien (schon allein aufgrund der vertauschten Rollen von Multiplikator und Multiplikand) nicht möglich ist, können doch durch Vergleich des halbschriftlichen und schriftlichen Rechnens Einsichten in den Multiplikationsalgorithmus gewonnen werden (Schipper et al. 2000). In diesem Baustein wird dazu das Malkreuz genutzt. Voraussetzung ist dabei ein verständiger sicherer Umgang mit dem Malkreuz (Baustein **N6 B**).

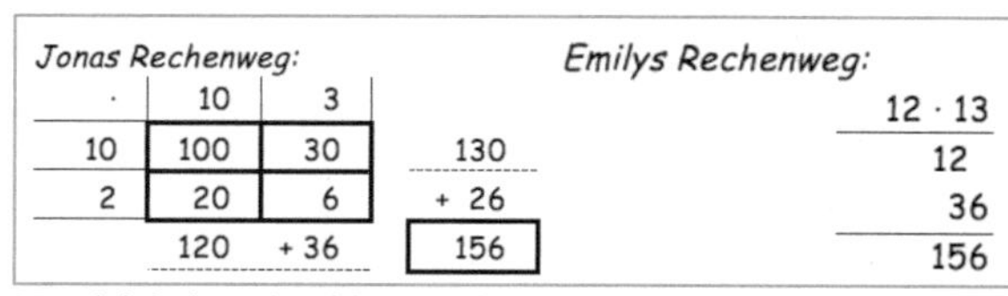

Vergleich des Algorithmus mit dem Malkreuz

Bei der Verwendung des Malkreuzes steht den Lernenden grundsätzlich frei, die Produkte der einzelnen Stellenwerte rechts neben oder unter dem Malkreuz zu notieren (vgl. Baustein **N6 B**). Für einen Vergleich der Teilprodukte mit dem schriftlichen Verfahren sind die Additionen unter dem Malkreuz notwendig. Durch Färbung der Stellenwerte (vgl. z.B. Aufgabe 1.1) können gleiche Teilprodukte identifiziert und das Weglassen der Nullen thematisiert werden. Eine Berechnung derselben Aufgabe mit Hilfe des Malkreuzes und anschließend mit dem schriftlichen dient zur Kontrolle der Teilprodukte und des Ergebnisses.

Produktive Übungen mit Ziffernkarten

Ziffernkarten sind für die produktiven Übungsformate des Bausteins hilfreich, da sie den Lernenden flexible Veränderungen der Aufgaben und Rechnungen ermöglichen. Durch diese werden die Lernenden erfahrungsgemäß im Gegensatz zur bloßen Notation der Aufgaben auf dem Papier ermutigt, verschiedene Aufgaben zu bilden, Aufgaben zu verändern (z.B. Ziffern zu tauschen) und die Auswirkungen solcher Veränderungen auf die Produkte zu untersuchen. Dabei können die Lernenden wiederum Rückschlüsse auf die Bedeutung der Stellenwerte ziehen. Empfohlen wird deshalb, bei den entsprechenden Übungen nicht auf die Verwendung der Ziffernkarten zu verzichten.

Produktive Übung mit Ziffernkarten

Aufbau der Förderung

Die Förderung besteht aus drei Fördereinheiten:

1 Multiplizieren ohne Übertrag
2 Multiplizieren mit Übertrag
3 Multiplizieren mit Null

Die Erarbeitung des schriftlichen Multiplikationsalgorithmus erfolgt in diesem Baustein untergliedert in Multiplikationsaufgaben ohne Übertrag (**Fördereinheit 1**) und anschließend mit Übertrag (**Fördereinheit 2**). Ein typischer und oftmals systematischer Fehler bei der schriftlichen Multiplikation stellt die falsche Lösung von Teilaufgaben mit der Ziffer 0 in einem der Faktoren dar (Padberg 2011, S. 281f), weshalb diese Besonderheit in der dritten Fördereinheit thematisiert wird (**Fördereinheit 3**).

Jede Fördereinheit beginnt jeweils mit einem Vergleich zwischen Jonas' Rechenweg im Malkreuz und Emily Notation des schriftlichen Verfahrens, anhand deren Vergleich Gemeinsamkeiten und Unterschiede thematisiert werden und insbesondere durch Färbung auf die multiplikative Verrechnung der Stellenwerte eingegangen wird (Aufgaben 1.1, 2.1, 3.1). Die folgenden Aufgaben sprechen typische Fehler des schriftlichen Multiplikationsverfahrens an und fordern die Lernenden auf, sich mit diesen Fehlern argumentativ auseinanderzusetzen (Aufgaben 1.2, 2.2, 3.2). Der Vergleich zwischen Malkreuz und Algorithmus wird während des ersten Durchführens des Verfahrens beibehalten, was ebenso zur Kontrolle des schriftlichen Verfahrens dienen kann (Aufgaben 1.3, 2.3, 3.3). Abschließend finden sich jeweils produktive Übungsformate zur Automatisierung des Verfahrens (Aufgaben 1.4, 2.4, 2.5, 3.4).

Weiterführende Literatur

Gerster, H.-D. (1982): Schülerfehler bei schriftlichen Rechenverfahren – Diagnose und Therapie. Freiburg: Herder.

Höhtker, B. / Selter, C. (1998): Von der halbschriftlichen zur schriftlichen Multiplikation? In: Die Grundschulzeitschrift, 119, 17 - 19.

KIRA (o.J.): Schriftliche Multiplikation. http://www.kira.tu-dortmund.de/134

Padberg, F. / Benz, C. (2011): Didaktik der Arithmetik für Lehrerausbildung und Lehrerfortbildung. Heidelberg: Spektrum.

PIK AS (o,J.): Von der halbschriftlichen zur schriftlichen Multiplikation. http://www.pikas.tu-dortmund.de/138.

Schipper, W., Dröge, R. / Ebeling, A. (2000): Handbuch für den Mathematikunterricht, 4. Schuljahr. Hannover: Schroedel.

N8 A – Durchführung und Auswertung der Standortbestimmung

Dauer: 40 - 50 Minuten

Hinweise zur Durchführung:

Da die Kästchen für die Strukturierung der Aufgabe wichtig sind, sollte zusätzlich kariertes Papier bereitgehalten werden und die Lernenden sollten gegebenenfalls aufgefordert werden, eine Rechnung auf einem neuen Blatt zu beginnen, falls viel durchgestrichen und verbessert wird.

Bei der Durchführung ist es wichtig, den Lernenden zu verdeutlichen, dass ausschließlich der schriftliche Algorithmus gefordert ist. Die Lehrkraft klärt gegebenenfalls den Begriff des *schriftlichen Rechnens* und grenzt diesen vom halbschriftlichen Rechnen ab. Es sollte (im Gegensatz zu Baustein **N6 B**) keine Aufgabe beispielhaft mithilfe des schriftlichen Algorithmus angeschrieben werden, da die Lernenden sich sonst an dem angeschriebenen Verfahren orientieren und dies das Diagnoseergebnis maßgeblich verfälschen könnte.

3.2): Nur bei Nachfrage („Darf ich die Zahlen auch umdrehen?“) werden die Lernenden darauf hingewiesen, dass die Reihenfolge der Faktoren für die Rechnung beliebig gewählt werden darf.

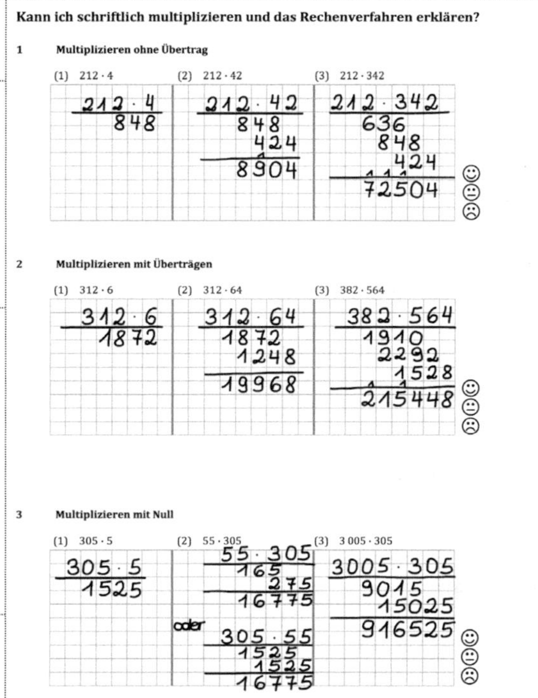

Hinweise zur Auswertung:

Übergreifende Fehler

Typische Fehler		Mögliche Ursache	Förderung
	212 · 4 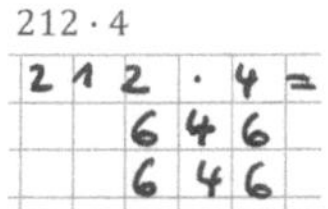	Fehler beim Abrufen des kleinen Einmaleins.	Rechenstrategien für das kleine Einmaleins erarbeiten mit Baustein **N6 B** (1.1 - 1.4).
	212 · 42 212 · 342 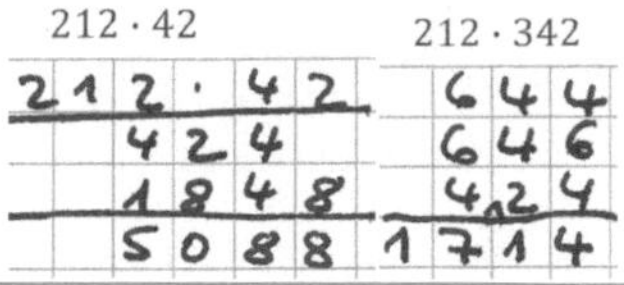	Teilergebnisse werden nicht stellengerecht notiert und verrechnet.	Erarbeitung des schriftlichen Verfahrens (1.1 - 1.4; dann 2.1 - 2.5). Fehler wird in Aufgabe 1.2 thematisiert.
	305 · 5 	Vertauschen der Stellenwerte bei der Notation der Teilergebnisse.	Überprüfen, ob es sich um einen Flüchtigkeits- bzw. Notationsfehler handelt, ggf. Stellenwertverständnis mit Bausteinen **N1** thematisieren.
	212 · 4 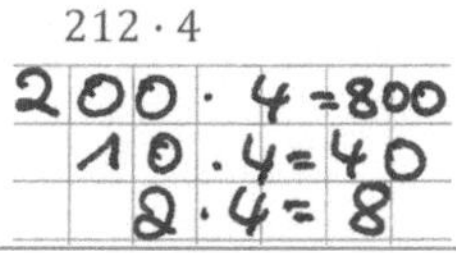	Die Aufgabe wird halbschriftlich gelöst.	Vermutlich steht kein Ansatz des schriftlichen Verfahrens zur Verfügung. Erarbeitung des schriftlichen Verfahrens (1.1 - 1.4; dann 2.1 - 2.5).
	212 · 342 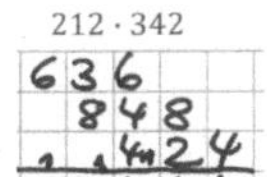	Additionsfehler beim Zusammenrechnen der Teilergebnisse.	Schriftliche Addition und Umgang mit Überträgen mit Baustein **N7** erarbeiten.

Diagnoseaufgabe 1: Multiplizieren ohne Übertrag

Typische Fehler	Mögliche Ursache	Förderung
212 · 4 	Multiplikationsfehler mit dem Faktor 1. Fehlvorstellung, dass eine Multiplikation mit dem Faktor 1 immer 1 ergibt.	Rechenstrategien für das kleine Einmaleins erarbeiten mit Baustein **N6 A**.

Diagnoseaufgabe 2: Multiplizieren mit Übertragen

Typische Fehler	Mögliche Ursache	Förderung
312 · 6 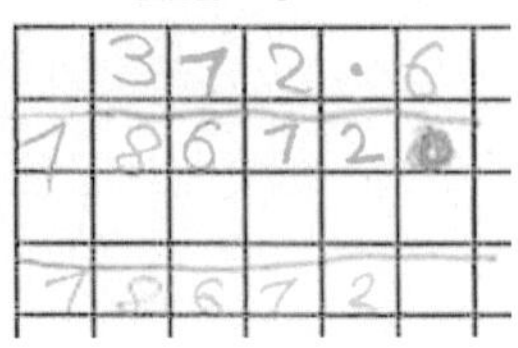	Überträge werden nicht mit den entsprechenden Stellenwerten verrechnet.	Erarbeitung des Algorithmus und Umgang mit Überträgen ab Fördereinheit (2.1 - 2.5). Fehler mit Aufgabe 2.2 thematisieren.
312 · 6 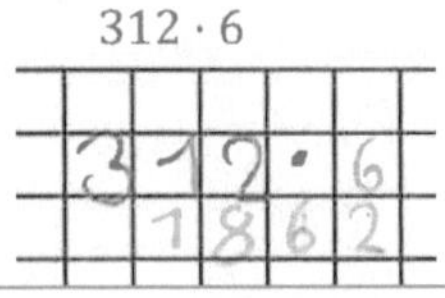	Überträge werden vergessen.	Erarbeitung des Algorithmus und Umgang mit Überträgen (2.1 - 2.5).

Diagnoseaufgabe 3: Multiplizieren mit Null

Typische Fehler	Mögliche Ursache	Förderung
305 · 5 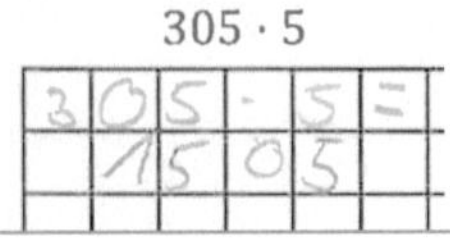	Fehlende Verrechnung des Übertrags aufgrund der Multiplikation mit Null. (0 + 2 = 0)	Umgang mit Null im Faktor thematisieren (3.1 - 3.4). Addition und Multiplikation mit Null voneinander abgrenzen.
55 · 305 55 · 305 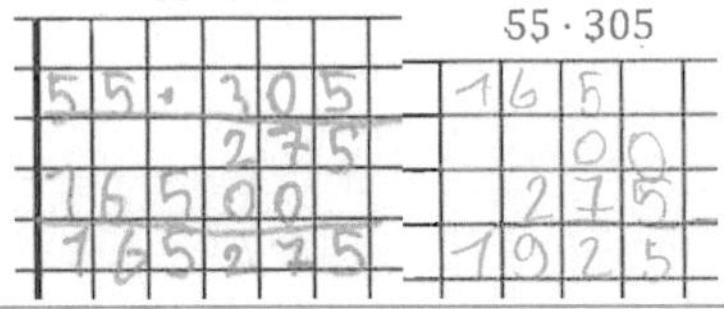	Die Multiplikation mit Null wird nicht stellenwertgerecht interpretiert und das folgende Teilergebnis nicht stellenwertgerecht notiert. Das Teilergebnis wird um eine Stelle zu viel oder eine Stelle zu wenig verschoben.	Umgang mit Null im Faktor thematisieren (3.1 - 3.4). Fehler insbesondere mit Aufgabe 3.2 thematisieren.
55 · 305 3 005 · 305 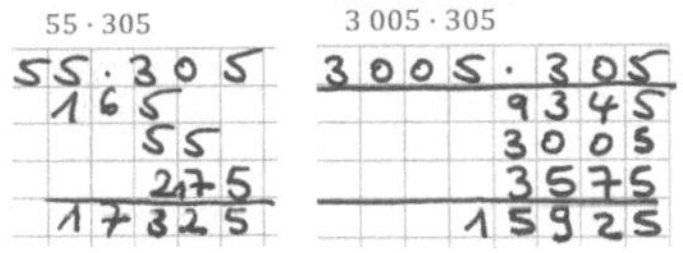	Die Multiplikation mit der Null wird der Multiplikation mit der Eins gleichgesetzt. (Hier im zweiten Beispiel zusätzlich keine Berücksichtigung der Stellenwerte.)	Umgang mit Null im Faktor thematisieren (3.1 - 3.4).

1 Multiplizieren ohne Übertrag

1.1 Erarbeiten (15 - 20 Minuten)

Ziel: Schriftlichen Algorithmus kennenlernen und mit Rechnung im Malkreuz vergleichen

Material: KV: Ggf. Malkreuzvorlage; gelbe, rote und grüne Stifte

Umsetzung: UG

Hintergrund: Die Abfolge des schriftlichen Algorithmus kann nur nachvollzogen werden, wenn die Schritte einmal sukzessiv durchlaufen werden. Dafür ist es notwendig, Emilys Rechenweg nicht nur als fertiges Produkt auf dem Arbeitsblatt zu betrachten, sondern ebenfalls zu thematisieren, wie die Rechnung entsteht.

Zu beachten: Zu vergleichen sind insbesondere die beiden Teilergebnisse unter dem Malkreuz (120 + 36) und die beiden Zeilen (12 und 36) im schriftlichen Verfahren. Markiert werden in beiden Rechenwegen die 1 als Hunderter und die 2 als Zehner. Hieran kann thematisiert werden, dass es sich in beiden Rechenwegen um die gleichen Teilprodukte handelt.

1.1 Rechenwege vergleichen

a) Emily und Jonas rechnen die Aufgabe **12 · 13**.
Beschreibe die beiden Rechenwege.

Jonas Rechenweg:

·	10	3	
10	100	30	130
2	20	6	+ 26
	120	+ 36	156

Emilys Rechenweg:

12 · 13
12
36
156

b) Markiere die Einer in gelb, die Zehner in rot und die Hunderter in grün.
Vergleiche die Rechenwege. Was ist gleich? Was ist verschieden?

c) Warum kann Emily bei ihrem Rechenweg die Nullen weglassen?

1.2 Erarbeiten (5 - 15 Minuten)

Ziel: Regeln des Algorithmus hinterfragen

Material: -

Umsetzung: UG

Reflexion: Beide Aussagen von Jonas und Dilara dienen zur Reflexion des schriftlichen Verfahrens. Jonas Frage zielt auf die Explizierung der rechnerischen Durchführung des Verfahrens, Dilaras Frage auf die Thematisierung der Stellenwerte ab.

1.2 Rechenwege erklären

Die Kinder haben Fragen zu Emilys Rechenweg.
Beantworte die Fragen und erkläre.

Emilys Rechenweg:

12 · 13
12
36
156

Jonas: Wo muss ich denn bei deiner Rechnung anfangen?

Dilara: Darf ich die Zahlen auch so untereinander schreiben?

12 · 13
12
36

1.3 **Erarbeiten (10 - 20 Minuten)**

Ziel: Algorithmus anwenden und mit Rechenweg im Malkreuz vergleichen

Material: KV: Ggf. Malkreuzvorlage

Umsetzung: Jeweils EA, dann UG

Reflexion: Anschließend ggf. noch einmal Stellen verschiedenfarbig markieren wie in 1.1 und Rechenwege vergleichen lassen.

Weitere Aufgabe: Bei Bedarf auch auf andere Aufgaben mit verschiedenen Stellenanzahlen ausweiten. Wie sähe das Malkreuz für die Aufgabe 44 · 212 (oder z.B. 4 · 212) aus? Wie sähe Emilys Rechenweg dann aus? Was findest du leichter zu rechnen, 44 · 212 oder 212 · 44?

1.3 **Rechenwege ausprobieren**

a) Rechne die Aufgabe **16 · 11**.

Rechne wie Jonas.

·	10	1
10	100	10
6	60	6
	160 + 16	

\+ 176

Rechne wie Emily.

16 · 11
16
16
176

b) Rechne die Aufgabe **212 · 44**.

Rechne wie Jonas.

·	40	4
200	8000	800
10	400	40
2	80	8
	8480 + 848	

\+ 9328

Rechne wie Emily.

212 · 44
848
848
9328

1.4 **Üben (20 - 30 Minuten)**

Ziel: Schriftlichen Algorithmus produktiv üben

Material: MB: Ziffernkarten

Umsetzung: a) EA; b), c) jeweils EA, dann UG

Reflexion: Für einige Begründungen (insbesondere der Frage in Aufgabe c), warum 31 · 22 größer ist als 32 · 21) kann das Malkreuz helfen, da hier die einzelnen Teilprodukte miteinander verglichen werden können.
Andere Begründungen können direkt im Algorithmus vorgenommen werden (im Beispiel: von 12 · 23 zu 12 · 32 tauschen die Zahlen ‚24' und ‚36' ihre Plätze in den Zeilen und die größere ‚36' rutscht dabei nach vorne in die höheren Stellenwerte).

Weitere Aufgabe: Finde die Aufgabe mit dem kleinsten Ergebnis.

1.4 **Rechnen mit Ziffernkarten**

Nimm dir die Ziffernkarten 1 2 2 3

a) Lege mit den Ziffernkarten zwei zweistellige Zahlen und multipliziere sie. Schreibe die Rechnungen in dein Heft.

b) Vertausche zwei Ziffernkarten.
Überlege zuerst, ob das Ergebnis kleiner oder größer wird.
Rechne dann aus und überprüfe.

c) Finde die Aufgabe mit dem größten Ergebnis. Wie gehst du vor?

Beispiel
1 2 · 2 3

12 · 23
24
36
276

2 Multiplizieren mit Übertragen

2.1 Erarbeiten (20 - 30 Minuten)

Ziel: Schriftlichen Algorithmus mit Überträgen mit Rechnung im Malkreuz vergleichen

Material: KV: Ggf. Malkreuzvorlage; gelbe, rote und grüne Stifte

Umsetzung: UG

Hintergrund: Die Abfolge des schriftlichen Algorithmus kann nur nachvollzogen werden, wenn die Schritte einmal sukzessiv durchlaufen werden. Dafür ist es notwendig, Emilys Rechenweg nicht nur als fertiges Produkt auf dem Arbeitsblatt zu betrachten, sondern ebenfalls zu thematisieren, wie die Rechnung entsteht.

Zu beachten: Zu vergleichen sind insbesondere die beiden Teilergebnisse unter dem Malkreuz (320 + 48) und die beiden Zeilen (12 und 36) im schriftlichen Verfahren. Markiert werden in beiden Rechenwegen die 3 als Hunderter und die 2 als Zehner. Hieran kann thematisiert werden, dass es sich in beiden Rechenwegen um die gleichen Teilprodukte handelt.

Impuls: Beziehung zu 1.1 herstellen: Was ist hier gleich? Was ist verschieden? Dabei die besondere Rolle der Überträge thematisieren.

2.1 Rechenwege vergleichen

a) Emily und Jonas rechnen die Aufgabe **16 · 23**.
Beschreibe die beiden Rechenwege.

Jonas Rechenweg:

·	20	3	
10	200	30	230
6	120	18	+ 138
	320	+ 48	368

Emilys Rechenweg:

16 · 23
32
48
368

b) Markiere die Einer in gelb, die Zehner in rot und die Hunderter in grün.
Vergleiche die Rechenwege. Was ist gleich? Was ist verschieden?

c) Warum kann Emily bei ihrem Rechenweg die Nullen weglassen?

2.2 Erarbeiten (5 - 15 Minuten)

Ziel: Typischen Fehler erklären; Regeln des Algorithmus hinterfragen

Material: -

Umsetzung: UG

Reflexion: Dilaras Aussage dient zur Thematisierung des Umgangs mit Überträgen. Als Begründung ist zu beachten, dass die Lernenden über das Argument „Weil sonst das Ergebnis falsch wäre / nicht das richtige Ergebnis rauskommen würde." hinausgehen. Dazu ggf. auf einen Vergleich mit dem Malkreuz und einer Markierung der Stellenwerte zurückgreifen.

2.2 Fehler erklären

Dilara will Emilys Rechenweg ausprobieren und macht dabei Fehler.

16 · 23
212
318
2438

Ich habe erst 6 mal 2 gleich 12 gerechnet und dann die 12 hingeschrieben.

Dann habe ich 2 mal 1 gleich 2 gerechnet und die 2 vor die 12 geschrieben.

Dilara

Erkläre, was Dilara falsch macht.
Erkläre auch den Fehler in der nächsten Zeile.
Wie kommt Dilara auf die 318?

2.3 **Erarbeiten (10 - 20 Minuten)**

Ziel: Algorithmus anwenden und mit Rechenweg im Malkreuz vergleichen

Material: KV: Ggf. Malkreuzvorlage

Umsetzung: Jeweils EA, dann UG

Reflexion: Anschließend ggf. noch einmal Stellen verschiedenfarbig markieren wie in 1.1 und Rechenwege vergleichen lassen.

Weitere Frage: Bei Bedarf auch auf andere Aufgaben mit verschiedenen Stellenanzahlen ausweiten. Wie sähe das Malkreuz für die Aufgabe 44 · 323 (oder z.B. 4 · 323) aus? Wie sähe Emilys Rechenweg dann aus? Optional: Was findest du leichter zu rechnen, 44 · 323 oder 323 · 44?

Impuls: Bei Bedarf Besonderheiten des Übertrags durch Vergleich mit Aufgabe 1.3 thematisieren.

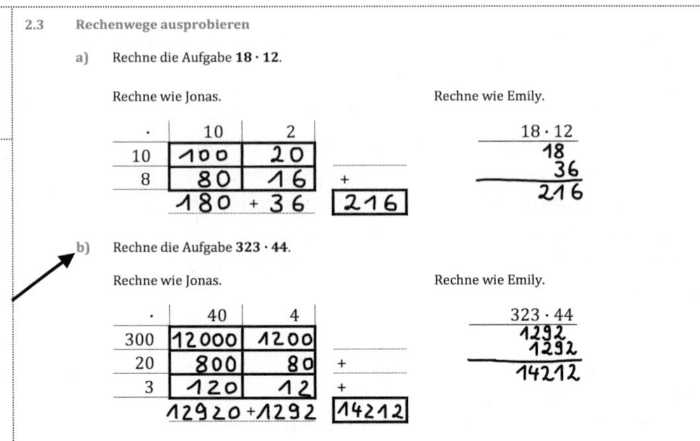
2.3 Rechenwege ausprobieren

a) Rechne die Aufgabe **18 · 12**.

Rechne wie Jonas.

·	10	2
10	100	20
8	80	16
	180 + 36	216

Rechne wie Emily.

18 · 12
18
36
216

b) Rechne die Aufgabe **323 · 44**.

Rechne wie Jonas.

·	40	4
300	12000	1200
20	800	80
3	120	12
	12920 + 1292	14212

Rechne wie Emily.

323 · 44
1292
1292
14212

2.4 **Üben (20 - 30 Minuten)**

Ziel: Schriftlichen Algorithmus produktiv üben

Material: MB: Ziffernkarten

Umsetzung: a) EA; b), c) jeweils EA, dann UG

Reflexion: Überprüfung der kleinsten und größten Aufgabe fällt hier aufgrund der vielfältigen Möglichkeiten schwer. Nur exemplarisch einige gefundene Aufgaben vergleichen lassen. Im Malkreuz kann der Vergleich einzelner Teilprodukte gelingen.

Lösung:
Größtes Ergebnis: 84 · 752 = 63 168
Kleinstes Ergebnis: 25 · 478 = 11 950

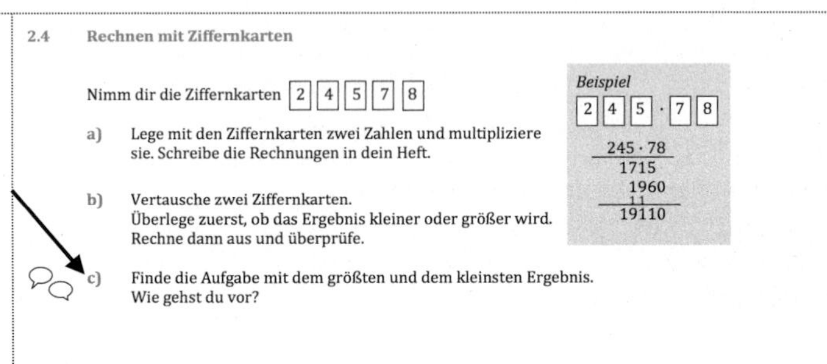
2.4 Rechnen mit Ziffernkarten

Nimm dir die Ziffernkarten 2 4 5 7 8

a) Lege mit den Ziffernkarten zwei Zahlen und multipliziere sie. Schreibe die Rechnungen in dein Heft.

b) Vertausche zwei Ziffernkarten. Überlege zuerst, ob das Ergebnis kleiner oder größer wird. Rechne dann aus und überprüfe.

c) Finde die Aufgabe mit dem größten und dem kleinsten Ergebnis. Wie gehst du vor?

Beispiel
2 4 5 · 7 8
245 · 78
1715
1960
11
19110

2.5 **Üben (10 - 15 Minuten)**

Ziel: Schriftlichen Algorithmus produktiv üben

Material: -

Umsetzung: EA

Hilfestellung: Lernende zum probierenden Vorgehen, insbesondere zur Bleistiftnutzung auffordern.

2.5 **Welche Ziffern fehlen?**

Schreibe die fehlenden Ziffern in die grauen Kästchen.

(1)

3	2	·	3	4
		9	6	
		1	2	8
	1	0	8	8

(2)

2	7	·	3	1
		8	1	
			2	7
		8	3	7

(3)

5	3	·	4	6
	2	1	2	
		3	1	8
	2	4	3	8

(4)

1	6	·	1	7
		1	6	
		1	1	2
		2	7	2

(5)

2	3	·	3	2
		6	9	
			4	6
		7	3	6

* (6)

1	5	·	1	3
		1	5	
			4	5
		1	9	5

3 Multiplizieren mit Null

3.1 **Erarbeiten (20 - 30 Minuten)**

Ziel: Schriftlichen Algorithmus bei Faktoren mit Null mit Rechnung im Malkreuz vergleichen

Material: KV: Ggf. Malkreuzvorlage; gelbe, rote, grüne und blaue Stifte

Umsetzung: UG

Hintergrund: Die Abfolge des schriftlichen Algorithmus kann nur nachvollzogen werden, wenn die Schritte einmal sukzessiv durchlaufen werden. Dafür ist es notwendig, Emilys Rechenweg nicht nur als fertiges Produkt auf dem Arbeitsblatt zu betrachten, sondern ebenfalls zu thematisieren, wie die Rechnung entsteht.

3.1 **Rechenwege vergleichen**

a) Emily und Jonas rechnen die Aufgabe **16 · 204**.
Beschreibe die beiden Rechenwege.

Jonas Rechenweg:

·	200	4	
10	2000	40	2040
6	1200	24	+ 1224
	+ 3200	+ 64	3264

Emilys Rechenweg:

16 · 204
32
64
3264

Zu beachten: Zu vergleichen sind insbesondere die beiden Teilergebnisse unter dem Malkreuz (3200 + 64) und die beiden Zeilen (32 und 64) im schriftlichen Verfahren. Markiert werden in beiden Rechenwegen die 3 als Tausender und die 2 als Hunderter. Hieran kann thematisiert werden, dass es sich in beiden Rechenwegen um die gleichen Teilprodukte handelt.

Impuls: Beziehung zu 2.1 herstellen: Was ist hier gleich? Was ist verschieden? Dabei die besonderen Umgang mit der Null thematisieren.

b) Markiere die Einer in gelb, die Zehner in rot , die Hunderter in grün und die Tausender in blau. Vergleiche die Rechenwege.
Was ist gleich? Was ist verschieden?

3.2 **Erarbeiten (5 - 15 Minuten)**

Ziel: Typischen Fehler erklären; Regeln des Algorithmus hinterfragen

Material: -

Umsetzung: UG

Impuls: Beziehung zur Aufgabe 3.1 herstellen. Ggf. Stellen auch farbig markieren lassen wie in 3.1.

Weitere Aufgabe: Aufgabe auch umgekehrt rechnen lassen (204 · 16). Wie muss jetzt mit der Null umgegangen werden?

3.2 **Fehler erklären**

Dilara will Emilys Rechenweg ausprobieren und macht dabei Fehler.
Sie rechnet die Aufgabe 16 · 204 so:

16 · 204
32
64
384

Erkläre, was Dilara falsch gemacht hat. Schreibe den Rechenweg richtig ins Heft.

3.3 **Erarbeiten (10 - 20 Minuten)**

Ziel: Algorithmus anwenden und mit Rechenweg im Malkreuz vergleichen

Material: KV: Ggf. Malkreuzvorlage

Umsetzung: Jeweils EA, dann UG

Reflexion: Anschließend ggf. noch einmal Stellen verschiedenfarbig markieren wie in 3.1 und Rechenwege vergleichen lassen.

Impuls: Wieso brauchst du nur ein Zwei-mal-zwei-Malkreuz, obwohl es sich um drei- bzw. vierstellige Zahlen handelt?

3.3 **Rechenwege ausprobieren**

a) Rechne die Aufgabe **13 · 205**.

Rechne wie Jonas.

·	200	5	
10	2000	50	
3	600	15	+
	2600 +	65	2665

Rechne wie Emily.

13 · 205
26
65
2665

b) Rechne die Aufgabe **17 · 5005**.

Rechne wie Jonas.

·	5000	5	
10	50 000	50	
7	35 000	35	+
	85 000 +	85	85085

Rechne wie Emily.

17 · 5005
85
85
85085

3.4 **Üben (10 - 15 Minuten)**

Ziel: Schriftlichen Algorithmus produktiv üben; Muster erkennen und erklären

Material: -

Umsetzung: a) EA; b) UG

Hintergrund: Die Muster können mithilfe des schriftlichen Algorithmus erklärt werden. Vertauschen die Lernenden die Faktoren, ist nicht mehr leicht einzusehen (z.B. bei (1)), wie sich die Teilprodukte zusammensetzen.

Lösung: Z.B. bei (3)

909 · 33
2727
2727
29997

909 · 44
3636
3636
39996

909 · 55
4545
4545
49995

3.4 **Entdecker-Päckchen**

a) Rechne aus. Schreibe die Rechnungen in dein Heft.

(1) 3 · 74 074 = 222 222 (2) 121 · 10 101 = 1 222 221 (3) 909 · 33 = 29 997
6 · 74 074 = 444 444 242 · 10 101 = 2 444 442 909 · 44 = 39 996
9 · 74 074 = 666 666 363 · 10 101 = 3 666 663 909 · 55 = 49 995

b) Was fällt dir auf?

Kopiervorlagen

1. Standortbestimmungen
2. Auswertungstabellen
3. Kopiervorlagen für die Förderung

Name:

Datum:

Kann ich Zahlen mit Material lesen und darstellen?

1 Zahlen mit Material darstellen

Zeichne das Bild zu der Zahl.

Zahl	Bild
2 178	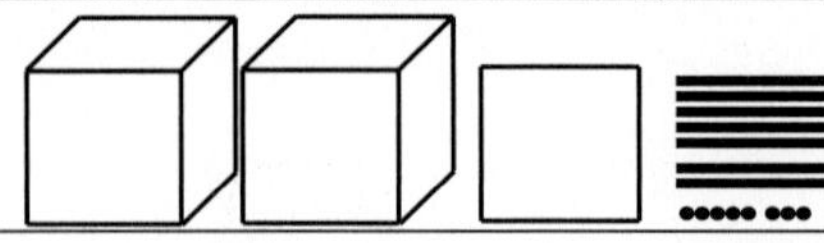
1 164	
2 086	
3 003	

2 Stellenwerte darstellen

a) Trage die Zahl in die Stellentafel ein und schreibe sie auf.

Bild	Stellentafel	Zahl
	T H Z E: _ 3 7 5	375
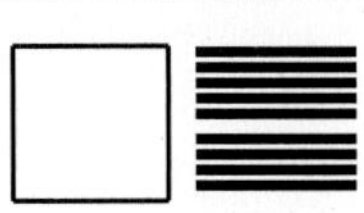	T H Z E	
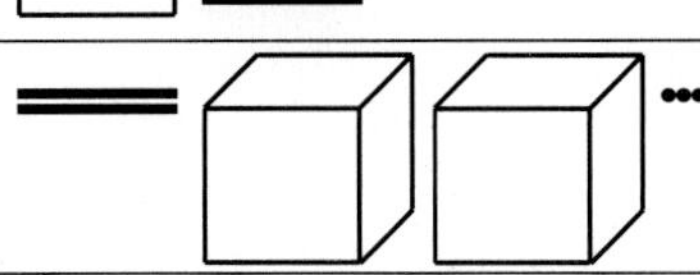	T H Z E	
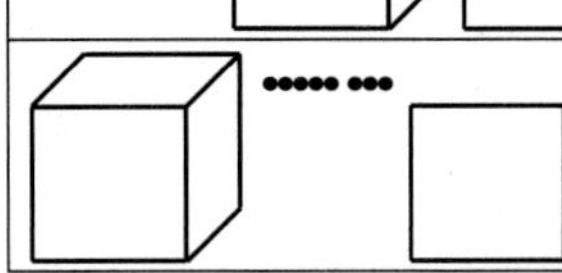	T H Z E	

b) Zu der Zahl 223 kommen 3 Zehner dazu. Welche Zahl ist es jetzt?
Zeichne sie, trage sie in die Stellentafel ein und schreibe sie auf.

Bild	Stellentafel	Zahl
	T H Z E	

Kann ich bündeln und entbündeln?

1 Würfelmaterial bündeln und entbündeln

a) Schreibe die Zahl auf, die auf dem Bild dargestellt ist.

Bild	Zahl
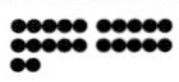	
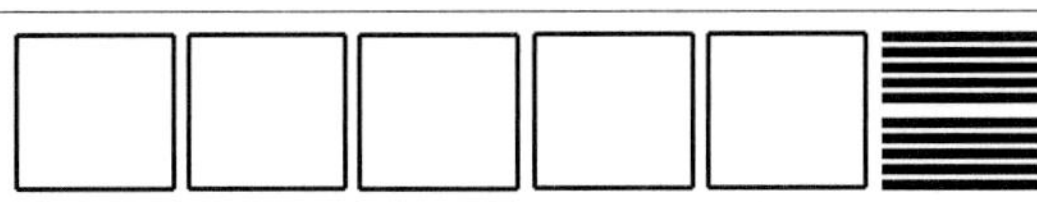	
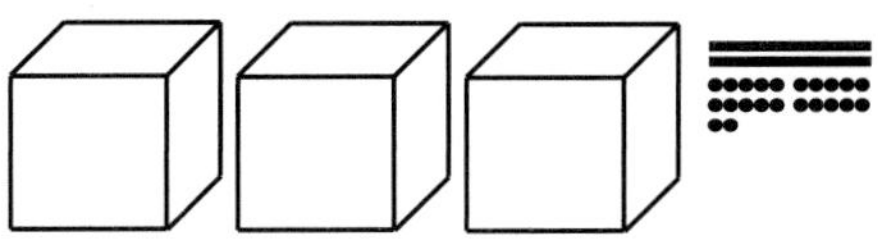	

b) Tara und Jonas legen ihr Würfelmaterial zusammen.
Wie viel haben sie zusammen? Schreibe die Zahl auf.

Tara	Jonas	Zusammen
	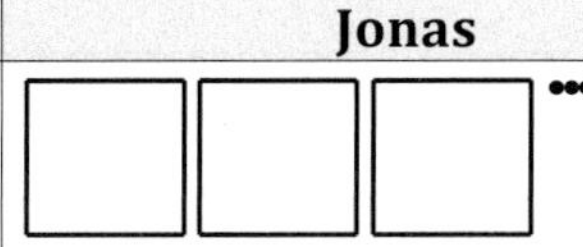	
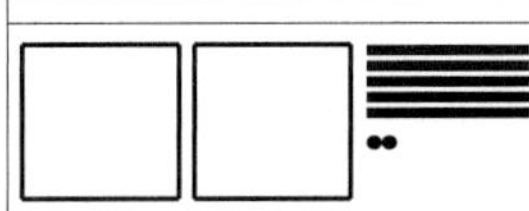	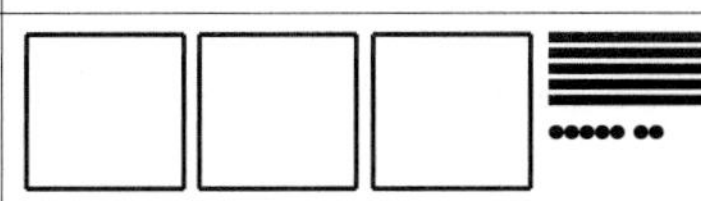	
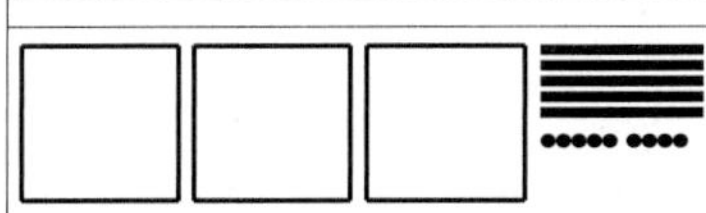	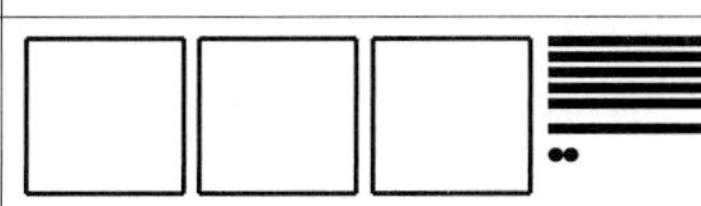	

2 Zahlen bündeln und entbündeln

a) Trage in die Stellentafel ein und schreibe die Zahl auf.

	Stellentafel	Zahl
3 Tausender, 1 Zehner, 10 Einer	T | H | Z | E	
20 Hunderter, 4 Zehner	T | H | Z | E	
6 Tausender, 2 Hunderter, 42 Zehner, 5 Einer	T | H | Z | E	

b) Erkläre deine Lösung zur letzten Aufgabe (6T, 2H, 42 Z, 5 E):

Name:

Datum:

Kann ich Zahlen am Zahlenstrahl lesen und darstellen?

1 Zahlen an der Hunderterkette

a) Trage die passenden Zahlen ein.

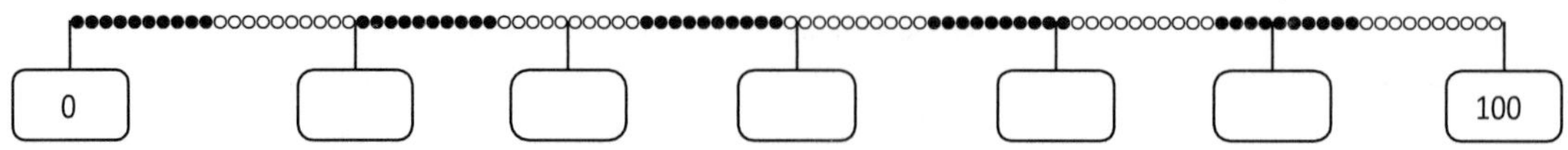

b) Verbinde die Karten mit den richtigen Stellen an der Hunderterkette.

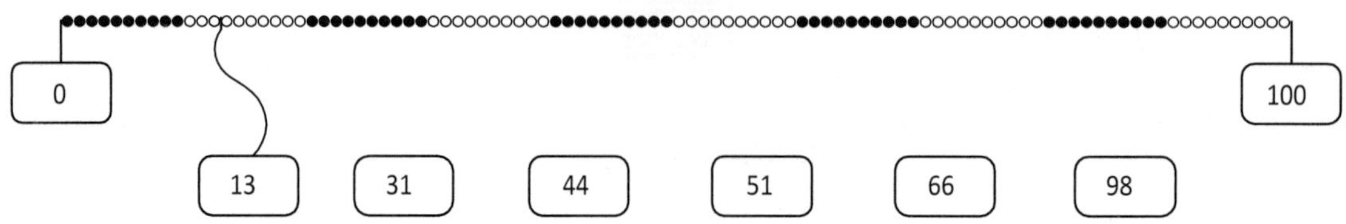

2 Zahlen am Zahlenstrahl

a) Trage passende Zahlen ein.

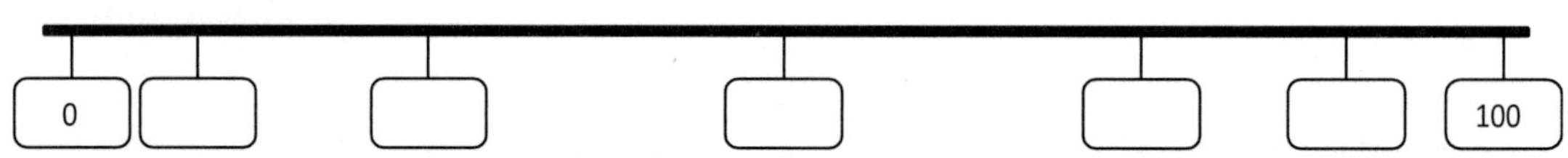

b) Verbinde die Karten mit den richtigen Stellen auf dem Zahlenstrahl.

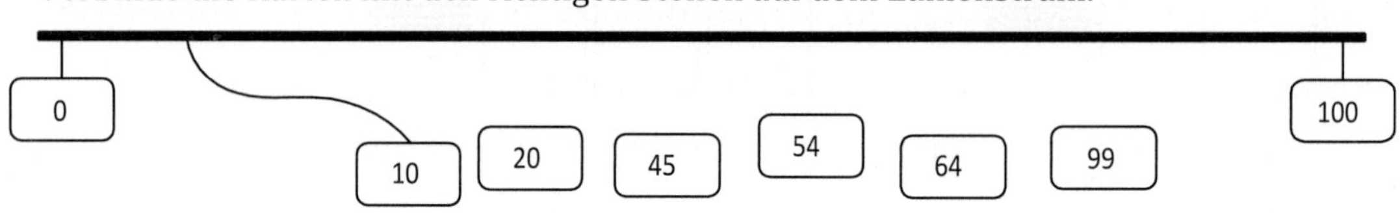

c) Beschreibe, wie du die richtige Stelle für die Zahl 99 am Zahlenstrahl gefunden hast.

3 Skalierungen am Zahlenstrahl

a) Trage die passenden Zahlen auf dem Tausenderstrahl ein.

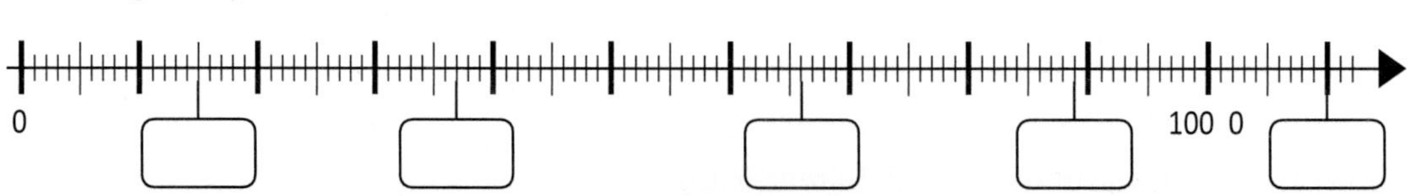

b) Verbinde die Karten mit den richtigen Stellen auf dem Tausenderstrahl.

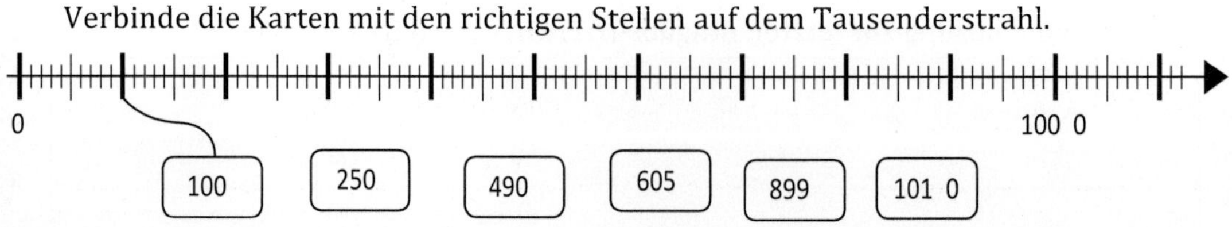

Kann ich Zahlen vergleichen und der Größe nach ordnen?

1 Zahlen einordnen

Finde die Mitte zwischen:

a) 5 000 und 6 000 — 5 00 0 | ____ | 6 00 0

b) 2 500 und 4 500 — 2 50 0 | ____ | 4 50 0

c) 10 000 und 20 000 — 10 000 | ____ | 20 000

d) 460 000 und 560 000 — 460 000 | ____ | 560 000

2 Zahlen vergleichen

Vergleiche: „Kleiner als (<)“ oder „größer als (>)“? Trage ein.

a)		**b)**		**c)**	
1 288 ___ 1 822		1 211 ___ 12 001		20 030 ___ 20 300	
3 098 ___ 3 100		11 002 ___ 9 997		87 234 ___ 87 342	
8 090 ___ 8 059		15 000 ___ 5 999		546 789 ___ 546 790	

3 Zahlen der Größe nach ordnen

a) Ordne die Zahlen nach ihrer Größe. Beginne mit der kleinsten Zahl.

445 195	1. ____________
454 656	2. ____________
544 000	3. ____________
494 400	4. ____________
494 040	5. ____________

b) Bilde aus den Ziffern 2, 5, 8, 9, 3 die größte und die kleinste Zahl:

Größte Zahl: ____________________

Kleinste Zahl: ____________________

Name:

Datum:

Kann ich zu Zahlen Nachbarzahlen angeben und in Schritten zählen?

1 Nachbar-Einer und Nachbar-Zehner

Zwischen welchen Einern und Zehnern steht die Zahl? Trage ein.

kleinerer Nachbar-Zehner	kleinerer Nachbar-Einer	ZAHL	größerer Nachbar-Einer	größerer Nachbar-Zehner
440	449	**450**	451	460
		509		
		699		
		10 000		
		18 095		

2 In Schritten zählen

a) Zeichne Zweihunderterschritte vorwärts und schreibe die Zahlen bis 1 000 auf.

b) Zeichne Hunderterschritte rückwärts und schreibe die Zahlen auf.

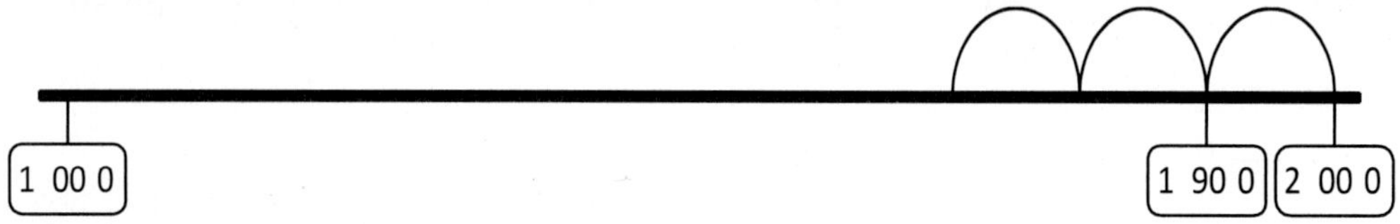

3 Zahlenreihen

Ergänze die Zahlenreihen.

a)

0	1 000	2 000					

b)

					3 805	3 905	4 005

c)

3 500			5 000				7 000

d) In welchen Schritten wurde hier gezählt?

1 200	1 500	1 800	2 100	2 400	2 700	3 000	3 300

Es wurde in ______________- Schritten gezählt.

Name:

Datum:

Kann ich Additions- und Subtraktions-Aufgaben zu Situationen finden und umgekehrt?

1 Additions- und Subtraktions-Aufgaben mit Würfelmaterial

Notiere die Aufgaben, die du mit dem Würfelmaterial gezeigt bekommst.
Rechne sie aus.

a) ____________ **b)** ____________ **c)** ____________ **d)** ____________

2 Additions- und Subtraktions-Aufgaben mit gezeichnetem Würfelmaterial

a) Welche Plus-Aufgabe wurde hier gezeichnet?

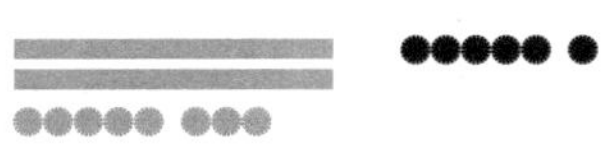

28 + ☐ = ☐

b) Welche Minus-Aufgabe wurde hier gezeichnet?

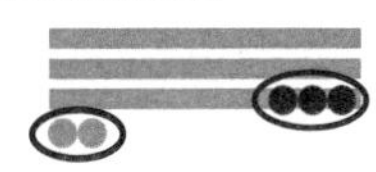

32 - ☐ = ☐

3 Additions- und Subtraktions-Aufgaben im Kopf

a) 46 + 13 = ☐ **b)** 72 + 19 = ☐ **c)** 38 - 15 = ☐ **d)** 61 - 58 = ☐

4 Additions- und Subtraktions-Aufgaben am Zahlenstrahl

Welche Aufgaben passen zu dem Zahlenstrahl? Schreibe auf.

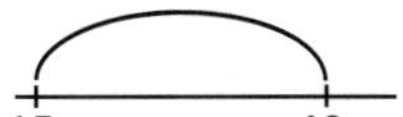

a) Plus-Aufgabe: ☐ + ☐ = ☐

b) Minus-Aufgabe: ☐ - ☐ = ☐

5 Additions- und Subtraktions-Rechengeschichten

Rechts siehst du eine Rechengeschichte zur **Plus-Aufgabe 53 + 26**.

Erfinde eine eigene Rechengeschichte zur **Minus-Aufgabe 68 - 41**.

Rechengeschichte:	*Tara hat 53 Sticker. Zum Geburtstag bekommt sie 26 Sticker geschenkt.*
Frage:	*Wie viele Sticker hat Tara dann insgesamt?*
Plus-Aufgabe:	*53 + 26 = 79*
Antwort:	*Tara hat dann insgesamt 79 Sticker.*

Meine Rechengeschichte: ____

____

Frage: ____

Minus-Aufgabe: ____

Antwort: ____

Kann ich Multiplikations-Aufgaben zu Situationen finden und umgekehrt?

1 Multiplikation und Würfelbilder

a) Schreibe zu dem Würfelbild eine passende Mal-Aufgabe auf.

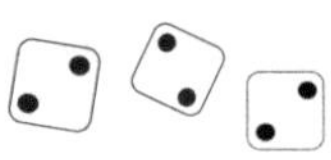

Mal-Aufgabe: ____________

b) Zeichne ein Würfelbild, das zur Aufgabe **2 · 6 = 12** passt.

2 Multiplikation in der Umwelt

Schreibe zu dem Schokoladen-Bild eine passende Mal-Aufgabe auf.

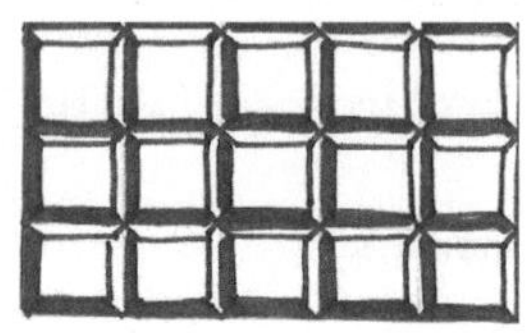

Mal-Aufgabe: ____________

3 Multiplikation und Punktebilder

Welche Bilder passen zu der Aufgabe **3 · 4 = 12**? Kreise ein.

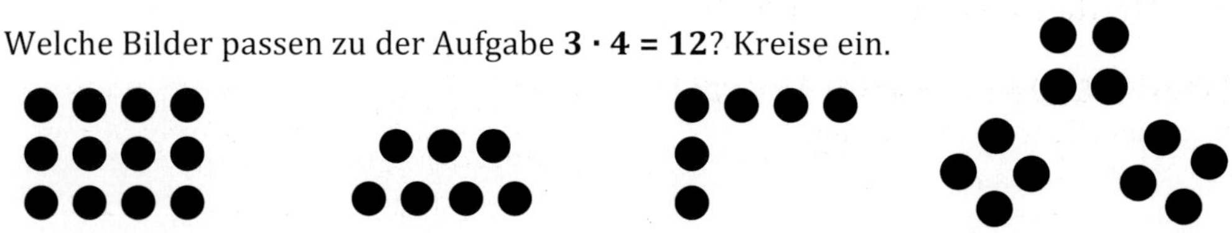

4 Multiplikation und Rechengeschichten

Rechts siehst du eine Rechengeschichte.

Erfinde eine eigene Rechengeschichte zur Aufgabe **6 · 5**.

Rechengeschichte:	*Tim packt 9 Bonbontüten. In jede Tüte packt er 10 Bonbons.*
Frage:	*Wie viele Bonbons verpackt er insgesamt?*
Mal-Aufgabe:	*9 · 10 = 90*
Antwort:	*Tim verpackt insgesamt 90 Bonbons.*

Meine Rechengeschichte: ____

____

Frage: ____

Mal-Aufgabe: ____

Antwort: ____

5 Multiplikation am Zahlenstrahl

a) Schreibe zu dem Zahlenstrahl-Bild eine passende Mal-Aufgabe auf.

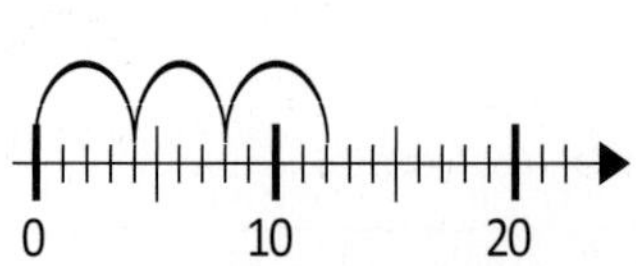

Mal-Aufgabe: ____________

b) Zeichne zu der Mal-Aufgabe ein passendes Bild in den Zahlenstrahl:

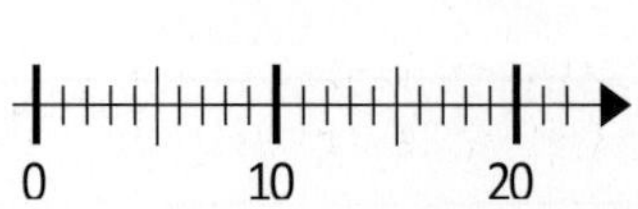

3 · 5

Standortbestimmung – Baustein N4 B

Name:

Datum:

Kann ich Divisions-Aufgaben zu Situationen finden und umgekehrt?

1 Mit Division gerecht verteilen

Drei Kinder teilen sich 12 Bonbons.
Jedes Kind bekommt gleich viele.
Wie viele Bonbons bekommt jedes Kind?
Schreibe eine passende
Geteilt-Aufgabe auf: ____________

Zeichne ein Bild:

2 Multiplikations- und Divisions-Aufgaben zu Punktebildern

Welche Aufgaben passen zu dem Bild?
Kreise ein.

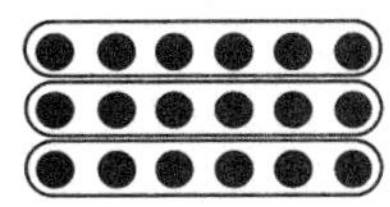

6 : 3 = 2 18 : 3 = 6 3 · 6 = 18 6 · 3 = 18 18 : 6 = 3

3 Mit Division gleichmäßig aufteilen

Immer 5 Gummibärchen in eine Tüte.
Wie viele Tüten braucht man?

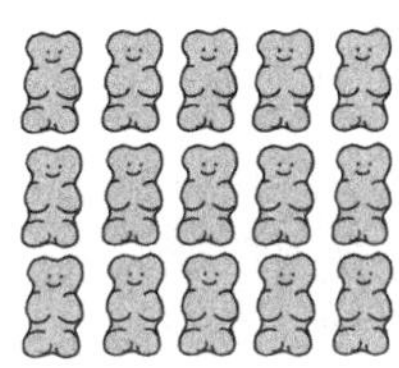

Schreibe die passende
Geteilt-Aufgabe auf:

____

4 Division und Rechengeschichten

Rechts siehst du eine Rechengeschichte.

Erfinde eine eigene Rechengeschichte zu der Aufgabe **48 : 6**.

Rechengeschichte:	*24 Blumen werden in 3 Vasen gestellt.*
Frage:	*Wie viele Blumen sind in jeder Vase?*
Geteilt-Aufgabe:	*24 : 3 = 8*
Antwort:	*8 Blumen sind in jeder Vase.*

Meine Rechengeschichte: ____

____

Frage: ____

Geteilt-Aufgabe: ____

Antwort: ____

5 Division am Zahlenstrahl

a) Schreibe zu dem Zahlenstrahl-Bild eine passende Geteilt-Aufgabe auf.

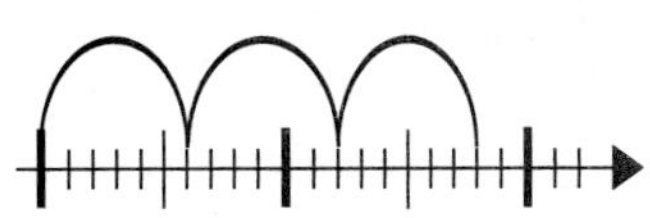

Geteilt-Aufgabe:

____

b) Zeichne in den Zahlenstrahl ein passendes Bild zur Geteilt-Aufgabe.

Geteilt-Aufgabe:

20:5

46 + 32 = 78
46 + 30 = 76
76 + 2 = 78

Standortbestimmung – Baustein N5 A

Name:

Datum:

Kann ich sicher addieren und subtrahieren und meine Rechenwege erklären?

1 Addieren

Rechne aus.

a) 45 + 23 = ___

___ + ___ = ___

___ + ___ = ___

b) 17 + 58 = ___

c) 218 + 631 = ___

d) 185 + 267 = ___

2 Subtrahieren

Rechne aus.

a) 89 - 75 = ___

b) 63 - 27 = ___

c) 692 - 542 = ___

d) 921 - 457 = ___

3 Addieren und Subtrahieren

Welche Plus- und welche Minus-Aufgabe passen zu dem Zahlenstrahl?
Schreibe auf und rechne aus.

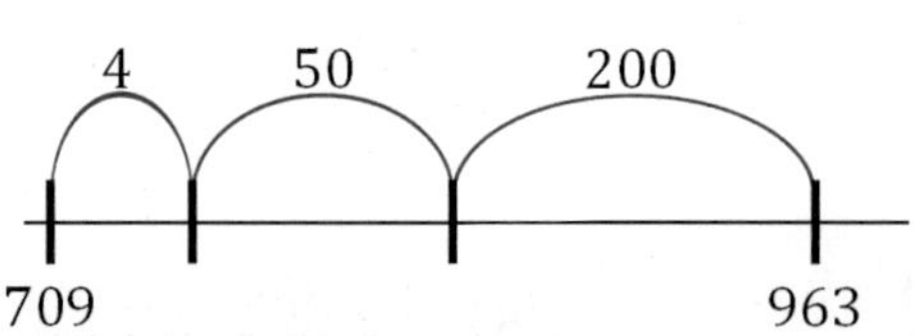

___ + ___ = ___ ___ - ___ = ___

Kann ich sicher mit Stufenzahlen multiplizieren und dividieren?

1 Mit 10 multiplizieren

(1) 37 · 10 = ____________ (2) 10 · 358 = ____________

2 Durch 10 dividieren

(1) 630 : 10 = ____________ (2) 30 630 : 10 = ____________

3 Mit 100 und 1000 multiplizieren und dividieren

(1) 37 · 100 = ____________ (2) 37 · 1 000 = ____________

4 Multiplikation und Division mit Stufenzahlen

(1) 20 · 30 = ____________ (2) 50 · 600 = ____________

(3) 250 : 5 = ____________ (4) 2 000 : 5 = ____________

Kann ich sicher multiplizieren und meine Rechenwege erklären?

1 Multiplizieren bis 100

(1) 6 · 4 = ________ (2) 9 · 6 = ________

2 Multiplizieren bis 200

(1) 6 · 14 = ________ (2) 4 · 19 = ________ (3) 19 · 6 = ________

3 Multiplizieren bis 400

(1) 16 · 14 = ________ Beschreibe, wie du die Aufgabe gelöst hast.

4 Multiplizieren mit dem Malkreuz

a) (1) 3 · 246 = ________ (2) 12 · 246 = ________ (3) 3 · 206 = ________

b) Rechne die Aufgaben mit dem Malkreuz. Kreuze an:

☐ Ich kenne das Malkreuz gut. ☐ Ich kenne das Malkreuz nicht.
☐ Ich weiß nicht mehr genau, wie man mit dem Malkreuz rechnet.

(1) **15 · 13 =** ________ (2) **24 · 127 =** ________

·		

\+

·			

\+ +

Kann ich sicher dividieren und meine Rechenwege erklären?

1 Divisions-Aufgaben mit Punktefeldern lösen

Rechne die Aufgabe aus. Zeichne ein passendes Bild zu der Aufgabe in das Punktefeld.

(1) 75 : 5 = ______

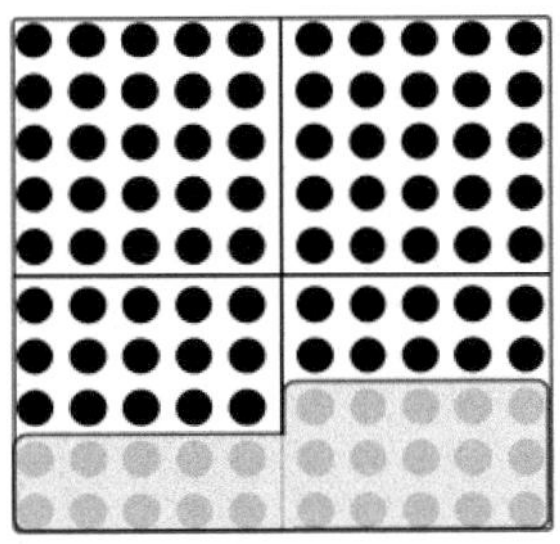

(2) 52 : 4 = ______

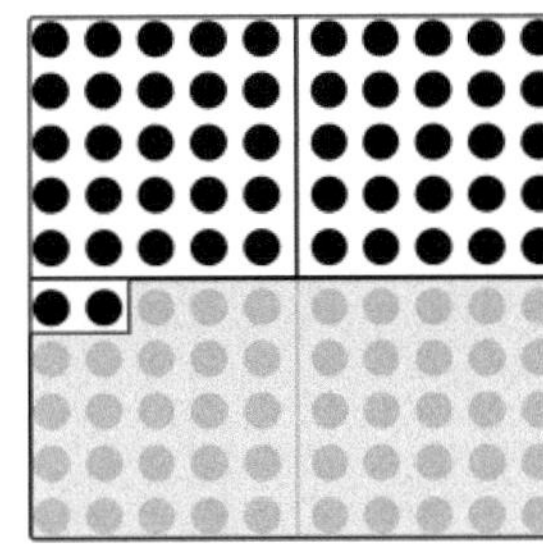

2 Rechenwege bei Divisions-Aufgaben

(1) 396 : 3 = ______ (2) 4 212: 4 = ______ (3) 12 852: 6 = ______

3 Rechenwege bei Divisions-Aufgaben mit Rest

(1) 638 : 3 = ______ (2) 2 026: 4 = ______ (3) 706: 6 = ______

4 Verschiedene Rechenwege bei Divisions-Aufgaben

(1) 796 : 4 = ______

(2) Vergleiche deinen und Jonas Rechenweg:
Was ist gleich? Was ist verschieden?

Jonas:

796 : 4 = 199

400 : 4 = 100
200 : 4 = 50
100 : 4 = 25
80 : 4 = 20
16 : 4 = 4

Kann ich schriftlich addieren und das Rechenverfahren erklären?

1 Addition ohne Übertrag

a) $\begin{array}{r} 264 \\ +\ 712 \\ \hline \end{array}$

b) $\begin{array}{r} 134 \\ +\ 554 \\ \hline \end{array}$

☺ 😐 ☹

2 Addition mit Übertrag

a) $\begin{array}{r} 241 \\ +\ 582 \\ \hline \end{array}$

b) $\begin{array}{r} 334 \\ +\ 297 \\ \hline \end{array}$

c) $\begin{array}{r} 638 \\ +\ 547 \\ \hline \end{array}$

d) Sarah rechnet die Aufgabe 427 + 456. Beschreibe, was sie macht.

$\begin{array}{r} 427 \\ +\ 456 \\ \hline 3 \end{array}$

Sarah kommt zuerst auf die 3 im Ergebnis, weil

$\begin{array}{r} 427 \\ +\ 456 \\ 10 \\ \hline 3 \end{array}$

Sarah hat noch 10 Einer übrig und schreibt diese unter die 5.
Das ist falsch. Sie müsste dort eine 1 hinschreiben, weil

☺ 😐 ☹

3 Addition mit der Null

a) $\begin{array}{r} 730 \\ +\ 107 \\ \hline \end{array}$

b) $\begin{array}{r} 140 \\ +\ 510 \\ \hline \end{array}$

c) $\begin{array}{r} 342 \\ +\ 167 \\ \hline \end{array}$

☺ 😐 ☹

4 Addition mit unterschiedlicher Stellenzahl

Rechne schriftlich untereinander.

a) 34 + 152

b) 719 + 64

c) 1697 + 85

☺ 😐 ☹

785 - 362 423	**Standortbestimmung – Baustein N7 B**	Name: Datum:

Kann ich schriftlich subtrahieren und das Rechenverfahren erklären?

1 Subtraktion ohne Übertrag

a) 896 - 123

b) 798 - 654

2 Subtraktion mit Übertrag

a) 726 - 351

b) 845 - 347

c) 631 - 579

d) Wie rechnest du? Kreuze deinen Rechenweg an.

Ich rechne so: ☐

```
 7 10
 6 8 2
- 4 3 8
 2 4 4
```

(8 durchgestrichen)

Ich rechne so: ☐

```
     10
 6 8 2
- 4 3 8
    1
 2 4 4
```

Ich rechne anders: ☐
Schreibe auf.

```
 6 8 2
- 4 3 8
```

3 Subtraktion mit der Null

a) 909 - 401

b) 687 - 280

c) 705 - 463

4 Subtraktion mit unterschiedlicher Stellenzahl

Rechne schriftlich untereinander.

a) 847 - 63

b) 1850 - 141

Kann ich schriftlich multiplizieren und das Rechenverfahren erklären?

1 Multiplizieren ohne Übertrag

(1) 212 · 4 (2) 212 · 42 (3) 212 · 342

☺ 😐 ☹

2 Multiplizieren mit Überträgen

(1) 312 · 6 (2) 312 · 64 (3) 382 · 564

☺ 😐 ☹

3 Multiplizieren mit Null

(1) 305 · 5 (2) 55 · 305 (3) 3 005 · 305

☺ 😐 ☹

Überblick – Auswertungen der Diagnosebögen und Zuteilung Fördergruppen **Klasse ________**

Baustein	N1A		N1B		N2A		N2B		N2C		N3A		N4A		N4B		N5A		N6A		N6B		N6C		N7A		N7B		N8A		Anmerkungen
Schüler(in)	D	F	D	F	D	F	D	F	D	F	D	F	D	F	D	F	D	F	D	F	D	F	D	F	D	F	D	F	D	F	

Notationsvorschlag:

Diagnose (D)
+ : keine oder wenig Fehler;
~: einige Schwierigkeiten;
– : deutliche Schwierigkeiten

Förderung (F)
T1: Teilnahme
(dahinter Gruppennummer)

Auswertungstabelle Standortbestimmung ____________ Klasse _____________

Aufgabe													Anmerkungen
Schüler(in)													

Auf der Homepage www.mathe-sicher-koennen.de finden Sie elektronische Auswertungstabellen für jede Standortbestimmung.

Zu Baustein N2 A, Aufgabe 2.3: Tausenderstrahlen

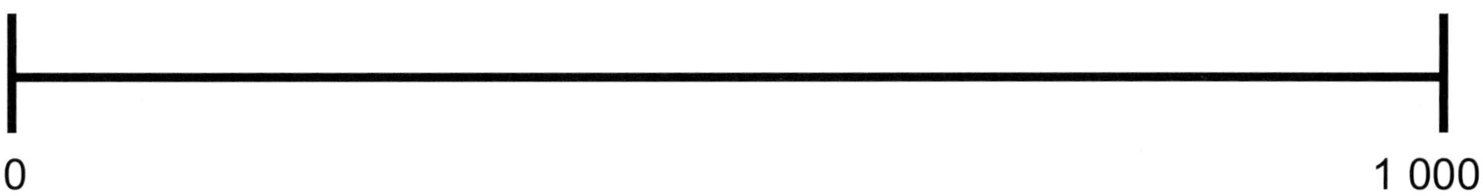

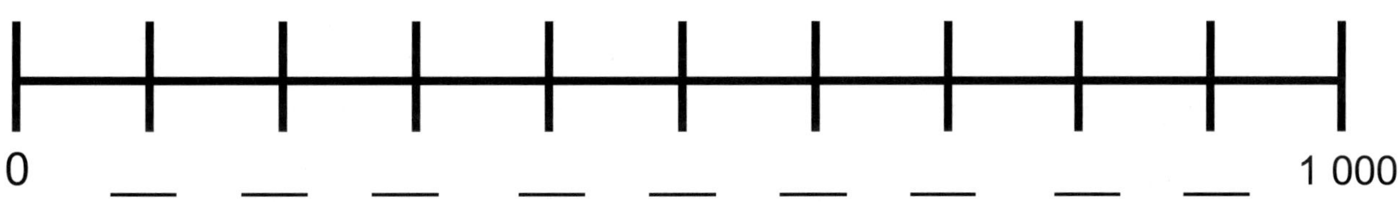

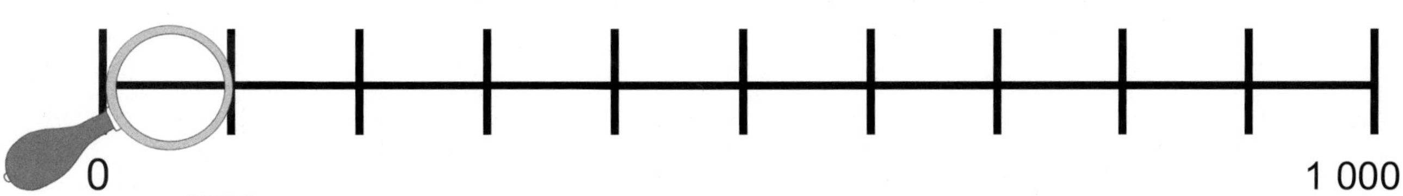

Zu Baustein N2 A, Aufgabe 2.3: Hunderterstrahlen

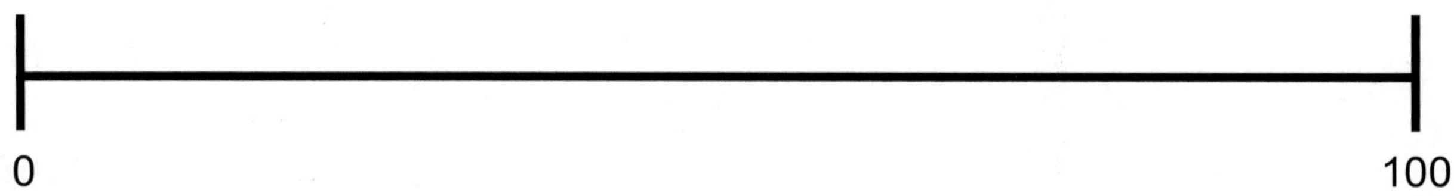

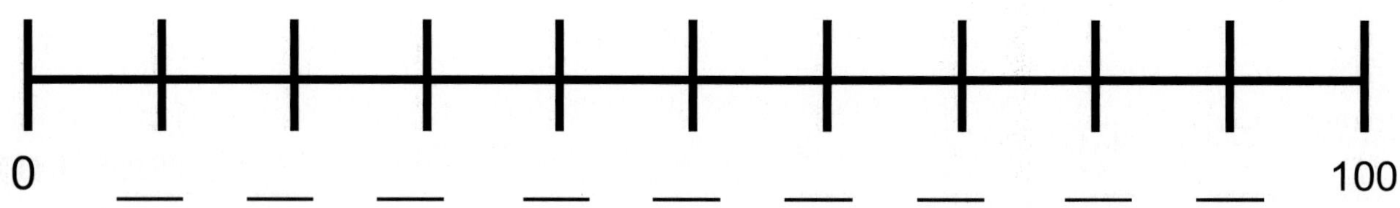

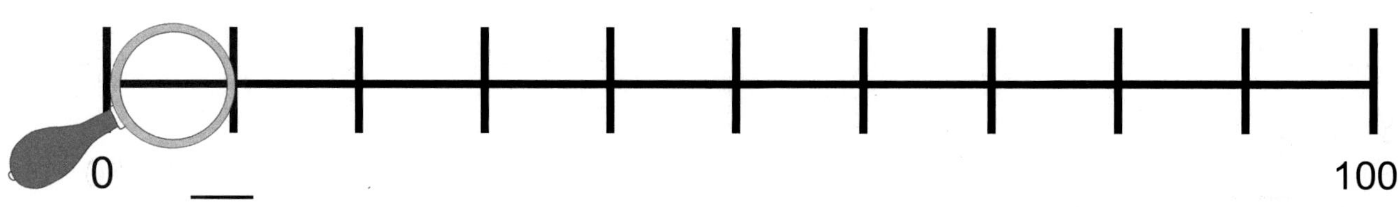

Zu Baustein N2 A, Aufgabe 2.3: Zehnerstrahlen

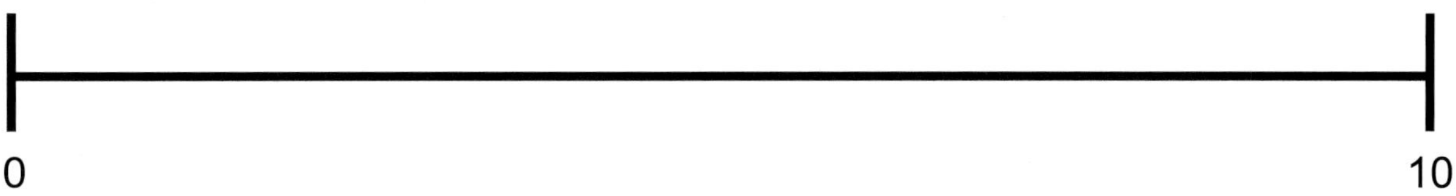

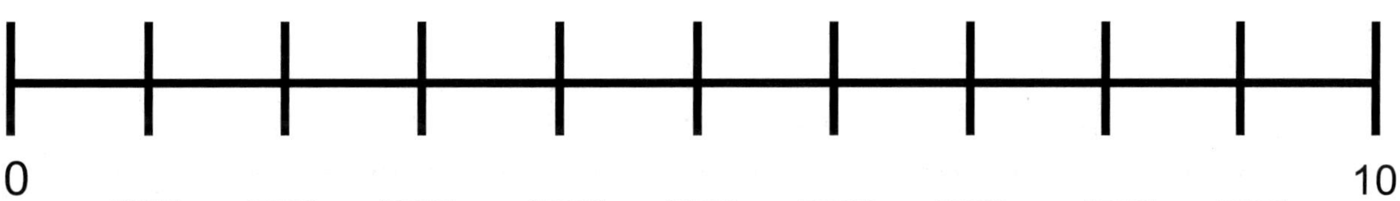

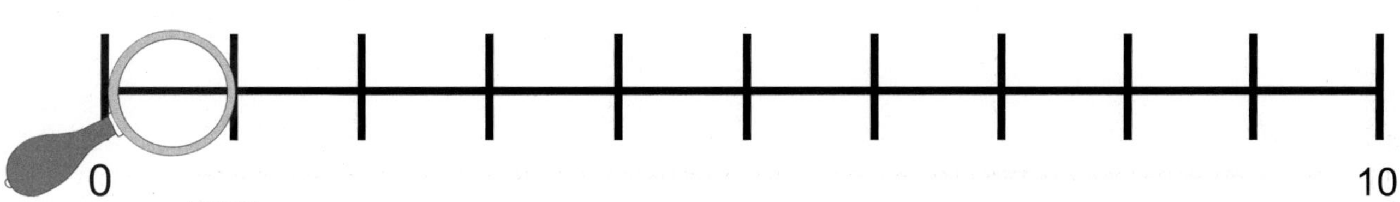

Zu Baustein N2 A, Aufgaben 1.1 bis 2.2: Hunderterkette und Hunderterstrahl